图 1-1-1　克氏原螯虾和澳洲小龙
虾对比

图 1-2-1　瑞典龙虾节产品

图 1-2-2　瑞典龙虾节

图 1-2-3　湖北潜江龙虾节

图 1-2-4　江苏盱眙龙虾节

图 1-2-5　东湖龙虾主题雕塑

图 1-2-6　安徽合肥龙虾节

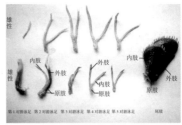

图 2-2-1　小龙虾腹部的附肢
和尾扇

图 2-2-2　优质水环境中生长的
小龙虾

图 2-2-3　污水环境中生长的
小龙虾

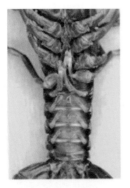

图 2-2-4　雄性小
龙虾（♂）

图 2-2-5　雌性小
龙虾（♀）

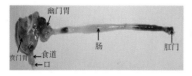

图 2-2-7　小龙虾胃肠结构图

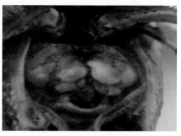

图 2-2-8　小龙虾口器结构图

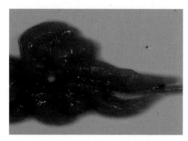

图 2-2-9　小龙虾肝胰腺

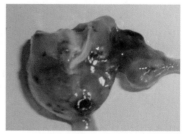

图 2-2-10　小龙虾胃

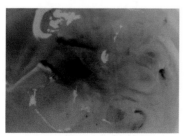

图 2-2-11　小龙虾胃磨

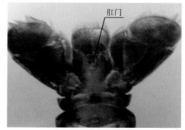

图 2-2-12　小龙虾肛门

图 2-2-13　小龙虾的鳃

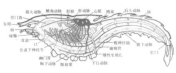

图 2-2-14　小龙虾循环系统内部结构模式图

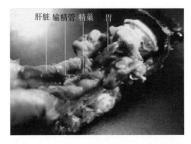

图 2-2-15　小龙虾雄性生殖系统解剖图

图 2-2-16　小龙虾雌雄生殖系统解剖图

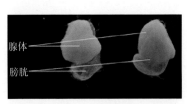

图 2-2-17　小龙虾触角腺解剖图

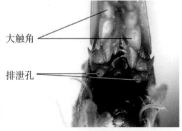

图 2-2-18　小龙虾排泄系统解剖图（腹面）

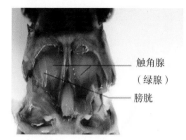

——触角腺
　（绿腺）
——膀胱

图 2-2-19　小龙虾排泄系统
　　　解剖图（背面）

图 2-2-20　小龙虾肌肉体系
　　　解剖图

图 2-3-1　小龙虾所掘洞穴

图 2-4-2　小龙虾交配

图 2-4-3　报卵小龙虾

图 2-4-4　小龙虾受精卵

图 2-5-1　澳洲淡水小龙虾（雄）

图 2-5-2　成熟的澳洲
小龙虾（雌）

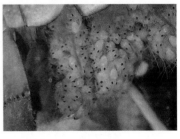

图 2-5-3　红螯螯虾的幼子

图 3-2-4　小龙虾养殖网箱

图 3-3-7　微孔曝气效果

图 4-1-1　水浮莲（水葫芦）

图 4-1-2　小龙虾躲在伊乐藻中

图 4-1-3　轮叶黑藻（灯笼草）

图 4-1-4　苴草

图 4-1-5　苦草（水韭菜）

图 4-1-6　茨菰（慈姑）

图 4-1-7　茭白（高瓜）

图 4-1-8　水花生

图 4-1-9　眼子菜

图 4-1-10　荸荠

图 4-1-11　手工抄网

图 4-1-12　地笼捕捞龙虾

图 4-4-1　捕获的小龙虾苗

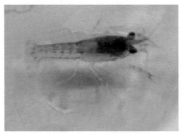

图 4-4-2　小龙虾苗

图 5-1-2　"7"字形防逃墙实物图

图 5-1-3　石棉瓦防逃墙

图 5-1-4　塑料膜防逃墙

图 5-1-6　漂白粉

图 5-1-8　巴豆模式图

图 5-1-9　巴豆实物图

图 5-1-10　把水草放入池塘水中

图 5-1-11　插栽水草

图 5-1-12　用蟹苗箱低温离水运输

图 5-1-13　浸水平衡温差

图 5-1-15　哲水蚤

图 5-1-16　猛水蚤

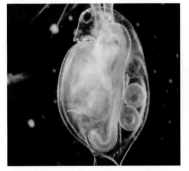

图 5-1-18　枝角类实物图

图 5-1-19　红虫

图 5-1-20　蚯蚓

图 5-2-1　投放虾种

图 5-2-2　投喂饲料

图 5-2-3　虾生活状态

图 5-2-4　捕捞龙虾

图 5-3-1　藕田投放虾苗

图 5-3-2　藕田捕虾

图 5-4-1　圩滩

图 5-4-2　草荡

图 5-6-1　养殖网箱

图 5-6-2　养殖网箱小龙虾

图 5-7-5　分装小龙虾

图 7-3-3　病虾头胸甲易剥离

图 7-3-4 头胸甲上有白斑

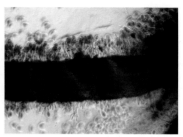

图 7-3-5 鞭毛上寄生
大量纤毛虫

图 7-3-6 口器刚毛寄生
大量纤毛虫

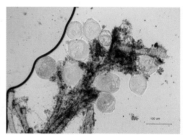

图 7-3-7 累枝虫

图 7-3-8 聚缩虫

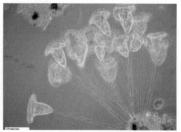

图 7-3-9 钟形虫

图 7-3-10　单极虫

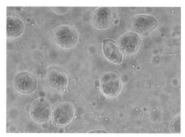

图 7-3-11　双极虫

图 7-3-12　小龙虾在水草中蜕壳

图 7-3-13　小龙虾蜕的壳

图 7-3-14　硫酸锌中毒的小龙虾

图 7-3-15　重金属中毒肝胰腺
　　　　　　出现颗粒

图 7-3-16 重金属中毒肝胰腺
出现颗粒

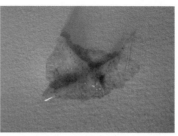

图 7-3-17 重金属中毒卵细胞
坏死

图 7-3-18 青苔死亡后上浮

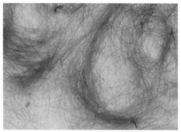

图 7-3-19 青苔苔丝

图 7-3-20 水网藻

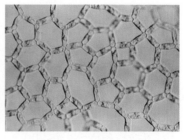

图 7-3-21 水网藻结构图

淡水高效生态养殖技术丛书

小龙虾
高效生态养殖技术

◎ 王建国　王洲　单喜双　冯亚明　编著

中国农业科学技术出版社

图书在版编目（CIP）数据

小龙虾高效生态养殖技术／王建国等编著．—北京：中国农业科学技术出版社，2018.8

ISBN 978-7-5116-3816-8

Ⅰ.①小…　Ⅱ.①王…　Ⅲ.①龙虾科-淡水养殖　Ⅳ.①S966.12

中国版本图书馆 CIP 数据核字（2018）第 179740 号

责任编辑	闫庆健　杜　洪
责任校对	贾海霞
出 版 者	中国农业科学技术出版社
	北京市中关村南大街 12 号　邮编：100081
电　　话	（010）82106632（编辑室）　（010）82109702（发行部）
	（010）82109709（读者服务部）
传　　真	（010）82106625
网　　址	http://www.castp.cn
经 销 者	各地新华书店
印 刷 者	北京富泰印刷有限责任公司
开　　本	850mm×1 168mm　1/32
印　　张	10.5　彩插　16 面
字　　数	252 千字
版　　次	2018 年 8 月第 1 版　2018 年 8 月第 1 次印刷
定　　价	39.80 元

前 言

  小龙虾是克氏原螯虾的俗称，原产于北美洲，后传播到其他地方，在世界很多地方都有分布，目前已成为一种世界性的食用虾类。20 世纪 30 年代引进中国以来，广泛分布于我国的江河、湖泊、沟渠、池塘和稻田中，尤以长江中、下游地区为多。小龙虾的肉质细嫩、营养丰富、味道鲜美，在市场上备受青睐。目前已经成为我国大江南北优良的淡水养殖新品种，也是近年来最热门的养殖品种。我国养殖小龙虾发展速度非常快，现在已经成为湖北、江苏、安徽、江西等省市地区重要的经济动物，成为我国出口创汇的主要淡水水产品之一。

  当前，随着城镇化的不断发展，数以亿计的农民工进城打工，有很多农民工还长期在城市驻扎下来。而与之相对应，在不少村庄则出现了"青壮年荒"，或者说是"劳力荒"，村里留守的大多是老人和儿童，青壮年已经不愿意或者因工作原因不能回家种地，大量的耕地主要靠老人打理。尽管有日益发展的农业机械化帮忙，但年龄越来越大的老年人们还是感到力不从心了。各家各户传统的生产模式已经缺乏活力，土地的生产效率较低。2018 年中央"一号文件"2 月 4 日公布，提出关于实施乡村振兴战略的意见。强调了"三农"问题在中国的社会主义现代化时期"重中之重"的地位。提升农业发展质量，培育乡村发展新动能；推进乡村绿色发展，打造人与自然和谐共生发展新格局；繁荣兴盛农村文化，焕发乡风文明新气象；加强农村基层基础工作，构建乡村治理新体系；提高农村民生保障水平，塑造美丽乡村新风貌；打好精准脱贫攻坚战，增强贫困群众获得感；推进体制机制创新，强化乡村振兴制度性供给；汇聚全社会力量，强化乡村振兴人才支撑；开拓投融资渠道，强化乡村振兴投入保障，为乡村发展提供了政策保障。所以趁着中央利好政策的春风，因地制宜，充分利用农村优势发展优势农业。

我们通过收集 2017 年以来国内、国外学者发表的关于小龙虾养殖相关的新技术、新方法，整理编辑而成本书。以小龙虾养殖为切入点，介绍生态健康方法，帮助从业者尽快了解小龙虾，掌握人工养殖技术。借此机会，郑重地向本书中引用到资料的原作者致以衷心感谢！由于编者水平有限，书中难免会有错误，敬请读者批评和校正。

编著者

2018 年 4 月

第一章 小龙虾养殖概况及效益分析

第一节 小龙虾现状

一、小龙虾简介

小龙虾属于节肢动物门（Arthropoda）、甲壳纲（Crustacea）、软甲亚纲（Malacostraca）、十足目（Decapoda）、螯虾科（Cambaridac）、螯虾亚科（Cambarinae）、原螯虾属（*Procambarus*）中的经济虾类的称呼，克氏原螯虾（*Procambarus clarkii*）是其中最具渔业经济价值的一种。在我国不同地区还有很多地方称呼，如：蝲蛄、螯虾、淡水小龙虾、龙虾等。小龙虾原产美国南部和墨西哥北部。20世纪初，将其作为牛蛙饵料由美国移殖到日本的本州，30年代末又由日本引入中国。在南京和滁县附近地区生长繁殖，后沿长江流域自然扩散，20世纪80年代至90年代初，人们将其作为养殖对象引至各地。现已分布于我国十几个省市，在有些地方已成为一些湖泊和沟渠的优势种群。

澳洲淡水小龙虾学名红螯螯虾（*Cherax quadricarinatus*）又名四脊光壳南螯虾，野生种分布于澳大利亚东北部及新几内亚南部，是目前世界上较名贵的淡水经济虾类之一（图1-

1-1）。20世纪，人们所吃的澳洲淡水小龙虾必须从澳大利亚空运至香港再转至内地，价格昂贵。因澳洲淡水小龙虾富含蛋白质、钙及多种氨基酸又低脂肪，20世纪80年代以来，美国、日本以及东南亚等国家地区陆续引进发展商业养殖。1992年引入我国，最早作为观赏虾，后来开发为食用，目前在上海、江苏、广东等经济发达地区消费量非常大，是淡水小龙虾中的高档品种。澳洲淡水小龙虾个体大，是克氏原螯虾（小龙虾）的3倍以上，生长速度快，养殖3个月能长到100克，是克氏原螯虾的4~5倍。其肉味鲜美，和克氏原螯虾相比有过之而无不及，所以市场售价为120~160元/千克，在市场上广受欢迎。

克氏原螯虾　　澳洲小龙虾

图1-1-1　克氏原螯虾和澳洲小龙虾对比

二、小龙虾的食用价值

●1. 小龙虾的营养价值●

小龙虾是高蛋白、低脂肪、低热量的优质水产品，且其肉质松软，易消化，对身体虚弱以及病后需要调养的人是极好的食物。每100克可食部分中含蛋白质18.6克，脂肪1.6克，糖类0.8克，富含维生素A、维生素C、维生素D，矿物质中钾、铁、钙、磷、钠、镁等元素的含量丰富。特别是占体重5%左右的小龙虾肝胰腺（俗称虾黄），则更是味道鲜美。小龙虾含有人体所需要的8种氨基酸，氨基酸组成优于肉类，不但包括异亮氨酸、色氨酸、赖氨酸、苯丙氨酸、苏氨酸等，而且还含有一般脊椎动物没有的精氨酸。红壳小龙虾的肉质中蛋白质含量明显高于青壳虾，而脂肪比青壳虾要低一些。虾黄中含有丰富的不饱和脂肪酸、蛋白质、游离氨基酸、微量元素等。虾黄中含有丰富的不饱和脂肪酸、蛋白质、游离氨基酸、维生素、微量元素等，其中氨基酸的种类比较齐全、含量高，尤其是食用部分的氨基酸含量比一般畜禽肉高，比一般河虾高，并同海虾相近，甚至有的氨基酸含量比海虾的还要高。不可食部位也含有大量游离氨基酸，特别是头胸部的含量相当丰富。

● 2. 小龙虾的药用价值 ●

小龙虾有很好的食疗作用，虾肉中几种主要微量元素锰、铁、锌、钴、硒以及对提高机体自身免疫有益的金属元素锗和常量元素钙的含量也比海虾和河虾的高。从总体上来说，虾中微量元素主要富集在头壳中，尤其是钙和锰在头壳中的含量相当高。头壳中的含钙量大的约是肉质部的53倍，含锰量大约是6倍。从成分来看，小龙虾肉质的营养价值很高，占全虾质量86.1%的头壳中也包容了全虾约80%的游离氨基酸和90%以上的微量元素。小龙虾与其他虾类相比锰、铁、锌、钙等含量较高且含有丰富的镁。镁对心脏活动具有重要的调节作用，能很好地保护心血管系统，它可减少血液中胆固醇含量，防止动脉硬化，同时还能扩张冠状动脉，有利于预防高血压及心肌梗死。同时又富含能刺激抗毒素的合成、提高机体免疫力和抵抗疾病能力密切相关的硒和锗，是其他食材很难相比的。

小龙虾其体内含有较多的肌球蛋白和副肌球蛋白，具有很好的补肾、壮阳、滋阴、健胃的功能。经常食用不仅可以使人体神经与肌肉保持兴奋、提高运动耐力，而且还能抗疲劳，防治多种疾病。小龙虾具有较强的通乳作用，但不宜与含鞣酸的水果如葡萄、石榴、山楂等同食，否则不仅会降低蛋白质营养价值，而且鞣酸和钙离子结合形成不溶性结合物还会刺激肠胃，引起人体不适，出现呕吐、头晕和腹痛腹泻等症状。小龙虾壳可以入药，它对多种疾病均有疗效，将蟹、虾壳和栀子焙成粉末，可治疗神经痛、风湿、小儿麻痹、癫痫、胃病及妇科病等，能化痰止咳，促进手术后的伤口愈合，美国还利用龙虾壳制造止血药。

● 3. 小龙虾的工业价值 ●

虾头和虾壳也含有 20% 的甲壳质，经过加工处理能制成可溶性甲壳素和壳聚糖，广泛应用于食品、医药和化工等行业。虾头、虾壳晒干粉碎后，还是很好的动物性饲料。从龙虾的甲壳里提取的甲壳素被欧美学术界称之为继蛋白质、脂肪、糖类、维生素、矿物质五大生命要素之后的第六大生命要素，可作为治疗糖尿病、高血脂病征的良方，是 21 世纪医疗保健品的发展方向之一。龙虾比其他虾类含有更多的铁、钙和胡萝卜素，这也是龙虾壳比其他虾壳颜色效果更佳的原因，目前已经有工厂开始利用小龙虾壳提炼胡萝卜素。甲壳质及其衍生物在食品、医药、轻工、饲料、农业、环保和日用化妆品等方面的广泛应用，虾头和虾壳的开发利用大有潜力，应充分重视这一宝贵资源，变废为宝。

三、小龙虾的食用历史

　　小龙虾是一种世界性的食用虾类。18世纪初，欧洲人和美洲人在湿地捕捉小龙虾，起初是将它作为工作之余的观赏动物，仅供娱乐之用，用途较多的也只是当鱼饵用。后来，地处龙虾产区的居民，从家园附近的小沟或沼泽地中捕获龙虾供自家食用。18世纪末就成为欧洲人民的重要食物源，其经济及营养价值被得到充分认识。随着欧美工业的发展，在人口密集的地区，有很多饭店逐渐用龙虾做菜，这样使天然的龙虾资源得到进一步开发，即从单纯的鲜活龙虾买卖，发展为专门的龙虾加工业。其中小龙虾体型比其他淡水虾类大，头大身小肉少壳多，肉质具腥味，因而被多制成辣味料理以掩盖其本身异味。小龙虾在美国是很常见之料理食材，通常和马铃薯玉米水煮搭配卡疆粉（Cajun）调味。在美国，当地食用的小龙虾有98%均产自路易斯安娜州，当中有70%在州内食用，路易斯安那州在1983年将小龙虾选为州代表动物，并且每年都举办"龙虾节"。小龙虾在全世界形成了"红色风暴"的饮食文化。

　　我国食用小龙虾的历史始于20世纪60年代，但主要是南京地区，70年代初期随着小龙虾在长江流域的快速扩散，采捕和食用小龙虾的地区逐步增加，在 80 年代中后期在饭店已出现销售小龙虾，到 90 年代后由于消费者对小龙虾的认识和媒体的广泛宣传推广，国内大中城市的消费日益火爆。小龙虾食品已普遍进入国内的饭店、宾馆、超级市场和家庭餐桌。江苏省盱眙县每年都举办"龙虾节"，湖北潜江专门以发展小龙虾产业为主要经营对象，"潜江龙虾"已经形成妇孺皆知的品牌。小龙虾饮食逐渐在中国形成了龙虾饮食文化，龙虾产业在中国逐渐成熟。盱眙"十三香龙虾"、熟冻龙虾仁、整肢龙虾等产品已远销至美国、欧盟、瑞典及中国香港、澳门等国家和地区，成为我国重要的淡水加工出口创汇产品（图 1-1-2、图 1-1-3）。

小龙虾作为一种渔业生产和经济增长的新热点，具有很大的开发利用潜力。我国广泛开展了关于小龙虾的各方面研究，据报道湖北江汉艺术职业学院还专门成立了"龙虾学院"，主要设置了烹饪、市场营销等专业；江苏盱眙技师学院于 2017 年开设了水产养殖专业（龙虾方向）弹性学制班，专门培养小龙虾养殖技术人员。我们要充分提高对小龙虾的认识，认真研究，合理有效地利用这一水产资源，积极开展小龙虾的综合利用。

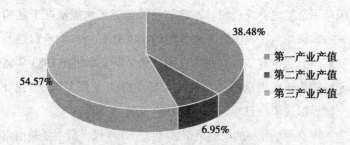

图 1-1-2　小龙虾一二三产产值比例

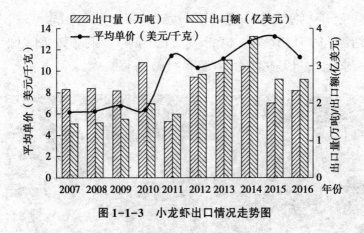

图1-1-3 小龙虾出口情况走势图

第二节 小龙虾养殖效益分析

一、小龙虾消费市场分析

小龙虾比其他淡水虾类好养得多，它具有抗病能力强、食性杂、生长快、繁殖力强及对水域大小要求低等优点，因此完全可以进行人工养殖。养殖投资成本低，是非常适合普通投资者和家庭农场养殖的品种。

国内国际市场对小龙虾需求量巨大。欧美国家是小龙虾的主要消费国，美国年消费量8万余吨，本国只能供应30%。15世纪时，瑞典只有贵族以及上流社会才吃得起小龙虾，为了怕这些宝贵的娇客消逝，早在1878年，政府曾经立法明文规定制止民众在6月和7月捕捉小龙虾，到了1960年解禁，家家户户都能买得起小龙虾，吃小龙虾蔚为风气。每年举行为期3周的螯虾节，全国上下不仅吃螯虾，人们的餐具、衣服上绘制螯虾图案，情景十分隆重，瑞典每年小龙虾进口量就达到 10 万余吨。西欧市场一年消费小龙虾 8 万余吨，本国产量仅 1 万余吨。国际市场对小龙虾需求量大，市场缺口较大（图 1-2-1、图 1-2-2）。

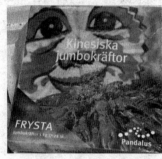

图 1-2-1　瑞典龙虾节产品　　　　图 1-2-2　瑞典龙虾节

　　以前，我国生产的龙虾大部分出口创汇。近年来，国内小龙虾消费量猛增，南京、上海、北京、杭州、常州、无锡、合肥、武汉等大中城市，一年的消费量都在万吨以上。据相关资料显示，南京人偏好大个头的红壳虾，平均每天要吃 60 吨，2014 年端午节一天吃了 130 吨。上海日均消费小龙虾 80 多吨，而且偏好青壳虾。2014 年武汉小龙虾市场日均销量为 100 吨。据统计，2005 年南京市场上 40~60 只/千克的小龙虾市场价格为 17 元/千克，2006 年价格为 25 元/千克，2017 年达到 70 余元/千克。小龙虾规格达到 20 克以上就可以上市，个体越大价格越高。据统计，仅 2017 年"五一"小长假 3 天，十万余外地食客赴潜江吃虾，1 000 多家餐饮店卖了 500 吨以上的小龙虾，营业额达 1 亿元。据不完全统计，2016 年湖北省专营小龙虾餐馆数量超过 1.5 万家，餐饮消耗小龙虾 24.7 万吨、同比增加9.78%，小龙虾餐饮产值达 332.62 亿元、同比增加 30%。我国已经成为全球最大的小龙虾消费地，国内和国外市场的缺口给小龙虾产业带来了无限的商机和广阔的市场前景（图1-2-3~图1-2-6）。小龙虾加工企业、餐饮名店瞄准商机，推出油焖大虾、清蒸虾、茴香整肢虾、麻辣虾球、泡椒小龙虾等上百个线上小龙虾品种，在电商平台进行销售，涌现出了一批线上名牌。通过互联网线上推广，把小龙虾推向全国。网上卖麻辣虾球等熟食，2016年上线后就卖了4000多万元。"互联网+"时代，小龙虾早已插上电商翅膀，就连鲜活小龙虾也通过网络爬向了全国。2017年小龙虾交易中心实现了"互联网+小龙虾+流通"的全国独有模式（图1-2-7）。早期小龙虾主要靠捕捞，但市场缺口越来越大，捕捞环境中的野生虾已经远远不能满足市场需求，开展人工养殖不但能弥补自然资源产量不足，还能促进农民走上致富之路。

图1-2-3　湖北潜江龙虾节

图1-2-4　江苏盱眙龙虾节

图1-2-5　东湖龙虾主题雕塑

图1-2-6　安徽合肥龙虾节

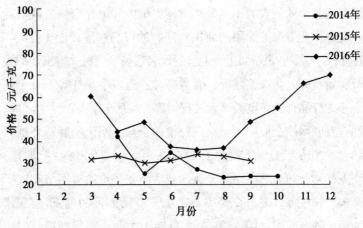

图1-2-7　小龙虾出塘价格走势图

二、小龙虾养殖状况分析

　　早在20世纪初期，前苏联就实施了大湖泊人工放养小龙虾苗，并在1960年成功进行了虾苗工厂化培育。美国在很早前就采用稻田养殖模式，1965年养殖面积达到10.5万亩（15亩＝1公顷。下同），2000年达到90万亩，年产量达到3万吨以上。澳大利亚有300多家淡水小龙虾养殖场，小龙虾养殖已经形成规模。

　　我国进行小龙虾养殖主要是从20世纪90年代开始，大面积养殖主要集中在江苏、湖北、湖南、安徽和浙江等省。目前湖北省有潜江五七油田的"油焖大虾"和宜城的"宜城大虾"两个品牌；江苏有"盱眙十三香龙虾"；安徽有"麻辣大虾"等地方品牌。据统计，截至2016年全国小龙虾养殖面积 900 万余亩，产量近 90 万吨，湖北、安徽、江苏为全国小龙虾养殖前三甲（表 1-2-1）。2016 年，湖北年产小龙虾 48.9 万吨，创造综合效益 723.3 亿元，为全国小龙虾生产第一大省；江苏省养殖总面积 60 余万亩，年产值超过 200 亿元；安徽年产量近 11 万吨，年产值近 200 亿元。2007 年至 2016 年，全国小龙虾养殖产量由 26.55 万吨增加到 85.23 万吨，增长了 221%，捕捞量 4.68 万吨，总产量为 89.91 万吨，我国已成为世界最大的小龙虾生产国。

表 1-2-1　2012—2016 年五个主产省小龙虾养殖面积和产量情况

单位：万亩/万吨

地区 年份	湖北		江苏		安徽		江西		湖南	
	面积	产量	面积	产量	面积	产量	面积	产量	面积	产量
2012	263	30.22	64	8.37	32.6	8.57	23	5.83	3.6	0.2
2013	301	34.75	63.8	8.33	46.5	8.69	23	5.88	4.56	0.27
2014	368.5	39.3	61	8.8	69.6	9.32	24	6.05	7.11	0.35
2015	378.7	43.3	62.3	9	75	9.72	25	6.17	35.08	1.75
2016	487	48.9	62.3	9.65	80.6	11.78	26	6.52	112	5.6
亩均产/千克	100.41		154.89		146.15		250.77		50	

（引自中国小龙虾产业发展报告 2017 年）

三、小龙虾养殖效益分析

小龙虾供需矛盾突出，价格稳定在 30 元/千克左右，最高达到 80 元/千克，市场潜力非常巨大。小龙虾养殖经济效益受到苗种价格、养殖规模、养殖模式、饲料价格、市场销售、养殖技术等因素的影响。养殖户要通过规范性生产和管理，减少养殖的盲目性，以提高养殖成功率和养殖效益。从全国养殖情况来看，小龙虾养殖模式主要有池塘精养、池塘混养、稻田养殖、藕田混养、虾蟹混养等模式。据统计，各种养殖模式小龙虾单位面积产量上看，池塘精养模式＞套养沙塘鳢模式＞甲鱼混养模式＞水芹菜、虾、鱼轮作模式＞河蟹混养模式。各种养殖模式，在正常养殖情况下，综合养殖利润在 0.6 万~0.8 万元/亩（1 亩≈667 平方米。下同），投入成本在 0.15 万~0.55 万元/亩（不包括初次建塘费用）。在湖北、安徽、江西等省主要进行稻田养殖，稻田养殖模式下总养殖效益可提高 0.2 万~0.8 万元/亩。在藕田中套养小龙虾产值可增加 0.3 万余元。

第二章 小龙虾生物学特性

第一节 小龙虾的来源与分布

小龙虾原产于墨西哥北部和美国东南部，又名美国螯虾、路易斯安那州螯虾。现已广泛分布于非洲、亚洲、欧洲及南美洲等50多个国家和地区，成为一个世界广泛分布的品种。非洲本来没有该虾分布，但由于欧美市场对淡水螯虾产品的需求量不断上升，位于西非洲的肯尼亚在20世纪70年代从北美洲引进该虾饲养，于20世纪80年代初成为欧洲淡水螯虾的主要供应国之一。

1929年小龙虾传到我国南京近郊，开始在我国繁衍。由于其适应性广，繁殖力强，无论江河、湖泊、池塘、水田、沟渠都能生活，甚至一些其他动物难以生存的富营养化水体也能正常生活。经过80多年的扩展，在我国已经成为一个种群稳定的外来物种。小龙虾广泛分布于东北、华北、西北、西南、中南、华南及我国台湾省等20多个省、市、自治区，我国已经成为淡水小龙虾产量大国和出口大国，引起了世界各国的关注。尤其是长江中下游地区，小龙虾生物种群比较大，已经成为我国淡水螯虾的主要产区。

第二节　小龙虾的形态特征

一、外部形态

● 1. 形态特征 ●

小龙虾体表披着一层光滑的坚硬外壳，由几丁质、石灰质等组成，体色呈淡青色、淡红色。身体分头胸部和腹部，头胸部稍大，背腹略扁平，头胸部与腹部均匀连接。头部6节和胸部8节愈合而成，被头胸甲包被，头胸甲背面前部有4条脊突，居中两条比较长和粗，从额角向后伸延；另两条较短小，从眼后棘向后延伸。这4条脊突是该虾与淡水螯虾区别的显著特征。小龙虾善于爬行，头胸部附肢共有13对。头部5对，前2对为触角，细长鞭状，具有感觉功能。栖息和正常爬行时触须均向前伸出，若受惊吓或受攻击时，两条长触须弯向尾部，以防尾部受攻击。后3对为口肢，分别为大颚和第一、第二小颚。大颚坚硬而粗壮，内侧有基颚，形成咀嚼器，内壁附有发达的肌肉束，利于咬切和咀嚼食物。胸部胸肢8对，前3对为颚足，后5对为步足。第1~3对步足末端呈钳状，第4~5对步足末端呈爪状。第2对步足特别发达而成为很大的螯，雄性的螯比雌性的更发达，并且雄性龙虾的前外缘有一鲜红的薄膜，十分显眼。雌性则没有此红色薄膜，因而成为雄雌区别的重要特征。尾部有5片强大的尾扇，母虾在抱卵期和孵化期，尾扇均向内弯曲，爬行或受敌时，以保护受精卵或稚虾免受损害（图2-2-1）。

小龙虾成熟个体为暗红色，未成熟个体为青色或青褐色，有时还为蓝色。小龙虾的体色常随栖息的环境不同而有变化，如生活在长江中的小龙虾成熟个体呈红色；未成熟个体呈青色或青褐色；生活在水质恶化的池塘、河沟中的小龙虾成熟个体常为暗红色，未成熟个体常为褐色甚至黑色。这种特色的改变是对环境的适应，具有保护作用（图2-2-2、图2-2-3）。

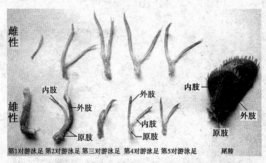

图 2-2-1　小龙虾腹部的附肢和尾扇

图 2-2-2　优质水环境中
生长的小龙虾

图 2-2-3　污水环境中
生长的小龙虾

●2. 雌雄性别特征●

小龙虾雌性和雄性在外形上有很大差别。雄性体形较雌性更大，螯足粗大壮硕，棘突长而明显，且螯足的前端外侧有一明亮的红色软疣，第一附肢和第二附肢特化成角质的交接器。雌性螯足比雄性略小，第三步足基部有一圆形的开孔为其生殖孔，雌虾第一腹足退化很细小，其他腹足为羽状，便于击动水流（图2-2-4、图2-2-5）。

图2-2-4　雄性小龙虾（♂）　　图2-2-5　雌性小龙虾（♀）

二、内部构造

小龙虾体内具有消化系统、呼吸系统、循环系统、排泄系统、神经系统、生殖系统、肌肉系统、内分泌系统等。

●1. 消化系统●

小龙虾消化系统由口器、食道、胃、肠、肝胰腺、直肠、肛门组成。口开于大颚之间，后接食道，食道很短，呈管状。食物由口器的大颚切断后经咀嚼送入口中，经食道进入胃，胃膨大，分为贲门胃和幽门胃两部分。贲门胃的胃壁上有钙质齿组成的胃磨，蜕壳期前期和蜕壳期较大，蜕壳间期较小，起着对全身钙质的调节作用。食物经贲门胃进一步磨碎后，进入幽门胃，幽门胃中分泌大量消化液，肝胰腺中分泌的大量消化液注入幽门胃中，将食物消化成更加细小的组分。液状物经过滤后进入肝胰腺吸收后部分营养储存于此，并将多余营养输送到身体其他部分；其余部分进入肠道，肠道在虾体背部，直通到尾扇处球状的直肠，通到肛门，肛门开口于尾扇腹面的中央。肝胰腺为小龙虾重要的消化腺，其体积和其他虾类相比大很多，所以小龙虾存储营养物质和解毒能力很强，因此在环境很恶劣的条件下也能生存（图2-2-6~图2-2-12）。

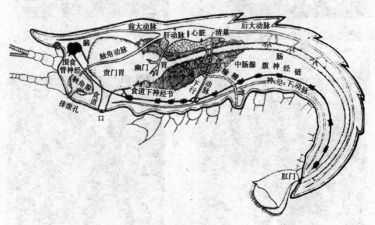

图 2-2-6 小龙虾内部结构模式图（自堵南山）

图 2-2-7　小龙虾胃肠结构图

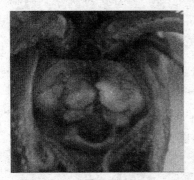

图 2-2-8　小龙虾口器结构图

图 2-2-9　小龙虾肝胰腺

图 2-2-10　小龙虾胃

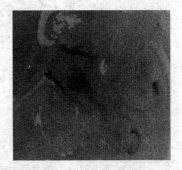

图 2-2-11　小龙虾胃磨

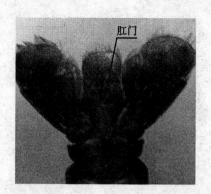

图2-2-12 小龙虾肛门

●2. 呼吸系统●

小龙虾的呼吸系统由鳃组成，共17对鳃。其中7对鳃较为粗大，与第二、第三颚足及第五对胸足的基部相连，其他10对鳃相对细小，薄片状，与鳃壁相连（图2-2-13）。小龙虾呼吸时，颚足驱动水流进入鳃室水流经过鳃完成气体交换，水流的不断循环保证了呼吸作用所需要的氧气供应。小龙虾鳃组织相对面积较大，因此小龙虾在溶氧相对较低的环境中也能正常生存。养殖的小龙虾经常可见其攀附于水草等物体上侧身在水气交界面呼吸。虾类的鳃不仅要进行气体交换而且是其过滤、清除病原及异物的重要器官。

●3. 循环系统●

小龙虾的循环系统包括心脏、血液和血管，是一种开管式循环（图2-2-14）。心脏位于头胸部背面的围心窦中，为半透明状，多角形的肌肉囊，有三对心孔，内有防止血液倒流瓣膜。血液就是体液，为无色的液体，血液中负责运载氧

图 2-2-13　小龙虾的鳃

气的是血蓝蛋白，因此其血液流出体外后呈淡蓝色。当流出的血液颜色发生变化时就可能是虾体被病原感染的表现。

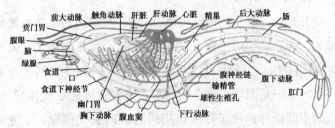

图 2-2-14　小龙虾循环系统内部结构模式图

● 4. 生殖系统 ●

　　雄性小龙虾有 1 对很细的精巢，左右对称，位于心脏下方，消化道上方呈三叶状，左右精巢各发出 1 条十分曲折的输精管，从心脏下方两侧的体壁开口于两侧第五胸肢基部的生殖突。精巢的大小和颜色随着季节的到来而变化，未成熟的精巢呈白色细条状，成熟的精巢呈乳白色的球形，体积膨大数十倍不等（图 2-2-15）。雌虾的生殖系统由 1 对卵巢和 2 根输卵管组成，卵巢位于心脏下方，肠道的上方，被肝胰腺覆盖，占满整个围心腔。卵巢呈 Y 形，头胸甲与腹部交汇处的卵巢为 1 根粗棒状，项头部方向开始分支为 2 根更粗的棒状（图 2-2-16）。1 对输卵管沿两侧围心腔壁汇合于胸部第 3 步足开口于雌虾生殖孔。

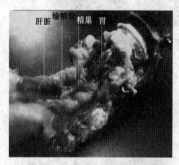

图 2-2-15　小龙虾雄性生殖
系统解剖图

图 2-2-16　小龙虾雌雄生殖
系统解剖图

● 5. 排泄系统 ●

小龙虾头部大触角基部有一堆绿色的腺体，叫触角腺或绿腺（图 2-2-17），在其后有一膀胱，有排泄管通向大触角基部，开口于体外，所以也有人形容虾是"在头部排尿的动物"。触角腺是虾渗透压调节的器官，其作用相当于哺乳动物的肾单位，可以排出多余离子及废物，维持体内水盐平衡和调节渗透压（图 2-2-18、图 2-2-19）。

● 6. 神经系统 ●

小龙虾的感觉器官是第一、第二触角以及复眼和触角基部的平衡囊，具有嗅觉、触觉、视觉及平衡功能。小龙虾的脑神经干及神经节能够分泌多种神经激素，这些神经激素调

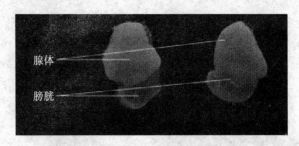

图 2-2-17　小龙虾触角腺解剖图

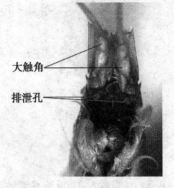

图 2-2-18　小龙虾排泄系统
解剖图（腹面）

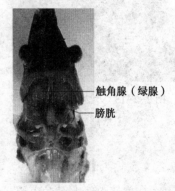

图 2-2-19　小龙虾排泄系统
解剖图（背面）

节着小龙虾的生长、蜕皮及生殖过程。

●7. 内分泌系统●

　　小龙虾的内分泌系统许多内分泌腺与其他结构合在一起，分泌多种调节蜕皮、精卵细胞合成和性腺发育的激素。如调节性成熟的激素由位于虾眼柄内的 X 器官窦腺复合体来调节的。

●8. 肌肉运动系统●

小龙虾的肌肉运动系统由肌肉和甲壳组成，甲壳又称外骨骼，起着支撑的作用，在肌肉的牵动下发挥运动功能。肌肉是小龙虾的主要可食部分之一（图2-2-20）。

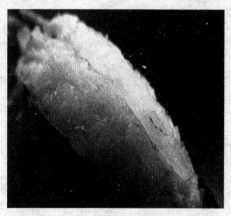

图2-2-20　小龙虾肌肉体系解剖图

第三节　小龙虾的生活习性

一、小龙虾的食性与生长特征

●1. 食性与摄食●

小龙虾食性是偏好动物食性的杂食动物。植物性饵料主要为眼子菜、空心菜、水花生等高等水生植物、丝状藻类、牧草、蔬菜、豆饼等食物；动物性食物主要为小鱼、虾、浮游动物、底栖动物、动物尸体等。华中农业大学的魏青山等研究发现在同等情况下，小龙虾每昼夜摄食不同食物占身体的比重为：水蚯蚓 14.8%、鱼肉 4.9%，马来眼子菜 3.2%、配合饲料 2.8%、空心菜 2.6%、豆饼 1.2%、水花生 1.1%、苏丹草 0.7%（表 2-3-1）。从结果可以看出，小龙虾对动物性食物具有明显的偏好，但是小龙虾游泳能力差，动物性食物的获得难度较大，而植物性食物获得难度相对较小，因此小龙虾食性是偏好动物性食物的杂食性。

表 2-3-1 小龙虾对各种食物的摄食率对比（魏青山）

类别	食物种类	摄食率（食物/体重×100%）
动物	水蚯蚓	14.8
	鱼肉	4.9
	眼子菜	3.2
植物	空心菜	2.6
	水花生	1.1
	苏丹草	0.7
饲料	配合饲料	2.8
	豆饼	1.2

小龙虾摄食多在傍晚或黎明，尤以黄昏为多，人工养殖条件下，经过一定的驯化，白天也会出来觅食。小龙虾具有较强的耐饥饿能力，一般能耐饿 3~5 天；秋冬季节一般 20~30 天不进食也不会饿死。摄食的最适温度为 25~30℃；水温低于 15℃以下活动减弱；水温低于 10℃或超过 35℃摄食明显减少；水温在 8℃以下时，进入越冬期，停止摄食。在适温范围内，摄食强度随水温的升高，摄食强度也在增加。

小龙虾不仅摄食能力强，而且有贪食、争食的习性。在养殖密度大或者投饵量不足的情况下，小龙虾之间会自相残杀，尤其是正在蜕壳或者刚蜕壳的没有防御能力的软壳虾和幼虾常常被成年龙虾所捕食，有时抱卵亲虾在食物缺少时会残食自己所抱的卵。据有关研究表明，一只雌虾1天可吃掉20只幼体。

　　小龙虾摄食时用大螯捕获大型动物和撕扯植物。撕碎后送给第二、第三步足抱住进行进一步撕碎和送到口器，由口器的大颚小颚咀嚼啃食。大螯非常有力，能轻松夹碎螺蛳、小河蚌等贝类，小虾、小蟹也能很轻松被夹碎摄食。养殖小龙虾时，可以在水域中先投入经充分发酵腐熟的动物粪便等有机物，但这些粪料并不是直接作为小龙虾的食物，其作用是培养浮游生物作为龙虾的饵料。生长旺季，在池塘下风口浮游动植物较多的水面，常能观察到小龙虾将口器伸出水平面用大螯不停的划水，将水面的藻类、漂浮的浮游动物等送入口中。

● 2. 蜕皮与生长 ●

　　小龙虾与其他甲壳动物一样，体表为很坚硬的几丁质外骨骼，因而其生长必须通过蜕掉体表的甲壳才能完成其跳跃式生长。在它的一生中，每蜕一次壳就能得到一次较大幅度的增长，所以正常的蜕壳意味着生长。

　　小龙虾的蜕壳与水温、营养及个体发育阶段密切相关。幼体一般4~6天蜕皮一次，离开母体进入开放水体的幼虾每5~8天蜕皮一次，后期幼虾的蜕皮间隔一般8~20天。水温高，食物充足，发育阶段早，则蜕皮间隔短。从幼体到性成熟，小龙虾要进行11次以上的蜕皮。其中蚤状幼体阶段蜕皮2次，幼虾阶段蜕皮9次以上。

　　蜕壳时间大多在夜晚，人工养殖条件下，有时白天也可见其蜕皮，根据小龙虾的活动及摄食情况，其蜕皮周期可分为蜕皮间期、蜕皮前期、蜕皮期和蜕皮后期四个阶段。蜕壳时，先是体液浓度增加，紧接着虾体侧卧，腹肢间歇性地缓缓划动，随后虾体急剧屈伸，将头胸甲与第一腹节背面交结处的关节膜裂开，再经几次突然性的连续跳动，新体就从裂缝中跃出旧壳。这个阶段持续时间约几分钟至十几分钟不等，经过多次观察，发现身体健壮的龙虾蜕壳时间多在 8 分钟左右，时间过长则龙虾易死亡。蜕壳后水分从皮质进入体内，身体增重、增大；体内钙石的钙向皮质层转移，新的壳体于 12~24 小时后皮质层变硬，变厚，成为甲壳。进入越冬期的小龙虾，一般蛰居在洞穴中，不再蜕壳，并停止生长。小龙虾蜕壳和其他虾类略有不同，蜕壳前小龙虾会将一些必要的成分向体内转移，如将钙质等转移到胃中形成两块大大的白色石头，蜕壳后作为营养补充，避免环境中缺钙导致甲壳硬化困难的情况发生，使其能适应环境的能力增强。

据调查，小龙虾一个生命周期为 13~25 个月，生长 1 周年左右体长可达到 8~10 厘米，体重可达到 35~60 克。性成熟的亲虾一般一年蜕皮 1~2 次，全长 8~11 厘米的龙虾每蜕一次皮，全长可增长 1.2~1.5 厘米。

二、小龙虾的行为特征

●1. 掘穴习性行为特征●

小龙虾与河蟹较相似，有一对特别发达的螯，有掘洞穴居的习惯，并且善于掘洞。调查发现龙虾掘洞能力较强，但并不是在所有的情况下都喜欢打洞，在水质较差、淤泥较多、有机质丰富的生长季节，龙虾掘穴明显减少；而在无石块、杂草及洞穴可供躲藏的水体，该虾常在堤埂靠近水面处挖洞穴居。洞穴位于池塘水面以上20厘米左右，洞穴的深浅、走向与水体水位的波动、堤岸的土质以及小龙虾的生活周期有关。在水位升降幅度较大的水体和繁殖期，所掘洞穴较深；在水位稳定的水体和越冬期，所掘洞穴较浅；在生长期，小龙虾基本不掘洞。1~2厘米的个体即具有掘洞能力，3厘米的虾24小时即可掘洞10~25厘米。成虾的洞穴深度大部分在50~80厘米，少部分可以达到80~150厘米；幼虾洞穴的深度在10~25厘米。观察表明，小龙虾能利用人工洞穴和水体内原有的洞穴及其他隐蔽物，其掘穴行为多出现在繁殖期。洞穴内有少量积水，以保持湿度，洞口一般以泥帽封住，以减少水分散失。由于小龙虾喜阴怕光，大多在光线微弱或黑暗时才爬出洞穴活动，即使出洞后也是常抱住水体中的水草或悬浮物，呈"睡觉"状。在光线比较强烈的地方，小龙虾大多沉入水底或躲藏于洞穴中，呈现出明显昼伏夜出的活动现象。因而在养殖池中适当增放人工巢穴，并加以技术措施，能大大减轻小龙虾对池埂、堤岸的破坏性。关于小龙虾的掘洞习性，争议颇多，有不少国家至今仍将它作为外来有害入侵生物加以限制，包括严禁活体进口等（图2-3-1、图2-3-2）。

水体底质条件对小龙虾掘洞的影响较为显著，在有机质缺乏的沙质土壤，打洞现象较多，在硬质土壤中打洞较少。在水质较肥，底层淤泥较多，有机质丰富的条件下，小龙虾洞穴明显减少。繁殖季节小龙虾打动的数量明显增多。研究发现在人工养殖小龙虾时，有人工洞穴的虾成活率为 92.8%，无人工洞穴的对照存活率仅为 14.5%，差异非常显著。主要原因是小龙虾领域性较强，当多个个体拥挤在一起时小龙虾彼此就会发生打斗，造成伤亡，导致成活率迅速下降。

图 2-3-1　小龙虾所掘洞穴

图 2-3-2　小龙虾洞穴

●2. 领域性行为特征●

小龙虾具有很强的领域行为，它们会精心选择某一区域作为其领域，在其区域内进行掘洞、活动、摄食，不允许其他同类的进入，只有在繁殖季节才有异性的进入。一旦同类尤其是雄性进入其领地，就会发生攻击行为。这种领域行为的表现就是通过掘洞来实现的，有的在水草等攀附物上也会发生。小龙虾领地的大小也不是一成不变的，会根据时间和生态环境不同而做适当的调整。

● 3. 攻击性行为特征 ●

小龙虾个体间攻击行为在其社会结构和空间分布的形成中起着重要作用，攻击性强的个体在种群内将占有优势地位，但较强的攻击行为将导致种群内个体的死亡，引起种群扩散和繁殖障碍。有研究指出，小龙虾幼体早在第二期就显示出了种内攻击行为，当幼虾体长超过 2.5 厘米，相互残杀现象明显，在此期间如果一方是刚蜕壳的软壳虾，则软壳虾很可能被对方杀死甚至吃掉。当两虾相遇时两虾都会将各自的两只大螯高高举起，伸向对方，呈战斗状态，双方相持 10 秒后会立即发起攻击，直至一方承认失败退却后，这场战争才算结束。因此，人工养殖过程中应增加隐蔽物，增加环境复杂程度，减少小龙虾直接接触发生打斗的机会。

● 4. 趋水性行为特征 ●

小龙虾有很强的趋水流性，喜新水活水，逆水上溯，集群生活。在养殖池中常成群聚集在进水口周围。大雨天气，可逆向水流上岸边做短暂停留或逃逸。在进排水水口或有活水进入时，它们会成群结对的溯水逃跑。小龙虾攀附能力较强，下雨或有新水流入刺激时，它们异常活跃，会集中在进水口周围，甚至出现集体逃跑现象。当水中环境不适时小龙虾也会爬上岸边栖息，因此养殖场地要有防逃的围栏设施。

三、小龙虾生活环境特征

小龙虾喜阴怕光，常栖息于沟渠、坑塘、湖泊、水库、稻田等水域中，营底栖生活。具有较强的掘穴能力，亦能在河岸、沟边、沼泽，借助螯足和尾扇，造洞穴，栖居繁殖。当光线微弱或黑暗时爬出洞穴，通常抱住水体中的水草或悬浮物，呈"睡眠"状。受到惊吓或光线强烈时则沉入水底或躲藏于洞穴中，具有昼夜垂直运动现象。在正常条件下，白天光线较强烈时常潜伏在水中较深处或水体底部光线较暗的角落、石砾、水草、树枝、石块旁、草丛或洞穴中，光线微弱或夜晚出来摄食，多聚集在浅水边爬行觅食或寻偶。该虾多喜爬行，不喜游泳，觅食和活动时向前爬行，受惊或遇敌时迅速向后，弹跳回深水中躲避。

该虾有较强的攀援能力和迁徙能力，在水体缺氧、缺饵、污染及其他生物、理化因子发生骤烈变化而不适的情况下，常常爬出水体外活动，从一个水体迁徙到另一个水体。该虾喜逆水，常常逆水上溯的能力很强，这也是该虾在下大雨时常随水流爬出养殖池塘的原因之一，因此我们在养殖时一定要注意防逃措施的建设。

● 1. 小龙虾生活的温度 ●

小龙虾生长适宜水温为 15～32℃，最适生长水温为 18～28℃，当温度低于 18℃或高于 28℃时，生长率下降。成虾耐高温和低温的能力比较强，能适应 40℃以上的高温和-15℃的低温。在珠江流域、长江流域和淮河流域均能自然越冬。

研究发现温度越高小龙虾的耗氧率越高，代谢强度增加，代谢率增大，能量消耗增大。为维持正常代谢水平，保持虾持续增重，温度维持在 25~30℃ 的最适范围非常重要。在最适温度内，随着温度的升高，小龙虾摄食量也逐渐增大，生长速度逐渐加快。最适温度范围持续时间越长体重正积累时间就越多，个体增长越快。水温低于 15℃ 以下小龙虾活动能力减弱，水温低于 10℃ 或超过 35℃ 时摄食显著减少。水温在 8℃ 以下开始进入越冬期，停止摄食。小龙虾摄食能力强、耐饥饿能力也很强，秋冬季节小龙虾长期不进食也不会饿死。因此在养殖过程中合理的温度控制对生产十分有利。

● 2. 小龙虾生活的溶氧 ●

从养殖水环境调查情况看，小龙虾生存环境相对其他虾类来说要求更低，在各种水体都能生存，广泛栖息生活于淡水湖泊、河流、池塘、水库、沼泽、水田、水沟及稻田中，甚至在一些鱼类难以存活的水体也能存活，但在食物较为丰富的静水沟渠、池塘和浅水草型湖泊中较多，说明该虾对水体的富营养化及低氧有较强的适应性。一般水体溶氧保持在 3 毫克/升以上，即可满足其生长所需。栖息地水体水位较为稳定的，则该虾分布较多。龙虾栖息的地点常有季节性移动现象，春天水温上升，龙虾多在浅水处活动，盛夏水温较高时就向深水处移动，冬季在洞穴中越冬。

当水体溶氧不足时，该虾常攀援到水表表层呼吸或借助于水体中的杂草、树枝、石块等物，将身体偏转使一侧鳃处于水体表面呼吸，甚至爬上陆地借助空气中的氧气呼吸，离开水体能成活 1 周以上。小龙虾对环境的适应能力强，各种水体都能生存，有些个体甚至可以忍受长达 4 个月的干旱环境。

溶氧是影响小龙虾生长的一个重要因素。小龙虾昼伏夜出，耗氧率昼夜变化规律非常明显，有研究指出成虾夜间 12 小时的耗氧率平均为（0.156±0.008）毫克/（克·小时），白天 12 小时的耗氧率平均为（0.134±0.009）毫克/（克·小时）；幼虾夜间 12 小时的耗氧率平均为（0.484±0.011）毫克/（克·小时），白天 12 小时的耗氧率平均为（0.369±0.051）毫克/（克·小时）。小龙虾在缺氧水体环境中可以爬上岸直接利用空气中的氧。水质清新，水生物丰富，溶氧在 3 毫克/升以上，有利于小龙虾的生长。养殖生产中，冲水和换水是获得高产优质商品虾的必备条件。流水可刺激螯虾蜕壳，加快生长；换水可减少水中悬浮物，使水质清新，保持丰富的溶氧。在这种条件下生长的螯虾个体饱满，背甲光泽度强，腹部无污物，因而价格较高。小龙虾生存能力较强，出水后若能保持鳃部水分，可存活一周到两周。

●3. 小龙虾生活的其他指标●

小龙虾喜中性和偏碱性的水体，能在 pH 值 4~11 的水体中生活，当 pH 值在 6~9 时最适合其生长和繁殖，pH 值过高和过低可能会使环境中有毒物质毒性增大，均不利于小龙虾生长。

小龙虾对重金属、某些农药如敌百虫、菊酯类杀虫剂非常敏感，因此养殖水体应符合国家颁布的渔业水质标准和无公害食品淡水水质标准，以免药物含量过高，影响小龙虾的生长发育甚至造成全军覆没。如果是稻田养殖时，在选择药物时要非常谨慎，以免出现药物中毒，造成不必要的损失。

在养殖生产方面，一些养殖人员看到小龙虾自然生存的环境非常恶劣，就误以为小龙虾需要生长在脏水中，而且形成了"越脏越有利于小龙虾的生长"的错误观念。所以在养殖条件管理时，未能将环境条件调整到最佳状态，致使小龙虾出现严重的病害，导致生产失败，因此要想养好小龙虾，养出优质小龙虾，给予一个优良的环境条件是非常必要的。

第四节　小龙虾的繁殖习性

一、性成熟

小龙虾一般隔年性成熟，秋季繁殖的幼体第二年7、8月即可达到性成熟，并可产卵繁殖。在人工饲养条件下，小龙虾生长速度较快，因此性成熟时间比自然状态要短，一般6个月左右即可达到性成熟。

性成熟的雌体最小体长为6厘米左右，体重10克左右。雄虾最小体长7厘米，体重20克左右。用于繁殖的亲本尽量选用体重较大的个体，一般雌虾在25克以上，雄虾30克以上。性成熟的小龙虾特色变为红色，雄性螯足可见大量红色疣状颗粒，大螯上的棘突尖锐明显；性成熟雌虾螯足比较小，疣状突起不明显，卵巢变成酱褐色，卵粒较大、饱满。

二、繁殖季节

小龙虾全年均可见繁殖行为，但大多数繁殖季节为每年

7—10月，其中8—9月为繁殖盛期。从3—9月，雌虾卵巢成熟度（卵巢重/体重×100%）逐渐提高，9月大部分成熟并产卵。10月以后很多雌虾均已经繁殖，卵巢体积迅速下降，虾体较为消瘦，到来年3月卵巢基本呈线状。10月底以后，由于水温逐渐降低，这个时期产出的受精卵一直延续到来年春季才孵化，因此常出现虾苗产出不同步的现象。这给龙虾繁殖带来一定困难（图2-4-1）。

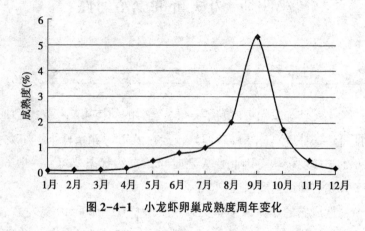

图2-4-1　小龙虾卵巢成熟度周年变化

三、繁殖行为

小龙虾繁殖前雄虾有明显的掘洞行为，每年7—9月池塘中掘洞数量明显增多预示着繁殖高峰期的到来。在自然界，全长3.0~8.0厘米的虾中，雌性略多于雄性，其中雌性占整体的比例为51.5%，雄性为48.5%，雌雄比为1.06：1，在8.1~14厘米的虾中，雌性占总体的比例为55.9%，雄性占44.1%，雌雄比为1.17：1。在繁殖季节，从洞穴中挖出的虾的数量来看，雌雄比例为1∶1，但从越冬的洞穴中挖出小龙虾雌雄比例各不相同，但很少有1∶1的。因此小龙虾在繁殖期以雌雄比例1∶1或雌虾略多配置亲虾较为合理。

　　小龙虾配对后交配前有特殊的生理行为，就是雌雄虾交配前均不蜕壳。在将要交配时，相互靠近，雄虾争夺和追逐雌虾，乘其不备将其掀翻，用第二至第五对步足紧抱雌虾头胸甲，用第1螯足夹紧雌虾大螯，雌虾第2至第5对步足伸向前方，也被雄虾大螯夹牢，然后两虾侧卧，生殖孔紧贴，雄虾头胸部昂起，交接器插入雌虾生殖孔，用其齿状突起钩紧生殖孔凹陷处，尾扇紧紧相交，从而让雌虾的腹部伸直，以便雄虾的交接器更好地接触雌虾的生殖孔。在两虾腹部紧紧相贴时，雄虾将乳白色的精荚射出，附着在雌虾第4、5步足之间的纳精囊中，产卵时卵子通过时即可受精。在交配过程中，雌虾和雄虾是平躺着的，但雄虾稍在上面。雄虾交配时表现得非常活跃，触须不停摆动，同时用腹肢不断地有节奏的抚摸雌虾的腹部。而此时雌虾表现的很安静，触须和腹肢都未见摆动。当周围环境有干扰时，雌虾就会表现出不安，同时弯曲腹部，反抗雄虾的交配；当环境恢复平静时，雌虾就会恢复平静。交配快结束时，雌虾会断断续续地弯曲腹部，以反抗雄虾，而雄虾则不断地用尾部抵住雌虾尾部以制止雌虾反抗，当雌虾反抗剧烈，雄虾就松开大螯，交配结束。交配结束后，雄虾筋疲力尽，远离雌虾休息，而雌虾仍然活动自如，还不时用步足抚摸虾体各部位。在交配活动中，小龙虾大螯完整能更有利于交配的顺利完成，而大螯残缺时虽也能完成交配，但会变得相当困难。大螯在小龙虾交配过程中具有很重要的作用，因此在选择亲本时尽量挑选螯足完整个体较大的用于繁殖。小龙虾交配时间长短各不一样，短者仅5~6分钟，长的可达1小时以上，一般为10~20分钟。交配时间长短和虾群密度高低及水温高低有密切关系，虾群密度较低时，小龙虾交配时间较短，一般在30分钟以内；密度较高时交配时间较长，最长的可达70~80分钟。交配的最低温度为18℃。1尾雄性小龙虾先后可以和2尾或2尾以上雌虾进行交配，雌虾在产卵前可交配1次，也可能交配3~5次。交配间隔短者几小时，长者数十天。雌虾和雄虾交配后隐身于安静池水草中或在所掘洞穴中生活，准备产卵（图2-4-2）。

图2-4-2　小龙虾交配

四、产卵与繁殖量

小龙虾卵巢发育持续时间较长，通常在交配以后，视水温不同，卵巢需继续发育一段时间，待成熟后产卵。在生产上，可从头胸甲与腹部的连接处进行观察，根据卵巢的颜色判断性腺成熟程度，把卵巢发育分为苍白、黄色、橙色、棕色（茶色）和深棕色（豆沙色）等阶段。其中苍白色是未成熟幼虾的性腺，细小，需数月方可达到成熟；橙色是基本成熟的卵巢，交配后需 3 个月左右可以排卵；茶色和棕黑色是成熟的卵巢，是选育亲虾的理想类型，交配后不久即可产卵。从小龙虾的性腺发育规律研究结果看，小龙虾卵细胞发育同步性较高，因此为一次性产卵类型动物。但在生产中也观察到池塘中一年有几次卵峰的现象，一般在春季和秋季出现两次产卵高峰，可能是不同成熟度的虾产卵不同步所致。

　　一般情况下亲虾交配后 7~40 天雌虾开始产卵。产卵时，虾体弯曲，游泳足伸向前方，不停地煽动，以接住产出的卵粒，卵子随虾体的伸曲逐渐从雌虾生殖孔中产出，卵产出时与精荚释放出的精子结合而使卵受精，产卵结束后尾扇弯曲至腹下，并展开游泳足抱住它，以防止卵粒散失，随后产出黑色胶汁，将受精卵附着在游泳足的刚毛上，粘附在雌虾的腹部，被形象地称为"抱卵"。小龙虾的卵为圆球形，晶莹光亮，通过一个柄与游泳足相连。雌虾的腹部不停地摆动，以保证受精卵孵化所需的氧气。刚产出的卵呈橘红色，直径 1.5~2.5 毫米，随着胚胎发育的进展，受精卵逐渐呈褐色，未受精的卵逐渐为浑浊的白色，多在 2~3 天内就自行脱落（图 2-4-3、图 2-4-4）。

　　小龙虾雌虾产卵过程为 10~30 分钟，每次产卵 200~700 粒，最多一次产卵 1 600多粒。雌虾产卵量与虾个体大小有很

图 2-4-3 抱卵小龙虾

图 2-4-4 小龙虾受精卵

大关系，抱卵量与体长函数：$Z = 116.23L - 611.06$，如表 2-4-1所示。

表 2-4-1 不同体长小龙虾雌体抱卵量

全长/厘米	7~8	8~9	9~10	10~11	11~12	12~13	>14
平均卵粒数	250	370	480	615	730	820	1 020

五、受精卵孵化

淡水小龙虾的受精卵的孵化和胚胎发育时间较长，水温 18~20℃，需 25~30 天，如果水温过低，孵化期最长可达 2 个月。亲虾在抱卵过程中，藏于角落或洞穴中，尾扇弯于腹下保护卵粒。遇到惊吓时，尾扇紧抱腹部，迅速爬跑，偶尔亦做断肢弹跳，避开天敌。在整个孵化过程中，亲虾的游泳足会不停地摆动，形成水流，保证受精卵孵化对溶氧的要求，同时亲虾会利用第 2、第 3 步足及时剔除未受精的卵及病变、坏死的受精卵，保证好的受精卵孵化顺利进行。

淡水小龙虾亲虾有护幼习性，仔虾出膜后不会立即离开母体，仍然附着在母体的游泳足上，直到仔虾完全能独立生活才离开母体。刚离开母体的仔虾一般不会远离母体，在母体的周围活动。一旦受到惊吓会立即重新附集到母体的游泳足上，躲避危险。仔虾在母体的周围会生活相当一段时间后，逐步离开母体独立生活。由于雌虾有抱卵、护幼习性，保护较好，孵化率一般都在 90% 以上。加之存活力较强，故繁殖量较大。小龙虾受精卵的孵化时间随温度增加所需时间逐渐变短，在 7℃ 水温的条件下，受精卵约需 150 天孵化出；15℃ 水温条件下，受精卵约需 46 天孵化出；22℃ 的水温条件下，受精卵约需 19 天孵化出。24～26℃ 的水温条件下，受精卵经过 14～15 天孵化即可破膜成为幼体。如果水温太低，受精卵的孵化可能需数月之久，直到越冬后春暖花开后才离开母体。

第五节　澳洲淡水小龙虾

一、澳大利亚小龙虾形态特征

澳洲淡水小龙虾，学名红螯螯虾，是澳大利亚淡水龙虾的一种。在澳大利亚，淡水龙虾有近百种，其中自 20 世纪 60 年代至今被研究、开发进行养殖的种类主要有麦龙虾、亚比虾和红螯螯虾。红螯螯虾隶属十足目，拟螯虾科，光壳虾属，整个虾体由几丁质甲壳覆盖，外表光滑，由头胸部和腹部共 20 节组成，体色褐绿，带鲜红色花纹，少部分呈天空蓝色。胸足 5 对，触须 6 条，尾部呈扇形，有 5 片。成年雄螯虾螯足基部外侧有一层鲜红色的薄膜层，但雌虾没有，胸部有生殖器（图2-5-1、图2-5-2）。具有个体大、食性广、适应性强、生长快、味道鲜美、可食率较高等优点，是我国继罗氏沼虾之后引进的又一名贵淡水经济虾种。澳洲淡水龙虾体色为绿色或褐绿色，雄性成虾的第一螯足的大螯外侧有一鲜红、柔软的膜质带，分外艳丽，故又称为红螯螯虾和红爪虾。

红螯螯虾的外形与克氏原螯虾相似，但体色及体表结构有所不同；红螯螯虾的体色随栖息环境会有不同，一般呈蓝青色或青褐色，而克氏原螯虾多为血红色。红螯螯虾的躯体分为头胸部和腹部。头胸部外包头胸甲，前端额剑背腹扁平、两侧各有3~4个额齿；头胸甲表面较光滑、无像克氏原螯虾头胸甲表面密布的点状小突，背面观可见额剑后方和二侧眼后共有4条脊突，据此，我国台湾亦称其四脊滑螯虾；侧面观肝沟、颈沟痕迹清晰，肝刺、眼后刺和颊刺尖锐明显；头胸部前端有1对具柄的复眼、2对触角，腹面有5对步足（单枝型），第1对为粗壮的大螯，第2、3对末端螯状，第4、5对末端爪状，雄虾大螯外侧前缘有一膜质斑，第3、4对步足的坐节上无像克氏原螯虾所具的钩状突起，但在步足基部间有一明显的骨质凸起（胸脊）。腹部分节明显，虽也外被有甲壳，但节间由纤维膜相连，可灵活运动；前5节腹面各有1对腹足（双枝型），第6节附肢与第7腹节合成尾扇；与克氏原螯虾不同的是雄虾第1、2对腹足不特化为生殖肢。红螯螯虾腹部外壳色泽独特，在蓝青色或青褐色的底色上，前5节两侧各有一对弯月状紫红色条斑，第6节背面中央有一条紫红斑呈"U"状；斑纹条左右对称。

图 2-5-1　澳洲淡水小龙虾（雄）

图 2-5-2　成熟的澳洲
小龙虾（雌）

二、澳大利亚小龙虾生活习性

● 1. 澳大利亚小龙虾栖息习性 ●

红螯螯虾原产于南半球温带至热带淡水湖泊、河流；据资料介绍其适温范围 为 5~37℃；试验显示，10~30℃其能正常存活，10℃以下出现不安现象，7℃时能存活但时间不长；成虾的抗低温能力远较幼虾强，而克氏原螯虾对高、低水温都有较强的适应力，其适温范围为 0~36℃。红螯螯虾与克氏原螯虾一样都营底栖爬行生活，喜隐蔽于水中砖砾孔隙或攀附于水生植物根茎及密叶之中。但不同的是该虾很少掘穴打洞。在干池起捕时仅见其能在池底淤泥中拱爬一些凹陷以藏身；试养中还观察到，该虾喜集群生活并有趋水流的习性。

● 2. 澳大利亚小龙虾摄食习性 ●

红螯螯虾和克氏原螯虾的消化系统结构相似，其消化道都由口器、食道、贲门胃、幽门胃、肠和肛门组成。口器及消化器官形态结构差异不大。红螯螯虾和克氏原螯虾一样为底栖杂食性虾类。在天然条件下，它主要以撕扯切碎汁多肥嫩的大型植物（例如：水葫芦、水浮莲、水韭菜等）和收集浮游植物（例如：硅藻、席藻、微囊藻等）及少量有机碎屑的方式摄食；在其所摄食物中，植物性食饵占绝对大的比重，但不能说它对动物性食饵不喜摄食。在人工饲喂试验中，红螯螯虾对鱼、虾、螺碎肉屑的平均日摄食率都比摄取三叶草、水葫芦等植物性饲料高，因此，在人工养殖中应注意动植物性饵料的搭喂，亦可投喂商品鱼、虾配合饲料。

● 3. 澳洲小龙虾对溶氧的需求 ●

红螯螯虾与克氏原螯虾一样，其成虾有较强的耐低溶氧能力。当池水溶氧低于2.0毫克/升时，它会攀伏至水面处或爬出水面直接呼吸空气。因此，养殖池浅水坡面的设置和水面水生植物等攀缘物的布放是很有必要的。在离水情况下，只要有潮湿的环境，它也能长时间存活，对其进行长途运输是可行的。在养殖试验中，池水溶氧一直在3.5~6.0毫克/升，皆未发现其活动异常。但虾苗的耐低氧能力远不及成虾，故虾苗以及抱卵期的亲虾应避免生活在低溶氧水环境中。陈孝煊等研究表明17℃时，体重0.11~0.234克的个体，耗氧率0.090~0.198毫克/（克·小时）。26℃时，体重0.030~8.900克的个体，耗氧率0.051~0.555毫克/（克·小时）。体重0.031~2.340克的红螯螯虾窒息点的范围在0.152~0.663毫克/升。同时，红螯螯虾夜间的耗氧率高于白天。建议养殖与繁殖用水的溶氧量一般不要低于4.0毫克/升。

三、澳大利亚小龙虾繁殖习性

在水温28℃左右，成熟的雌性红螯螯虾必须经过一次所谓的"交配前蜕皮"或"生殖蜕皮"才能交配、产卵及受精。雌虾蜕皮前，常静卧于玻璃缸的角落或隐蔽的地方，极少取食。蜕皮时间有个体差异，短则5小时左右，长的可达20小时左右。蜕皮时，虾体不断屈伸，其尾扇张开；头胸部与腹部之间的膜质部变宽；第一、二步足运动加强，并不时地夹附水底物，第三、四、五步足用力支撑身体，触角不停地颤动。此时虾体侧卧，旧壳在头胸部与腹部相连结处背面的膜质部破裂，然后虾体稍弯，头胸部撑开头胸甲；步足的基部抖动，逐渐使整个步足自旧壳抽出；紧接着腹部附肢、尾扇也开始蜕离旧壳。当头胸部的步足蜕离旧壳，虾体颤动加强，直至附肢、尾扇、触须等完全从旧壳中蜕出。刚蜕壳的雌虾体柔软，步足难以支撑身体的重量，通常静卧在缸底，不食，少游动。这时易受到其他虾的伤害。因此，雌虾蜕皮时，常有雄虾相伴，起到保护的作用。实验中观察到雌虾蜕皮在夜间进行的有15只，黄昏和黎明蜕皮的有8只，其他时间的有2只。

交配。交配前，雄虾常以螯足护卫在雌虾体侧，并用触须探索周围异情，若发觉有其他虾靠近便举起螯足驱赶，以防雌虾被其他雄虾夺走。若雌虾游动离开雄虾，雄虾紧随其后，当雌虾蜕皮时，守候在旁边的雄虾异常活跃，伺机交配。交配时，雄体用螯足钳住雌体一侧的第二触角或头胸部其他突出物，随即将雌体翻转，使其腹面朝上。雄体就踏在雌体身上，腹面对着腹面，此时雄虾排出白色凝胶状精荚，附于雌体腹面第三、四对步足间。交配完成，雌雄两个个体分开。在整个交配过程中，雌体柔软，活动力差。拥抱交配，未发现有雄虾伤害雌虾的现象；但雌虾的甲壳一旦变硬，雌雄虾不再交配。精荚呈白色半透明胶状块，胶块长度约为 3~6 厘米，无固定的形态。

产卵。红螯螯虾雌体生殖蜕壳后，接受交配和产卵。产卵前，雌虾的甲壳尚未变硬，常静卧水底，极少游动，仅见有步足抓摸虾体各部。随着虾体逐渐变硬，附肢运动加强，开始用步足支撑身体，并清理附肢上的刚毛，附肢不停地摆动似游泳状。产卵时，雌虾通常卷曲身体形成一临时的产卵室。同时步足支撑身体，肌肉收缩，腹部不停地隆起、伸直，卵子从雌性生殖孔排出，精荚随即破裂，放出的精子与卵子相遇完成受精。然后由第一步足将受精卵向后推至腹部，借助于黏液腺分泌，受精卵附着腹肢的刚毛上。至产卵后期，可明显地看到随着腹肢的运动，卵子前后摆动。整个产卵过程的时间由 5~30 分钟。

孵化。雌虾的抱卵数量与雌虾个体大小、年龄和营养状况有关。本实验中饲养 40 只抱卵亲虾均为 1 龄虾，个体大小 11~14 厘米，通常在 50~100 克，所产卵在 150~400 粒。在适宜的温度和良好的营养状况下，雌虾可再次抱卵，但卵量明显减少。雌虾抱卵后，腹部常卷曲，以保护受精卵不受伤害。并喜栖息在隐蔽处，活动量减少，具有较强的攻击性。亲虾时常伸展腹部并划动游泳足，使受精卵得到充分的氧气。还用步足梳理卵块，除掉死卵，以免因死卵腐败而影响其他卵的正常孵化。受精卵呈椭圆形，表面光滑，卵径为2.0毫米左右。最初为土黄色或黄绿色随着胚胎的发育，卵色逐渐成为黄色，并在无卵柄端出现白色的透明小区；发育至中期，卵色为橙黄色，透明小区不断增大，并在透明区内出现眼点；发育至末期，卵为橙黄色，眼点增粗为复眼，透明区域约占总体积的一半，并可观察到卵内胚胎附肢的抖动；最后卵膜破裂，幼体孵出。此时卵黄尚未消化，稚虾也依附于母体，依靠自身卵黄提供的养料使个体不断长大，经7~10天便可离开母体营独立生活，此时幼虾个体达0.8厘米左右（图2-5-3）。在28℃水温下，整个胚胎发育的时间约为39天左右。

图2-5-3　红螯螯虾的幼子

为了防止雌虾残食刚出膜的幼虾，在孵化过程中要及时挑出那些有幼虾出膜的雌虾。抱卵的雌虾可以被放在孵化桶中或者被装进笼子里放到池塘里，并且一般还会设置一些隐蔽物供抱卵虾栖息。受精卵也可以从雌虾腹部剥离下来，然后进行人工孵化。研究表明在人工孵化条件下，红螯螯虾的孵化率为48%~63%。

第三章　小龙虾生态养殖场的建设

第一节　养殖场选址

一、选址要求

　　小龙虾生态养殖场适合在我国任何地区建设，但水源充足，气候温暖，无污染的地方更为适宜。生态养殖场以家庭、公司团队为生产单位。养殖规模可以为 5~10 亩的小场地家庭养殖场，投资相对较少，适宜主要消费地近郊大规模散户养殖形式，也适合于消费市场较小的小规模散户养殖，家庭养殖场操作灵活，收放自如，是一种国家大力推崇的农民致富的经营形式，也是大学生快速创业致富的一种渠道。也可以是规模成千上万亩的公司团队，进行规模化养殖。

　　养殖场要求在建场地址 3 千米以内无化工厂、矿厂等污染源，距高速公路等干线公路 1 千米以上，靠近水源，用电方便，交通便利，能防洪防涝，地势相对平坦。可以按照自己的投资规模和场地许可确定适当的养殖面积，一般小型家庭养殖场建设规模在 100 亩以内；中型家庭养殖场在 100~1 000亩；大型养殖场在 1 000亩以上。养殖场地的环境应符合 GB/T 18407.4 的要求。

二、水源环境要求

水是养虾的首要条件，水质的好坏直接影响到虾的生长发育，决定了养殖的成功进行。江河、湖泊、湿地、水库、山泉、地下水及沟渠水等均可用作为小龙虾养殖用水。根据当地的水文、气象资料，养殖水源水量充沛，旱季能储水抗旱，雨季能防洪抗涝。水质好坏是养殖成功的关键，近年来我国工农业污染使得江河、湖泊及地下水等多种水源均有不同程度的污染。为了开展生态健康养殖小龙虾，在建池养虾前要详细考察水源质量，必须从物理、生物、化学三个方面来考虑，水源水质应符合渔业水质标准 GB 11607 的规定，养殖池水质应符合 NY 5051 NY 5361 的规定，排放水水质符合国家环保部门要求。

因此，选择水源时必须对其水质进行物理、化学、生物等方面的严格检验，只有合格的水源才能被定为养小龙虾养殖场的水源。检验标准如下。

(1) 水的酸碱度，pH 值为 6.0~9.0，以中性或微碱性为宜。

(2) 溶解氧是小龙虾生存、生长的必要条件，适合溶解氧的含量为 4 毫克/升以上。

(3) 二氧化碳是绿色植物进行光合作用的物质基础，适宜的含量为 20~30 毫克/升。

(4) 沼气和硫化氢是危害小龙虾生长的气体，这两种气体都是在缺氧的条件下才会产生，对虾危害较大，一般在养殖水中不允许存在。

（5）化学物质。油类、硫化物、氰化物、酚类、农药及各类重金属对小龙虾的生长都有很大的危害，能造成大量小龙虾死亡，应严格控制在一定的范围内（参考我国渔业水域水质标准），超过一定标准的，该水源的水不能使用。

对水源的水质审定要慎重，不能草率从事，野外的初步观测以有天然鱼、虾类生长为原则，准确的判断水质，应取水样送实验室测定各种指标。

无公害水产品养殖用水水源必须符合国家渔业水质标准 GB 11607 的要求。而池塘养殖用水要按 NY 5051—2001《无公害食品淡水养殖用水水质》执行。根据标准要求，水的溶解氧要在 5 毫克/升以上，最低不低于 3 毫克/升；pH 值在 6.5~8.5。有害物质限量见表 3-1-1。

表 3-1-1　淡水养殖用水水质要求　　单位：毫克/升

序号	项目	标准值
1	色、臭、味	不得使养殖水产品带有异味、异臭和异色
2	总大肠菌群（个/升）	≤5 000
3	汞	≤0.000 5
4	氟	≤0.005
5	铅	≤0.05
6	铬	≤0.1
7	铜	≤0.01
8	锌	≤0.1
9	砷	≤0.05
10	氟化物	≤1
11	石油类	≤0.05
12	挥发性酚	≤0.005

续表

序号	项目	标准值
13	甲基对硫磷	≤0.000 5
14	马拉硫磷	≤0.005
15	乐果	≤0.1
16	六六六（丙体）	≤0.002
17	DDT	≤0.001

三、土质要求

不同的土质直接影响到小龙虾池塘的保水和保肥性能，因此在建设时对土质有一定要求。下面介绍几种常见土壤的分类和性质，供选择场址时参考。

● 1. 黏质土壤 ●

黏土是含沙粒很少、有黏性的土壤，水分不容易从中通过，具有较好的可塑性。一般的黏土都由硅酸盐矿物在地球表面风化后形成，一般在原地风化，颗粒较小而成分接近原来的岩石的，称为原生黏土或者是一次黏土。这种黏土的成分主要为氧化硅与氧化铝，色白而耐火，为配制瓷土的主要原料。黏土保水性能好，不易漏水，水中的营养物质不易渗漏损失，有利于水生生物的生长、繁殖，但池塘容易板结，透气性不足，养殖废物的降解速度较慢。

● 2. 沙质土壤 ●

沙土是由80%以上的沙和20%以下的黏土混合而成的土

壤，其透气性好，但容易渗水，保水性能较差，常出现池壁崩塌现象，池塘保肥效果较差，池水容易清瘦，池塘生物量较少。

● 3. 壤土 ●

壤土，指土壤颗粒组成中黏粒、粉粒、沙粒含量适中的土壤。这类土壤，含沙粒较多的称沙壤土（沙质壤土），黏粒较多的称黏壤土（黏质壤土）。颗粒大小在 0.02～0.2 毫米。壤土质地介于黏土和沙土之间，兼有黏土和沙土的优点，通气透水、保水保温性能都较好，因此最适合建设虾池的土质是壤土，其次是黏土，沙土最差。

在适宜含水量的情况下，土壤质地最简单的检测方法为抓一把挖出的新土，用力捏紧后摔向地面，着地后能大部分散开的是壤土；成团存在基本不能散开的是黏土；完全散开，几乎不成团的为沙土。壤土直接建池即可使用，而黏土和沙土均不宜直接建池使用，需要进行改造方能进行养殖。腐质土，含腐殖质20%以上的土为腐殖质土；含沙粒多的称沙质腐殖质土；含黏土多的称为黏质腐殖质土；含石灰质多的称石灰质腐殖质土。沙质和石灰质腐殖质土较好，可用来造池，腐殖质土呈暗灰色，土中含氮丰富，对天然饵料形成有利，透水性小，较宜造池。但腐殖质含量过高时，保水差，腐殖质大量分解时，易造成鱼池缺氧，产生有害气体，对鱼类生长不利，养鱼时应用生石灰对其进行改良。

综上所述，影响建场场址的因素有多方面，能在一个地方全部满足所有因素的要求是不大可能的，事实上，大部分地方往往具备了这些因素而不具备另外一些因素，因此只要

建场的主要条件如水源、水质、土质基本合乎要求时，其他
条件可以适当放宽或加以改造以适应建场的需要。

第二节 生态健康养殖场规划建设

一、精养池塘建设

（一） 土池建设

● 1. 池塘整体规划 ●

小龙虾不同生长阶段需要不同的配套池，亲虾池和幼苗
培育池面积不宜过大，一般为 0.5~2 亩，水深 1~1.5 米；成
虾池面积一般在 5~50 亩，水深 1.5~2 米甚至更深。

● 2. 池塘构造 ●

小龙虾具有趋水性，所以喜欢生活在水中。小龙虾喜欢
将半个身子露出水面呼吸，所以水中需要有附着物，常见的
附着物为水花生等漂浮植物、芦苇等挺水植物、轮叶黑藻等
沉水植物。小龙虾喜欢遮阴，在夜间活动，所以养殖池塘中
需要有躲避或遮掩物。因此小龙虾最适的养殖池塘需要为其
提供适应其生存的环境条件。目前小龙虾养殖池塘有很多种
设计方案，主要有环沟型、平底型及洞穴型。

（1） 环沟型小龙虾养殖池塘见图 3-2-1、图 3-2-2。环
绕池塘一周，有防逃网栏，网栏采用 40~80 目聚乙烯网或厚
质塑料片或石棉瓦等材料，用木桩固定，土下埋置 30 厘米
深，土上高度 40~50 厘米。网内池壁距离网栏 2~3 米为与水

平夹角为 15° 的缓坡，然后是 60° 的陡坡，坡底距中央平台底 1 米，形成池塘四周大环沟。池塘中央为中央平台，平台距离池底 80 厘米高，平台上有 20 厘米深的纵横沟槽和池塘四周的大环沟相通。

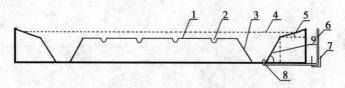

图 3-2-1　环沟型小龙虾养殖池塘剖面

1. 中央平台；2. 中央沟；3. 环沟斜坡；4. 水位线；5. 池边斜坡；
6. 出水控水管；7. 排水沟；8. 出水管；9. 环沟外斜坡

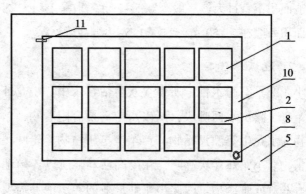

图 3-2-2　环沟型小龙虾养殖池塘正面

1. 中央平台；2. 中央沟；5. 池边斜坡；8. 出水管；
10. 大环沟；11. 进水管

　　进水口和出水口分别在池塘对角，进水口处用 40 目网做成的过滤袋过滤大型生物。出水口处用直径为 110 毫米的排水管通到池外排水沟，池塘内侧的排水管口用漏水网罩罩住，排水管外侧用弯头向上，插上一根水管用于控制水位，当需要放水时拔出出水管，控水管可以用各种长度的水管，不同长度的水管可以控制池内不同深度的水位。

（2）平底型小龙虾养殖池塘（图3-2-3）。池塘坡比1：2~1：3，池埂宽1.5~2米，池底平整，最好是沙质底。池塘深1.2~1.5米，坡为壤土捶打紧实。池壁用40~80目聚乙烯网或厚质塑料片或石棉瓦等材料建成防逃网栏，网栏用木桩固定，土下埋置30厘米深，土上高度40~50厘米。池塘周围有良好充足的水源，建好进排水口，进水口加过滤网，防止敌害生物入池，同时防止青蛙等入池产卵，避免蝌蚪残食虾苗。

图3-2-3 平底型小龙虾池塘示意图

1. 水面；2. 池坡；3. 防逃网

（3）洞穴型小龙虾养殖池塘的池体和平底型池塘相似，在池塘底部和四周放置大量的巢穴。巢穴材料可以为彩钢瓦、PVC管道等。彩钢瓦巢穴做法为将彩钢瓦彼此堆起来，形成圆形空洞即可，孔洞在池塘中堆成一堆一堆的。PVC管巢穴做法为将直径为8~15厘米的PVC管裁截成直径30厘米左右的短管，然后将5~10个短管捆成捆，放置于池塘底部和四周。

（二）网箱养殖池建设

可以在普通池塘或河道等水体中架设网箱开展小龙虾网箱养殖（图3-2-4）。开展网箱养殖的区域要求通风、水体较大，有一定流动性为佳，水体深度在1.5米以上。河道水流速度不超过0.3米/秒。

图3-2-4　小龙虾养殖网箱

在池塘四周或河道两岸用木棍或水泥柱打桩，每隔2米打一个桩位。然后用铁丝向一个方向拉紧固定好，使铁丝呈平行分布。在平行的两条线之间架设网箱。网箱采用40目的聚乙烯网片五面缝合成网箱。网箱的箱体材料采用无结节聚乙烯网片，网眼均匀，线紧而不移位，为敞口网箱，上面不封顶。网箱做成长方形，箱体深为2米，入水深度为0.8~1.2米，伸出水面0.8米左右用于防逃，网箱面积为6米^2。箱体用支架固定在水中，由于池塘风浪较小，支架多采用竹子或木棍，网箱悬挂在支架上，箱体之间相隔1米。一般呈"一"字形排列，两排箱之间相隔约2米，便于饵料投喂和日常管理操作。每亩水面放置 30 个网箱（总计 900 个），新制作的网箱需要在水里浸泡 15 天左右，一方面消除聚乙烯网片产生的气味，另一方面让网箱附着各种藻类，使质地变柔软。

二、作物混养池塘建设

养虾稻田确定后，需辅以一定的设施。一是保证虾类有栖息、活动、觅食、成长的水域；二是防止小龙虾逃逸或施放农药、化肥和高温季节时有可避栖的场所，便于饲养管理和捕捞。

● 1. 加高加固田埂 ●

田埂高度视稻田养虾类型、养殖对象、稻田原有地势以及当地的降水情况而定，可分别为 30~50 厘米、50~70 厘米、70~110 厘米等几种。轮作养虾稻田的田埂比兼作养虾的高，常年降水量大的地区的田埂比降水量小的地区高，冬囤水田养虾的田埂高。

● 2. 进、排水口设置拦虾设备 ●

进、排水口最好开在稻田相对两角的田埂上，这样可使田内水流均匀、通畅。在进、排水口上都要安装拦虾栅，防止逃虾。拦虾栅可用竹箔、化纤网片等制作。孔目大小视虾体大小而定，以不逃虾为准。拦虾栅的高度，上端需比田埂高 30 厘米左右，下端扎入田底 20 厘米，其宽度要与进、排水口相适应，安装后无缝隙。拦虾栅要做成弧形，凸面朝向田内，以增加过水面积。如能在拦虾栅前加一道拦栅设备则更理想。

● 3. 开挖虾沟、虾溜 ●

设置虾沟、虾溜的目的是使虾在稻田晒田、施肥、洒农药时，通过虾沟集中至虾溜躲避；夏季水温较高时虾可避暑，抵御高温、伏旱；在日常管理中便于集中投饵喂养；收获时便于集中捕捞。

（1）虾沟。虾沟（图3-2-5）是虾进入虾溜的通道，视虾溜设置的情况，一般宽深各为30～50厘米，占面积的3%左右，主沟还可适当加深加宽。虾沟开挖可在插秧以后进行，挖出的秧苗补插在沟的两侧。虾沟应略向虾溜方向倾斜。

（2）虾溜。虾溜（图3-2-5）是稻田中较深的水坑，一般开挖在田中央、进排水处或靠一边田埂，有利于虾的栖息活动，是水流通畅和易起捕的地方。虾溜形状随田的形状而不同，一般为长方形、方形、圆形。传统平板式稻田养虾的虾溜面积只占稻田总面积的1%左右。现在的稻田养虾在已有虾溜的基础上发展成小池、虾凼、宽沟等，形成了沟池稻田养虾、虾凼式稻田养虾和宽沟稻田养虾等，并促使沟中的水变活，成为流水沟式稻田养虾。溜、池、凼、沟等水面占稻田面积的5%～8%，水深0.5～1.0米。面积小的稻田只需开挖一个虾溜，面积大的可开挖两个。

（3）开垄。挖沟开垄时可挖窄垄（图3-2-6）或宽垄（图3-2-7）。垄上插秧，垄沟与虾沟、虾溜相通，便于虾类活动。

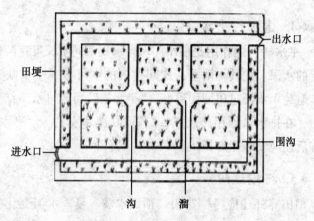

图 3-2-5 虾沟与虾溜示意图

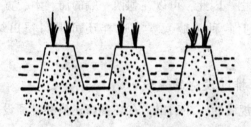

图 3-2-6 窄垄示意图

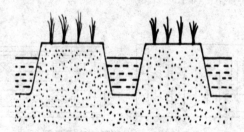

图 3-2-7 宽垄示意图

4. 建立"平水缺"

"平水缺"的作用是使田间保持水稻不同生长发育阶段所需要的水深，尤其在雨季，田间过多的水可从"平水缺"流出，避免雨水漫过田埂而逃虾。"平水缺"可与排水口结合起来做，在排水口处用砖砌成，口宽30厘米左右。"平水缺"做好后还应安装拦虾栅。

5. 搭棚遮阳

稻田养虾还应搭棚遮阳。稻田水浅，夏季水温变化幅度大，不设遮阳棚会因水温过高而影响虾的正常生长，甚至引起虾的死亡。因此，可以在朝西一端的溜、函、宽沟上搭设凉棚，棚上栽种瓜藤豆类，这样还可提高稻田综合利用效益。

6. 排灌设施的建设

对成规模的养虾稻田，有必要修建公共排灌设施，使各田块能从水沟单独进水，又可分别排水入沟，使虾在相对稳定的水体中生活（图3-2-8）。

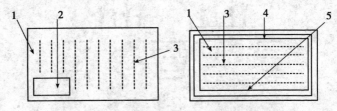

图3-2-8　垄沟养殖方式示意图
1. 稻田；2. 围养沟；3. 垄沟；4. 环沟；5. 围养区

第三节 生态健康养殖场设施准备

一、进水系统

●1. 进水方式●

池塘的进水方式有两种：一种是直接进水，即通过水位差或用水泵直接向池塘内加水，这种进水方式只能适合在池塘接近水源的情况。在进水时为避免有害生物进入池塘，往往在进水口或在水泵底部和出水口周围加过滤网，过滤网一般可选择网眼0.95（20目）~0.42毫米（40目）的筛绢，做成一口径为30~50厘米、长4~5米的筒形，筛绢的边缘要用棉质布包边，网的一端缝上棉绳，牢牢系在进水口处，另一端扎成一活络结，需要时便于取出过滤到的杂物（图3-3-1）。

另一种是间接进水，即用水泵将水抽进蓄水池，经过沉淀、过滤、曝气、增氧或消毒后再进入池塘。这种进水方式，由于对水进行了处理，进入池塘的水质相对好，溶氧充足，野杂鱼以及其他有害生物经过几次过滤后即基本除净，并且经消毒后病原大大减少。因此，这种进水方式特别适用于虾苗孵化池、虾苗培育池和产卵池。

●2. 水泵配备●

生产上常用的水泵有潜水泵（图3-3-2）、离心泵（图3-3-3）和混流水泵（图3-3-4）三种类型。离心泵适用于水源与池塘高程差较大的情况，这种类型的水泵扬程高，一般

图 3-3-1　过滤筛绢

图 3-3-2　潜水泵

图 3-3-3　离心泵

图 3-3-4　混流水泵

达 10 米以上；而混流泵扬程不高，一般不超过 5 米，但相同功率出水量比离心泵大。离心泵和混流泵安装和搬运较困难，常将其固定在一定的位置，一般每千瓦功率水泵可以供 15~20 亩池塘的用水。而潜水泵体积小，重量轻，安装搬动方便，加上该种水泵的机型较多，便于选择，目前，生产上用的比较普遍。

蓄水池常用石块、砖或混凝土砌成，长方形或多角形或圆形。大多采用二级蓄水，前一级主要是沉淀泥沙与清除较大的杂物，对大型浮游生物以及野杂鱼类等进行粗过滤，过滤用筛绢网目为 0.95 毫米（20 目）左右。而二级蓄水池主要是增氧和对小型浮游动物进行再过滤，过滤网目一般为 0.42 毫米（40 目）左右。蓄水池的容积主要根据生产需要进行确定。

　　池塘的进水渠分明沟和暗管两种类型。明沟多采用水泥槽、水泥管，也可采用水泥板或石板护坡结构（图 3-3-5），断面呈梯形深 50 厘米，底宽 30~40 厘米，比降为 0.05%、也可为直径 50 厘米的半圆形等。暗管多采用 PVC 管或水泥管（图 3-3-6），直径 100~300 毫米，池塘的进水口多采用直径 100 毫米左右的 PVC 管。管口高于池塘水面 20~30 厘米。为了防止雨天池塘水面上升或因其他原因虾逃跑，还应在池塘四周设 50 厘米高的拦虾网，防止跑虾或窜池。

图 3-3-5　明渠

图 3-3-6　U 形暗渠

二、排水系统

　　池塘排水是池塘清整、池水交换和虾类捕捞必须进行的工作。如果池塘所在地势较高，可以在池底最深处设排水口，将池水经过排水管进入排水沟进而直接排入外河。排水管常采用管径为 110 毫米左右的 PVC 管。排水口要用网片扎紧，以防虾类逃逸。排水管也可采用一定直径的水泥管。排水管通入排水沟，排水沟一般为梯形或方形，沟宽为 1~2 米。排水沟底应低于池塘底部。如池塘地势较低，没有自流排水能力，生产上可用潜水泵进行排水。

三、增氧系统

● 1. 增氧机的配备 ●

精养池，虾放养密度较大，产量高，有时因天气等原因很容易缺氧，导致饵料利用率低，严重时甚至出现死亡。为了防止池塘缺氧，进行池塘水质的改良，精养池须配备增氧机。

增氧机的类型较多，常见的有叶轮式、喷水式和水车式、微孔增氧机等多种类型。增氧机的增氧能力和负荷面积可参照表 3-3-1 的有关参数进行选用。

表 3-3-1　叶轮式增氧机的增氧能力与负荷面积

型号	电机功率 （千瓦）	增氧能力 （千克/小时）	负荷面积 （亩）
ZY3	3	≥4.5	7~12
ZY1.5	1.5	≥2.3	4~7
ZY0.75	0.75	≥1.2	0.5~3
YL~3.0	3	≥4.5	7~12
YL~2.2	2.2	≥3.4	4~9
YL~1.5	1.5	≥2.3	4~6

每亩配备的增氧机功率与池塘单位面积虾产量有关，即

随着预计产量的提高，每亩配备的增氧机的功率增大。如每亩虾单产在 100 千克以下一般不需配备增氧机，单产在 200 千克则配备的增氧机功率为 0.2~0.3 千瓦/亩。单产在 300 千克/亩以上时，则配备增氧机 0.3~0.5 千瓦/亩。

● 2. 微孔增氧系统 ●

近年来，全国各地都在鱼虾池中推广应用底部微孔增氧机，实践证明，底部微孔增氧机增氧效果优于传统的叶轮式增氧机和水车式增氧机，在主机相同功率的情况下，微孔增氧机的增氧能力是叶轮式增氧机的 3 倍，为当前主要推广的增氧设施。微孔管增氧技术，采用罗茨鼓风机将空气送入输气管道，输气管道将空气送入微孔曝气管，由于其孔径小，可产生大量微细化气泡从管壁冒出分散到水中，而且上升速度缓慢，气泡在水中移动行程长，与水体接触充分，气液相间氧分子交换充分，而且还增加了水流的旋转和上下流动（图 3-3-7）。水流的上下流动将上层富含氧气的水带入底层，同时水流的旋转流动将微孔管周围富含氧气的水向外扩散，实现养殖池水的均匀增氧。具有溶氧效率高、改善养殖水体生态环境、提高放养密度、增加养殖产量、降低能耗、使用安全和操作方便等优点（图 3-3-8）。

（1）主要结构。微孔增氧设施主要有主机 ［电动机、罗茨鼓风机（图 3-3-9）、储气缓冲装置］、主管（PVC 塑料管）、支管（PVC 塑料或橡胶软管）、微孔曝气管（新型高分子材料制成）等组成。主机常用功率有 7.5 千瓦、5.5 千瓦、3.0 千瓦、2.2 千瓦、1.5 千瓦。主机连接储气缓冲装置、储气缓冲装置连接主管、主管连接支管、支管（橡胶软管）连接曝气管。

（2）安装方法。安装方式主要有两种：一是盘式安装法。配备功率为 0.1~0.15 千瓦/亩，将曝气管固定在用钢筋（直径为 4~6 毫米）做成的盘框上，曝气管盘（图 3-3-10）的总长度 15~20 米，安装 3~4 只/亩；曝气管盘总长度 30 米，装 2~3 只/亩，并固定，离池底 10~20 厘米。二是条式安装

图 3-3-7　微孔曝气效果

图 3-3-8　微孔曝气整体效果

图 3-3-9　罗茨鼓风机

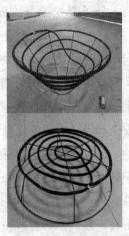

图 3-3-10　微孔曝气盘

法。配备功率为 0.1 千瓦/亩，曝气管总长度为 60 米左右，管间距 10 米左右，高低相差不超过 10 厘米，并固定，离池底 15~20 厘米。

（3）使用方法。根据水体溶氧变化的规律，确定开机增氧的时间和时段。一般 4—5 月，阴雨天半夜开机；6 月至 10 月下午开机 2~3 小时，日出前后开机 2~3 小时，连续阴雨或低压天气，夜间 21：00~22：00 时开机，持续到第 2 天中午；养殖后期，勤开机，促进水产养殖对象生长。有条件的进行溶氧检测，适时开机，以保证水体溶氧在 6 毫克/升以上。

（4）注意事项。主机在设置安装时应注意通风、散热、遮阳及防淋。曝气管（盘）安装应保持在同一水平面，以利供气增氧均衡。微孔增氧设备安装结束后，应经常开机使用，防止微孔堵塞。每年养殖周期结束后，应及时清洗。

四、投饵系统

目前小龙虾养殖投饵方式有采用直接向池塘中投喂的形式，也有采用投饵台投喂的，还有少数使用投饵机投喂。食台是龙虾养殖的人工投饵点，也是其集中摄食场所（图 3-3-11）。食台选择与使用的好坏，直接关系到养殖投饲效果的优劣，进而影响到养殖经济效益的高低。对于龙虾养殖来说，食台是个不容忽视的问题。食台的种类从食台的结构、造型讲，可分为平面食台和兜形食台两类。其中，平面食台主要有圆形或椭圆形、矩形等；兜形食台，主要有抽屉式、框式、箱式等形式。目前，市场小龙虾食台大多为定置食台，存在的缺陷是：不能因水位变化，灵活的调节食台高度；不能及时掌握虾摄食和生长情况；饲料利用率低。杨金林等设计了升降式投饵台，包括框架、连接于框架构成框的网片、在框架的上边框两端设置有支架、支架通过一端所设的套管与上边框活动连接。由于支架活动连接于食台框架，因此，可根据水位高低，调整支架与框架之间角度，达到调节食台高矮目的，适应小龙虾生活习性要求。采用这种食台喂养小龙虾，能及时掌握小龙虾摄食情况，合理确定饲料投放量，即既保证饲料量能够满足小龙虾生长需要，又不会多投而造成饲料的浪费，减少了传统全池投喂饲料的盲目性，提高了饲料利用率。

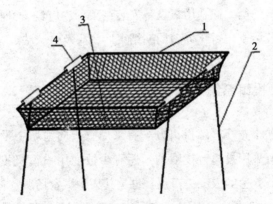

图 3-3-11　小龙虾投饵台

1框架；2支架；3网片；4套管

第四章　小龙虾种苗繁殖技术

　　小龙虾已经适应了我国自然环境，已经可以自由繁殖，而且具有较强的自然繁殖能力。虽然小龙虾已在我国形成了一定的养殖规模，但制约小龙虾产业化发展的几个瓶颈问题至今仍未得到有效的解决，其中最突出的问题就是规模化养殖所需的种苗配套，主要表现在人工育苗效率低下，亲本运输和暂养成活率低，育苗产量低，效益差，一般池塘育苗亩产仅有几万尾，育苗效益难以提高。育苗产量低与小龙虾怀卵量少、产卵不同步、虾苗规格不整齐及自相残杀率高有关。目前生产上多采用自繁自育的虾苗繁殖方法，或采用外购虾苗进行放养，由于虾苗产量低且来源不足严重制约了放养密度的提高，因此目前的小龙虾养殖产量和效益普遍偏低，因此如何提高育苗产量已成为小龙虾养殖业急需解决的关键问题之一。经过我国水产科学工作者数十年来的艰苦努力，现在已经基本掌握的小龙虾的人工繁殖技术，主要有室外土池仿生态育苗法、室内人工育苗法、工厂化育苗等方法。

第一节　土池仿生态育苗法

一、繁殖池的建设

　　土池仿生态育苗法主要是利用室外土池进行亲虾繁育的

一种半精养育苗模式，在雌雄交配产卵后，将抱卵亲虾分散放回到成虾养殖池中孵化，然后进行第二茬养殖的养殖模式。此种方法投资成本较低，操作简单，主要适合繁殖量较小、养殖规模不大的家庭养殖场使用。

土池形状最好呈东西走向的长方形。由于小龙虾喜生活于水深较浅的水域，池塘深度不宜太深，一般以 1.2~1.5 米为宜，池塘长宽比较大时繁殖效果较好。繁殖池的坡度不应太陡，应相对较缓和一些，坡比为 1∶2.5 较为适宜。在水深 30~40 厘米处设立若干个投食台作为观察点以随时观察亲本的摄食状况，根据太阳日出与日落的自然规律，在池塘的东南和西南方设置遮阳棚或种植 1 米以上的植物用于遮阴。小龙虾喜欢攀爬，越过堤坝逃逸，因此需在池塘四周用塑料钢瓦和塑料板、塑料薄膜、防逃网等廉价材料构建防逃围栏，围栏高 60 厘米左右，深入土层 20 厘米，用竹、木桩夯实打牢，桩与桩之间间距 1.2~1.5 米为宜。虾苗繁育池单池面积一般控制在 10 亩以内。

值得注意的是，室外的土池，易受到外界因素的干扰，例如天气的变化，敌害生物的侵袭等。在养殖池塘中，一般日较差应控制在 1℃，而日含盐量变化应控制在 3‰以内。在室外的土池繁育池中，水温日较差似乎是一个很难控制的变量，因为它会随气温变化而变化，而气温又受到天气的影响，温度这个因素是土池育苗最关键的一个因素。在高温季节设置遮阳网或种植遮阳植物，有一定的防御效果，但对繁殖还是有一定的影响。

二、亲虾放养前的准备

繁殖池建设好后或上茬养殖结束后要对池塘进行整理，为繁殖做好准备工作。如果是10月底前培育亲虾，则先清理亲虾培育池，排干池水，清除池底淤泥，暴晒数天。在亲虾入池前15天，池塘进水约10厘米，用生石灰100千克/亩化成水全池泼洒消毒，清除敌害生物及竞争生物，杀灭病原体。2~3天后，均匀施放300~500千克/亩的腐熟（畜禽粪便堆放发酵至无恶臭）有机肥用于肥水培养生物饵料。然后进水，进出水口要安装双层100目的过滤袋，防止敌害生物、野杂鱼及鱼卵进入。

小龙虾具有地域性和相互残杀的特性，进水后须向池中投放一定量的隐蔽物，供小龙虾攀附、栖息、躲藏。隐蔽物的种类可以为PVC管、竹筒或树枝等取材方便，价格便宜的材料。另外在池塘中种植一定量的水生植物，池埂上的杂草不必除去，可以起到固土、护洞穴的作用，水草的种植面积额不宜超过繁殖池的1/2。目前常见的种植水生植物有水浮莲、水花生、野茭白、茨菰（慈姑）、藕、马来眼子菜、苦草（水韭菜）、伊乐藻、轮叶黑藻、菹草等（图4-1-1~图4-1-10）。

三、亲虾的捕捞

亲虾可以从上茬养殖的成虾中直接留种，也可以从大水

图 4-1-1 水浮莲（水葫芦）

图 4-1-2 小龙虾躲在伊乐藻中

图 4-1-3 轮叶黑藻（灯笼草）

图 4-1-4 菹草

图 4-1-5 苦草（水韭菜）

图 4-1-6 茨菰（慈姑）

面养殖的池塘或大湖等生态环境相对较好的水域捕捞。捕捞时注意防止捕捞时损伤小龙虾，导致其肢体损伤而影响繁殖

图 4-1-7　茭白（高瓜）

图 4-1-8　水花生

图 4-1-9　眼子菜

图 4-1-10　荸荠

行为。常用的捕捞方法有排水捕捞法、抄网捕捞法及地笼捕捞法。

●1. 排水捕捞法●

排水捕捞法是一种最简单又直接的办法，用抽水泵抽干池塘内的水，小龙虾露出水面，用手或抄网小心抄起后放入捕捞桶内；对于深藏于洞穴内的小龙虾，可直接用手进洞捉或是掀开虾类设置的洞帽，或向洞内大量注水，都可使小龙虾爬出洞穴。

●2. 抄网捕捞法●

用尼龙线编织成的倒锥形捕捞网或是无盖的长方体或是正方体捕捞网。选择在水草密集，小龙虾分布均匀的地方，用抄杆追赶虾体至捕捞网。一般多选择在小龙虾大量出来觅食时间，夏季高温暴雨缺氧池塘，虾类大量出来换气时间，一手用追杆追赶，另一手用捕捞网捕捞（图4-1-11）。

● 3. 地笼捕捞法 ●

地笼网是一个由多个虾网组合在一起的捕捞设备。地笼网一般长达 10~30m 不等，它是根据池塘深度的不同而设置地笼网。地笼网的层与层之间设置倒刺，最底层与最上层的盖子形状为圆锥形。根据虾类生活的习性，一般都会选择在黎明或是傍晚时分进行捕捞，我们可以选择一个水草密集的区域，安放地笼并在地笼内放入新鲜的火腿肠、小杂鱼肉、青蛙肉、蛤蟆等。待傍晚时分，小龙虾出来觅食，就会寻找香味的来源口，当虾类看到食物时，就会钻入地笼内。当发现其被套入时就会寻找出口，并在地笼内挣扎，而此时地笼网就会变紧，最终小龙虾就会被限制在地笼内，且其多方挣扎也消耗了体力，已经无力再挣扎，只能成为"瓮中之虾"（图4-1-12）。

图4-1-11 手工抄网

图4-1-12 地笼捕捞龙虾

排水捕捞法虽简单且直接，但耗资成本大；手抄网捕捞网简单，成本小，但只适合于小水体中，养殖密度大，且深度较浅的虾塘；地笼捕捞法适合于较深的池水中，且水体内杂草不应过多。人工养殖的池塘，面积小，密度大，且池塘内无杂草丛生，虾类分布均匀，可采用手抄网捕捞和干池捕捞。

　　捕捞亲虾时应注意动作要轻，要慢，以免对亲体造成损伤。一旦动作比较急，快，不注意的话，对亲体造成损伤后就会导致亲体损伤部位受到感染，抵抗力下降，一些疾病也就随应而来，严重的话还有可能造成死亡。所以捕捞看似很简单却也需要留心。

四、亲虾的选择

● 1. 亲虾的规格 ●

　　亲虾的选择一般在 6—8 月进行，要求作为亲虾的个体体长在 13.3 厘米以上，体重在 40 克/只以上、附肢齐全、颜色红润鲜艳、体表无病无伤。选择亲虾应选用体表清洁无污垢，活动能力强，大小规格相差不多，体质健康的个体。一般而言，亲虾的个体越大越易成熟。大的亲本不仅成熟快，且怀卵量大，其所产的卵体积也大，具有良好的生产潜能，还能提高后代的成活率，保障虾苗的质量。

● 2. 亲虾的地域选择 ●

　　为了避免近亲繁殖导致虾苗品质下降的问题，亲虾最好引进原种或者跨地域收集、采购，搭配组合。宋亮等观察了220 对虾对产地的选择，发现其中异地交配的虾 186 对，占总数的 84.55%，而同地交配的虾仅 34 对，占总数的 15.45%（图 4-1-13），另外异地交配中远距离交配的虾有 113 对（60.75%），近距离内交配虾为有 73 对（39.25%），说明小龙虾在选择交配对象时，对其产地的地域性有一定要求，大多数小龙虾更多地趋向于选择异地虾进行交配，繁育后代。自然环境下捕捞的亲本体质强，抗病能力好，耐受能力强。采用异源亲本繁殖出的后代体质会更强，生长速度会更快，个头会更大，养殖效益更高。

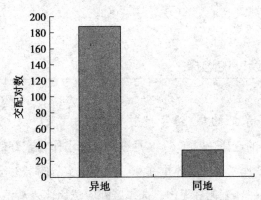

图 4-1-13　小龙虾异地交配与同地交配比例（宋亮）

五、亲虾的放养与饲养管理

● 1. 亲虾的放养 ●

一般亲虾的放养可以选择在当年 8—9 月进行，也可在翌年4—5月进行。外购亲虾，必须摸清来源，原生存环境、捕捞方法、离水时间等。尽量避免购买伤虾、中毒虾。运输方法得当，在运输过程中要注意不要挤压，并一直保持潮湿，避免阳光直射，尽量缩短运输时间，一般不超过4小时，最好就近购买。亲本不宜直接放在水中运输，最好用口袋扎紧或用专用运输箱进行装载。亲本到达塘边后，先洒水，后连同包装一起浸入水中1~2分钟，反复2~3次后，使亲虾充分吸水，排出鳃中的空气，再把亲虾放入繁殖池中。放虾入池时要分多个点放养，不可集中于一处放养。

除了移养亲本外也可以直接选择抱卵虾，翌年春天直接孵化出虾苗，这样一来可以提高幼虾的成活率，减少生产成本。

● 2. 放养密度 ●

亲虾的放养量每亩控制在70~150千克较为适宜。方春林等实验表明，随着小龙虾亲虾放养密度的增加，其抱卵量呈极显著减少，亲虾存活率呈极显著降低。放养密度为100~150千克/亩时，抱卵量为617~633粒/尾，平均为626粒/尾，亲虾存活率为97%~98.2%，平均为97.5%。放养密度为200~250千克/亩时，平均抱卵量为555粒/尾，平均亲虾存活率为88.2%，平均抱卵量比放养密度为100~150千克/亩时减少了11.3%，平均亲虾存活率降低9.3%。同时，随着亲虾放养密度的增加，也显著地影响了小龙虾亲虾性腺发育和抱卵率。

● 3. 亲虾的饲养管理 ●

每天早晚巡回检查，观测池塘水质变化。观察进排水管是否通畅，有无堵塞物。注意亲虾的摄食活动状况，有无明显的厌食或是摄食不规律等问题；观察池内水草的生长情况，有无疯长情况，或是由于水藻死亡等造成的藻毒素等问题；做到每日一测繁育池的溶解氧、pH 值、氨氮、透明度、亚硝酸盐等一些水质化学指标、物理指标以及生物指标等。随时保证供电，供气，供热等系统的完备。在天气变化的时候或是防洪期间，应做好防缺氧工作；做好防汛工作，严防洪水冲垮田埂引发亲虾逃跑等。

繁殖期的亲虾需要摄入更多的营养，以积累卵黄内的营养。此时应（多）投入多一些动物性饵料，并对这种饵料进行消毒后再投喂，以免动物性饵料带来的传染源对整池的亲虾造成危害。投饵原则，即定点、定位、定质，定量。均匀投喂，避免争食。在水温 20 ~ 32℃、水质良好的情况下，小龙虾的摄食量最佳，通常鲜活饵料的日投饵量为虾体重的8% ~ 12%，干饵料或配合饲料则为 3% ~ 5%。根据不同虾的生长状况、天气、水和自身身体健康状况等投喂不同比例的饲料。一般每日投喂 2 ~ 3 次，研究表明，每日投喂量达到八成饱即为最佳吸收率。

小龙虾繁殖池安装微孔曝气设备等增氧设备，使池塘内溶解氧不低于 3 毫克/升，pH 值 7 ~ 8.5，透明度 40 厘米左右，一般水色呈茶褐色或淡绿色为最好。每次换水的量为整个水体的 1/4 ~ 1/3 即可。

六、交配产卵

● 1. 雌雄配比 ●

在繁殖季节，从洞穴中挖出的虾的数量来看，雌雄比例为1∶1，但从越冬的洞穴中挖出小龙虾雌雄比例各不相同，但很少有1∶1的，所以小龙虾在繁殖时以雌雄比例1∶1比较合适，雄虾可以多次交配，雌虾略多配置亲虾较为合理。根据长期实践经验来看，不同的繁殖模式雌雄亲虾的放养比例略有不同，这种半人工土池繁殖模式下雌雄比例以（2∶1）～（3∶1）为好，自然水域增殖模式以3∶1为佳。

● 2. 遮蔽物的数量对产卵性能的影响 ●

小龙虾繁殖前雄虾有明显的掘洞行为，每年7—9月池塘中掘洞数量明显增多。有遮蔽物和无遮蔽物情况下，小龙虾繁殖怀卵量和抱卵率有遮蔽物均比无遮蔽物高很多，繁殖效果十分显著。方春林等（表4-1-1）研究发现在小龙虾繁殖池种植了大量沉水植物和挺水植物时再加设竹筒等遮蔽物时，放置竹筒数量与小龙虾亲虾成熟度、抱卵量、抱卵率和亲虾成活率相关性却并不大，所以在仿生态繁殖模式下，种植了遮蔽物时，从经济效益方面来讲，就可以不用设置大量竹筒等洞穴物。

表4-1-1　不同隐蔽物设置数量对小龙虾繁殖的影响（方春林）

序号	面积（平方米）	竹筒数（个）	雄亲虾均重（克/尾）	雌亲虾均重（克/尾）	雌雄	抱卵量（粒/尾）	抱卵率（%）	亲虾成活率（%）
1	323	0	31.2	29.5	2∶1	625	94.8	97.1

（续表）

序号	面积（平方米）	竹筒数（个）	雄亲虾均重（克/尾）	雌亲虾均重（克/尾）	雌雄	抱卵量（粒/尾）	抱卵率（%）	亲虾成活率（%）
2	335	400	31.2	29.5	2∶1	623	94.4	97.5
3	340	800	31.2	29.5	2∶1	631	95.2	98.3

　　注：水草占池塘面积均为40%，水草均为沉水植物、漂浮植物和挺水植物这三种水草的组合。该试验中这三种水草所占的面积比例为1∶1∶1

● 3. 温度对产卵的影响●

　　不同的温度下，亲虾的产卵，孵化的时间是不同，在特定的孵化时间内，一般是温度越高，孵化时间越短，幼体生长速度最快。韩晓磊等研究表明，小龙虾抱卵亲虾单个放入不同温度下进行孵化培养，在高温（30℃）和低温（10℃和15℃）情况下不易正常交配抱卵，在合适的温度条件下（20～25℃）大部分亲虾都能正常交配抱卵。可见，小龙虾的交配和抱卵对温度有较为严格的要求。

第二节　室内水泥池全人工育苗法

一、室内水泥池的建设

　　室内水泥池全人工育苗法是利用室内水泥池培养亲虾，让亲虾在水泥池中交配，抱卵，孵化，产虾，育成虾苗的一系列过程。这种方法能控制环境，创造有利于小龙虾繁殖的环境，所以繁育虾苗的数量较大，因此要求可用于繁殖的水泥池数量多，供水、供电、供气等系统及工作生活区、仓库等配套设施要齐备。

室内水泥池没有面积的限制，室内面积不限，但以200~500平方米为一个单元较适合（图4-2-1）。池深要求1.0~1.5米，上面0.5米的内壁要光滑，防止龙虾外逃。池埂坡度比在（1：2.5）~（1：3），池底要平坦，建好进，排水设施。育苗池中设置繁殖专用土埂，土埂高1.0~1.5米，土埂斜坡的坡比为（2：1）~（4：1），在水面线附近的斜坡上打入1~10排直径为6.0~10.0厘米、深度为20~50厘米的若干个洞穴作为亲虾繁殖的巢穴；洞穴之间的间距为10~50厘米；为防止洞穴塌陷，洞穴中插入长20~50厘米，直径为5.0~9.0厘米的管道，管口与土埂斜坡齐平（图4-2-2）。也可以在池底放置瓦片，石棉瓦或PVC管道等作为人工巢穴（图4-2-3）。水泥池建好后，先灌0.2米的水，用10毫克/升浓度的漂白粉溶液向池壁和池底泼洒，达到彻底消毒的效果。

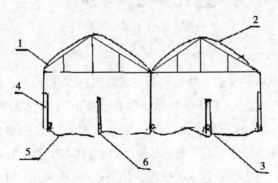

图4-2-1　室内全人工繁殖池

1. 大棚；2. 塑料膜和遮阳网；3. 微孔曝气管；4. 砖砌墙；

5. 有土池底；6. 中央走道

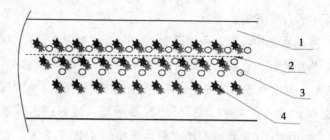

图 4-2-2 繁殖土埂

1. 土埂；2. 水位线；3. 管道；4. 水草

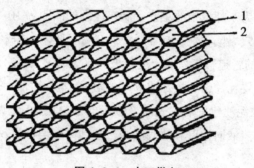

图 4-2-3 人工巢穴

1. 管体；2. 管口

方春林等（表 4-2-1）研究发现当池塘池埂总长/面积小于 0.260 时，小龙虾亲虾抱卵率和亲虾成活率均低于 90%。在池埂总长/面积为 0.222 时，抱卵率和亲虾成活率分别为 86.3% 和 89.6%，低于池埂总长/面积为 0.270~0.280 时的抱卵率和亲虾成活率，显著低于池埂总长/面积为 0.370~0.380 时抱卵率 95% 和亲虾成活率 97.8%，同样成熟度和抱卵量也显著低于池埂总长/面积为 0.370~0.380 时。显然，在小龙虾繁殖池塘塘建设时，尽量调大长宽比，使池埂总长/面积在

0.270 以上，以达到理想的繁殖效果。在大面积池塘，根据仿生态池的大小和形状，在池塘内设置一条或几条长短不一池埂，尽量使池埂总长/面积在 0.270 以上，这部分工作已在大的仿生态繁殖池进行了，并取得了一定的效果。

表4-2-1　小龙虾池埂设置实验（方春林）

序号	面积（平方米）	池埂总长（m）	池埂长（面积）	雌虾重（克/尾）	雄虾重（克/尾）	雌雄	抱卵量（粒/尾）	抱卵率（%）	亲虾成活率（%）
1	334	74.1	0.222	29.5	31.2	2:1	558	86.3	89.6
2	237	62.8	0.265	29.5	31.2	2:1	609	89.6	92.3
3	240	65.3	0.272	29.5	31.2	2:1	607	92.7	95.5
4	323	89.8	0.278	29.5	31.2	2:1	625	94.2	97.1
5	264	98.3	0.372	29.5	31.2	2:1	633	95.5	98.0
6	258	98	0.380	29.5	31.2	2:1	631	95.3	97.8

在育苗池中设置土埂，并在土埂上建造人工洞穴供亲虾穴居可提高亲虾投放密度与放养成活率。洞穴分布密度可随意调节且分布规则，可避免亲虾过于拥挤而相互干扰。取出洞穴中的管道便可捕获亲虾，省工省力且捕捞效率较高。通过调控亲虾数量来调节育苗池中幼体的密度，以降低虾苗间的自相残杀率。洞穴中插入带孔管道后可避免土埂因亲虾掘洞而塌陷。带孔管道透气、透水，且易于亲虾攀爬和栖息。

在土埂上沿水位线栽种水花生，在池中插栽伊乐藻、轮叶黑藻、苦草，土埂上的水生植物覆盖人工巢穴使其具有良好的隐蔽性。池中投放占水面 40% 的水花生、水葫芦和小浮萍。水草栽种的间距为 0.5 米，覆盖率为育苗池面积的 60%。

伊乐藻在 11 月栽种，轮叶黑藻在 3 月播种。在育苗池中栽植多种水草可作为亲虾和虾苗的隐蔽物，同时具有改良生态的功能，有利于提高亲虾、虾苗的成活率和育苗产量。在土埂旁放置微孔增氧管，微孔增氧机的功率配置为每 0.11 千瓦/亩。一个完整的小龙虾育苗场还要配套供水系统、供气系统、供热系统、供电系统，饵料配套等。

二、亲虾的选择

亲虾的选择一般在 6—8 月进行，从池塘中挑选个体体重在 30 克/只以上的个体。选择时要选择颜色暗红或黑红色、有光泽的个体，体表光滑而且没有纤毛虫等附着物。有些颜色呈青色的虾，看起来很大，但是它们仍属于壮年虾，尚未性成熟，这种虾一般要再蜕壳 1~2 次后才能性成熟。健康亲虾的选择标准为附肢齐全、颜色鲜艳、体表无病无伤、选择亲虾应选用体表清洁无污垢，活动能力强，大小规格相差不多，反应灵敏，当用手抓时，它会竖起身子，舞动双螯，保护自己，取几只放在地上后会迅速爬开。雌雄配比以 1~（1.5：1）进行放养。

亲本到达塘边后，先洒水，后连同包装一起浸入水中 1~2 分钟，反复 2~3 次后，使亲虾充分吸水，排出鳃中的空气。亲虾用 20 毫克/升浓度的高锰酸钾溶液浸泡 5 分钟，杀灭寄生在小龙虾头胸甲中的肺吸虫和细菌。再把亲虾放入繁殖池中。放养时要多点放养，不可集中一处放养。

三、亲虾培育

亲虾的放养量每亩控制在 70~150 千克较为适宜。亲虾需要摄入更多的营养，以积累卵黄内营养。而此时应多投入一些动物性饵料，动物性饵料需进行消毒后再投喂，以免带来的传染源对整池的亲虾造成危害。投饵原则，即定点、定位、定质，定量。均匀投喂，避免争食。在水温 20~32℃、水质良好的情况下，小龙虾的摄食量最佳，通常鲜活饵料的日投饵量为鱼体重的 8%~12%，干饵料或配合饲料则为 3%~5%。根据不同虾的生长状况、天气、水和自身身体健康状况等投喂不同比例的饲料。一般每日投喂 2~3 次，研究表明，每日投喂量达到八成饱吸收率最佳。每天早晚巡回检查，观测池塘水质变化。观察进排水管是否通畅，有无堵塞物。注意亲虾的摄食活动状况，有无明显的厌食或是摄食不规律等问题；观察池内水草的生长情况，有无疯长情况，或是由于水藻死亡等造成的藻毒素等问题；做到每日一测繁育池的溶解氧，pH 值，氨氮，透明度，水质等一些化学指标、物理指标，使池塘内溶解氧不低于 3 毫克/升，pH 值 7~8.5，透明度 40 厘米左右，一般水色呈茶褐色为最好。随时保证供电，供气，供热等系统的完备。

四、亲虾催产及产卵

亲虾在淡水中暂养，交配前将池水的盐度调至 0.5%，将镊子洗干净，用酒精灯烧烫后，烫烧小龙虾单侧眼柄，在性腺发育成熟后进行交配和产卵。同时向水体泼洒生物有机肥，以培育出生物饵料供幼体摄食，施肥后水色转为浅褐色，随着肥料中益生菌的分解和消化作用的增强，水色逐渐转清，水质稳定，为幼体的生长营造出良好的水域生态。

第三节　工厂化育苗法

目前现有的虾苗养殖技术主要是采用水泥池养殖、土池繁育养殖，出苗量低，无法满足市场需求，而且产卵不统一，很难批量供应同等规格的虾苗。通过采用注射外源激素或切除单侧眼柄的方法可以诱导小龙虾同步产卵，但操作较为烦琐，需要的人工成本较高，大规模推广有一定难度。通过将亲虾饲养与面积相对较小、环境便于全面控制的厂房，采用劳动密集型工厂化操作，能彻底解决上述问题。

一、多层立体式工厂化繁育方法

科学工作者们研发了繁育车间内多层立体式繁育，将农业生产转变成工业化运作，不受自然气候影响，产量高，节约土地资源和水资源，且自动化操作，提高了劳动生产率也大大减轻操作人员的劳动强度。采用"控制温度、控制光照、控制水位、控制水质、加强投喂"的"五位一体"人工诱导繁殖技术促使小龙虾批量同步产卵，规模化的繁苗，解决养殖苗种短缺的技术难题。

郑中龙等研发了多层立体式繁育法（图4-3-1）。工厂化

图 4-3-1　多层立体式工厂化繁育架

繁殖需要建造一个繁育车间，室内面积不限，但以 200～500 平方米为一个单元较适合。繁育车间内安置多层立体式繁育水族箱架，每层繁育水族箱架上摆放若干个繁育水族箱，繁育水族箱大小不限，但高度以 40 厘米较好，每个繁育水族箱呈一个独立体系，繁殖池能统一控制水位、温度、光照、充气、加水，为小龙虾繁殖提供良好的环境。每年 7～8 月向繁育箱按 20 尾/平方米的密度投放亲虾。繁殖的亲虾进行促熟处理。处理方法为将镊子洗干净，用酒精灯烧烫后，烫烧小龙虾单侧眼柄，然后将小龙虾放入繁殖箱。亲虾雌雄性比为 2：1 投放虾种。定期投喂蛋白质含量在 25% 以上的饲料，或小鱼虾等荤食，加强营养，促使小龙虾批量同步产卵，小龙虾产卵后，将抱卵虾集中到孵化箱进行孵化。孵化箱中抱卵虾密度控制在 30 尾/平方米。受精卵孵化后待苗种开始开口后，投喂枝角类等浮游生物或配合饲料，待幼体完成变态成为幼虾并离开母体后即可打捞出苗，对外销售，完成整个工厂化繁殖过程。繁育水箱的水温控制在 20~25℃，光照控制在 300 勒克斯以下。水的 pH 值控制在 6.8~7.2，溶氧≥5 毫克每升。

二、多种诱导方法结合的工厂化繁殖方法

王凤书等经过研究发明了一种小龙虾的工厂化人工繁殖方法。具体做法是将自养亲虾用 20 毫克/升浓度的高锰酸钾溶液浸泡 5 分钟，杀灭寄生在头胸甲中的肺吸虫和细菌。亲虾在淡水中暂养，交配前将池水的用粗盐将盐度调至 0.5‰~2.0‰诱导交配和产卵，并去除亲虾一侧的眼柄促进性腺发育，在性腺发育成熟后进行交配和产卵。待幼体孵出后，除投喂人工饲料和水草外，同时向水体泼洒生物有机肥，用量为 10 毫克/升，以培育出生物饵料供幼体摄食。施肥后水色转为浅褐色，随着肥料中益生菌的分解和消化作用的增强，水色逐渐转清，水质稳定，为幼体的生长营造出良好的水域生态。当池中的幼体发育至第Ⅲ期时，将爬在水草上的小虾苗用抄网捞出另池培育，以达到提高虾苗成活率和产量的目的。Ⅲ期幼体培育至体长 3~5 厘米规格时，成为商品虾苗。该发明能减小操作对亲虾伤害、提高抱卵率、减少自相残杀、提高饲料利用率，是一种育苗成本低、经济效益高的工厂化人工繁殖方法。

三、受精卵离体工厂化培养方法

在普通繁殖方法中经常出现虾卵孵化期的时间不同步，

使得仔虾发育参差不齐，特别是龙虾有相互残食的天性，仔虾的成活率较低。丁怀宇等研发了小龙虾受精卵离体工厂化培养方法及人工孵化装置。该方法能提高受精卵的孵化率，孵化出的仔虾规格整齐，商品价值高，有效地防止了仔虾间相互残食现象，还提高了仔虾的成活率，因为无需喂养抱卵虾，与现有技术相比，降低了人工养殖龙虾的成本，采用此方法进行虾卵的运输比抱卵虾更为方便，甚至可随身携带，没有运输条件的限制，不会造成亲虾的死亡。该模式的操作方法为：

（1）对抱卵虾进行消毒处理。采集报卵虾，将抱卵虾放在 0.5 毫克/升的漂白粉溶液中浸泡 10 分钟；或放在无菌的河水中，清洗、浸泡 10~20 分钟。

（2）实施亲虾与卵分离。用无菌镊子轻轻地从亲虾腹部剥离出虾卵。

（3）根据虾卵所处的不同发育阶段，对虾卵进行分级。

（4）使虾卵着床。将离体同级虾卵轻放在无菌容器中的无菌基板苗床上，用无菌河水缓慢灌入容器、浸没虾卵。

（5）人工孵化虾卵。实施对环境因子的调控，将卵放入复合孵化装置孵化。调整水的酸碱度为中性，pH 值 6.8~8.2，水温控制在 15~28℃，每日光照 6~12 小时，光照强度 100~4 000 勒克斯，经 10~15 日后，虾卵便孵化成仔虾，虾卵的孵化率为 40%~75%。

工厂化复合孵化装置（图 4-3-2）包括上位水箱、复合孵化床、下位水箱及连接它们的管道组成，包括水循环装置和孵化条件控制装置两大部分。复合孵化床的外床为不透水

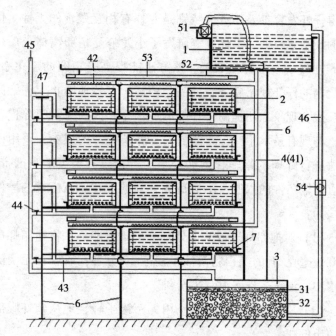

图4-3-2 小龙虾人工孵化装置

1. 上位水箱；2. 复合孵化床；3. 下位水箱；4、41、43、46、47. 连接管道；5、51. 增氧装置；6. 架体；7. 虾卵；31. 滤网；32. 活性炭及凹凸棒土；42. 喷淋孔；44. 开关阀；45. 通气孔；52. 灭菌装置；53. 光照装置；54. 水泵

槽体，内床为透水槽体。透水槽体设置有均匀的透水孔，透水孔的孔径小于所孵卵粒的粒径；透水槽体的槽底为平面槽底。复合孵化床为群体式，各复合孵化床通过各连接管道与上位水箱、下位水箱连接。群体复合孵化床由每组并联的复合孵化床再串联构成，每组并联复合孵化床连接下位水箱的B管道上设有开关阀，还设有与每组并联复合孵化床水位标高一致的B2管道，B管道的最高端设有通气孔。所述的连接

上位水箱至复合孵化床的 A 管道，其位于复合孵化床上方处的管壁设有喷淋孔。孵化条件控制装置包括各自独立设置的加温装置、增氧装置、光照装置、灭菌装置、定时装置和水泵，其中加温装置、增氧装置、或设置于上位水箱内，或设置于复合孵化床内；光照装置设置于复合孵化床的上方；灭菌装置设置于上位水箱的出水口；水泵设置于连接上位水箱与下位水箱之间的 C 管道上；定时装置连接加温装置、增氧装置。下位水箱内放置有过滤网板及吸附材料。

　　水循环装置主要由上位水箱 1、复合孵化床 2、下位水箱 3 及连接它们的管道 4 组成。上位水箱 1 装有经过增氧装置 51、加温装置（图 4-3-2 未表示）预处理的河水，出水口处设置有灭菌装置 52。上位水箱 1 连接至设置在架体 6 上的群体复合孵化床，每一复合孵化床上方的 A 管道 41 的管壁上，设置有喷淋孔 42。经灭菌的温暖而氧气充足的河水进入复合孵化床的内外床的槽体内，增氧装置和加温装置（图 4-3-2 未表示）、光照装置 53 在定时器（图 4-3-2 未表示）的控制下工作，均匀分布在内床槽底的虾卵 7，虾卵则在优化的模拟野外气候和水质条件下孵化。各复合孵化床下部的 B1 管道 43 作并、串联连接，最终通向下位水箱 3，每组并联复合孵化床的 B 管道上设有开关阀 44，还设有与每组并联复合孵化床水位标高一致的 B2 管道 47，B 管道的最高端设有通气孔 45。由于虾卵孵化的过程中，会产生代谢物碎片等杂质，水体的氨氮浓度也会增高，因而从各复合孵化床流入至下位水箱 3 的水体必须加以净化处理。下位水箱 3 内设有滤网 31、活性炭及凹凸棒土 32 等材料，经过滤、吸附后的水体，再通过连接上、下位水箱的 C 管道 46 中，所设置的水泵 54 打入上位水箱，从而完成水循环。

第四节　幼苗培育

一、幼苗的成长分期

无节幼体（6 期）：不摄食，吸收卵黄营养。身体不分节，中眼一只，无完整口器，消化道未形成。

蚤状幼体（3 期）：摄食小型浮游动、植物。身体分节，有头胸甲，口器和消化道形成。

糠虾幼体（3 期）：摄食较大的浮游动、植物，卤虫和幼体等。体型似糠虾，胸部附肢形成腹部附肢雏形。

仔虾期（14~22 期）：由浮游动、植物为食，逐步转向以底栖小型动、植物为食。已经初具虾型，附肢齐全。

二、幼苗开口饵料

水生动物的开口摄食阶段是其早期生活史中的关键时期，开口饵料是影响其生长、存活的关键因子。人工养殖条件下，水生经济动物幼体的营养大部分来源于人工投喂的饵料，而其食物的适口与否将直接关系到水生经济动物的存活和生长发育。小龙虾孵化出膜后，如果能及时得到适口且营养丰富的饵料，其生长速度很快，如果营养不足或饵料不适口可能会严重影响幼虾的生长发育。夏晓飞等研究了不同开口饵料喂养时小龙虾幼体生长速度和成活率均不相同。经过 40 天的饲养，投喂丰年虫无节幼体的幼虾成活率为 75.00%，投喂人工配合饲料 1 的幼虾成活率为 71.67%，投喂人工配合饲料 2 的幼虾成活率为 61.67%，投喂水蚯蚓的幼虾成活率为 51.67%，投喂草鱼糜的幼虾成活率仅有 28.33%。投喂丰年虫无节幼体和配合饲料的小龙虾幼体成活率显著高于投喂鱼糜的幼虾（表 4-4-1）。不同开口饵料对小龙虾幼虾的增重率（总净增重/初始总重×100%）也有显著影响，投喂丰年虫无节幼体增重率最高为 4 746.00%，其次是投喂水蚯蚓的幼虾增重率为 4 105.33%，投喂 1 号人工饲料的幼虾增重率为 3 233.67%，投喂 2 号人工饲料的幼虾增重率为 2 771.67%，投喂鱼糜实验组增重率最低仅为 682.00%。不同的开口饵料对小龙虾幼虾的增长率（体长净增值/初始体长×100%）也有着不同的影响。投喂丰年虫无节幼体的幼虾增长率为 171.33%，投喂鱼糜的幼虾增长率为 38.67%，水蚯蚓和人工配合饲料增长率 155.00%左右。

　　丰年虫的无节幼体、鱼糜及水蚯蚓等是常见的水生经济动物的开口饵料。实验发现丰年虫无节幼体投喂小龙虾幼虾存活率、增重率和增长率都最高，是克氏原螯虾最适合的开口饵料。丰年虫无节幼体粗蛋白含量为 54.61%~59.92%，脂肪水平为质量（干）的 20.84%~23.53%，它还含有多种维生素，其中包括抗坏血酸、维生素 B_1、维生素 B_2、叶酸以及生物素等，营养极其丰富，所以丰年虫无节幼体可以提供充足的幼虾初期生长所必须的营养物质，使幼虾不易染病，并且获得最大的生长速度。新孵化出的丰年虫的无节幼体大小在 400~500 微米，对于刚刚脱离母体的幼虾而言，其大小也比较适口。丰年虫无节幼体在水中可以自由游动，能刺激幼虾摄食，还不污染水质。水蚯蚓是优良的蛋白质饲料，营养全面，含有大量的蛋白质、脂肪、糖类和矿物质。其干品含粗蛋白高达 62%，多种必需氨基酸高达 35%。实验中选用的水蚯蚓为冷冻产品，其长度 3 厘米左右，投喂时虽然用剪刀剪碎，但是对于小龙虾幼虾来说可能还是比较大，适口性较差，不易摄取，每天饵料残渣剩余较多，容易污染水质。人工配合饲料容易获得，同时营养也相对全面，成本相对较低，是较为理想的饲料，但是两种饲料配方比价发现，小龙虾幼体饲料的配方营养全面，配置合理，生产效果才会更好。

表 4-4-1　不同开口饵料对小龙虾幼虾存活及生长的影响（夏晓飞）

组别	存活率/%	增重率/%	增长率/%
丰年虫无节幼体	75	4 746	171.33
草鱼糜	28.33	682	38.67
水蚯蚓	51.67	4 105.33	155.33
饲料 1	61.67	3 233.67	155.33
饲料 2	71.67	2771.67	155

注：1 号饲料配方：玉米粉 15%，小麦粉 15%，矿物质 1.5%，鱼粉 24%，黄豆粉 36%，维生素 C 0.04%，鱼油 1.9%，糊精 6.56%。2 号饲料配方：玉米粉 15%，小麦粉 15%，矿物质 1.5%，鱼粉 30%，黄豆粉 30%，糊精 8.5%。配制方法：饲料各种物质按比例充分混合，揉成面团，用压面机压制成长条，再切成 2 毫米沉性颗粒，于 60℃烘箱中烘制 8 小时，4℃冰箱贮存，备用。饲料在试验用水中 3 小时内不分散。饲料中所用的维生素 C 为国药集团化学试剂有限公司的分析纯，所用鱼油为深海鱼油软胶囊

三、幼虾的收获

小龙虾在育苗池中精心喂养，15～20天即可长到2～3厘米的规格，此时可收获并投放到池塘中进行成虾养殖。小龙虾幼虾的收获方法有以下几种。

● 1. 吸附捕苗法 ●

小龙虾繁殖池内有水花生、水葫芦、轮叶黑藻等水生植物，2～3厘米的小苗白天喜欢栖息、躲藏在水葫芦等水草的根部，也喜欢躲藏在水花生、轮叶黑藻的枝丛中。所以只需用密网做成的筛框捞取水葫芦和水花生团，来回晃动晃动，小龙虾苗就脱落到筛框底部。捞走筛框上的水草就可以收获幼虾了。

● 2. 放水收虾法 ●

放水收虾的方法不论面积大小的培育池都可以用。具体做法是将培育池的水排放至淹没集虾槽，然后用抄网在集虾槽内收虾。或者用柔软的丝质抄网接住出水口，将培育池的水完全放光，使小龙虾幼虾随水流流入抄网即可。要注意的是，抄网必须放在大盆内，抄网边露出水面，这样睡着水流放出的幼虾才不会因水流的冲击而受伤。

● 3. 拉网捕捞法 ●

拉网捕捞法的具体做法是，用一张柔软的丝质夏花鱼苗网拉网，从培育池的浅水端向深水端慢慢拖拉即可。此种方法适合于水面较大的水泥池培育池。对于面积较小的水泥培育池可以直接用一张网片，两人在培育池内用脚踩住网片底端，绷紧使网片一端贴地，另一端露出水面，形成一面网兜，两人靠紧池壁，从培育池的浅水端向深水端走，最后起网，将虾苗全部捞出。操作中注意动作尽量轻柔，小心弄伤苗种。

●4. 虾巢起虾法●

在苗种池中设立打洞埂，埂上种植水草，并放置虾巢，提高产卵率和幼苗成活率。在虾巢中放置有孔管，收虾苗时直接将有孔管取出，里面富集着虾苗，这样就能轻松将虾苗从育苗池中取出。

四、幼苗的计数

虾苗合理的放养量是成功生产的基础，也是准确计算育苗成活率的基础，小龙虾幼虾比其他虾种大，计苗方法不尽相同。下面介绍几种苗种计数方法供参考。

●1. 直接计数法●

较小的养虾池，虾苗数量不多时可以采用直接计数的方法进行计数。直接计数法计算精确，准确性高，而且适合于体长1厘米以上的小虾苗。如果作为虾苗出售，这种方法既不利于操作，而且容易造成损伤，是不适合采用的方法(图4-4-1)。

●2. 带水容量计数法●

带水容量计数法适合体长小于1厘米的小虾苗（图4-4-2)，因为是带水计数，对虾苗的损伤也较小。操作方法是将虾苗放在一个固定容量的大桶内，加水至固定的刻度，将虾苗搅匀后后迅速以已知容量的烧杯从水中取满一杯计数，如果害怕不够精确，可以连续取2~3杯水，取这三次的平均数。再根据容器与取样水量之比求出全桶的虾苗总数。

图4-4-1　捕获的小龙虾苗

图4-4-2　小龙虾苗

● 3. 无水容量计数法 ●

无水容量计数法适合体长大于1厘米以上虾苗的计数，由于虾苗的个体大一些，它的抵抗能力，活动能力都要强一些，离水后不易死亡。利用带有小孔的计数漏杯，从水中捞取满满一杯幼虾后计数，连续取3~5杯计数取平均值。这种方法，操作不当容易损伤虾苗，所以动作应轻捷以减少损伤。该方法适合于销售虾苗、大面积生产虾苗等生产方式。

五、幼苗运输

● 1. 干法运输 ●

干法运输并不是把幼虾从虾苗池内捕捞出来后，用带有网孔的木箱做容器，以虾苗不能穿过为标准，在箱底铺上如水花生之类的湿水草，将部分的虾苗铺一层在草上，然后再铺一层湿水草，放一层虾苗，如此铺上三四层即可。如果铺的过厚或是密度过大，会缺氧造成死亡。三四个虾苗箱装箱捆绑在一起，运输途中应保持车内通风，且应间断性的对虾苗进行洒水，保持水草湿润，防止小虾鳃部失水。

● 2. 充氧保活运输 ●

充氧保活装运即虾苗带水充气运输法。用装鱼虾的尼龙袋为容器，在袋中放入少量水、水草或 1~2 块遮光网小网片，每袋装 400~500 尾虾苗，接着充足氧气，用粗橡皮圈或塑料编织带扎紧袋口，放入外包装泡沫塑料箱。每个箱中放 1~2 个矿泉水瓶冻成的冰块。盖好泡沫箱子密封好后就可以运输了。打包小龙虾虾苗和装运要注意两点：一是运输前要投喂 1 次蒸熟的鸡蛋或鸭蛋碎屑或其他饵料，让虾苗吃饱，以防虾苗因饥饿而发生相互残杀；二是运输用水应取自原虾苗池或暂养池，水温也与培育池基本一致，防止温度变化出现的应激反应。

第五章 小龙虾养殖技术

　　小龙虾成虾养殖就是将幼虾饲养成为商品虾的过程。目前有多种较为成熟的成虾养殖模式，主要包括池塘养殖、稻田养殖、藕田养殖、蟹塘混养等。每种养殖模式具有不同的特点，投资规模和养殖要点略有差异，不同的地区可以根据需要选择适宜的养殖模式。池塘养殖小龙虾模式中，由于池塘水体小，人力易控制，所以掌握成虾的生长规律以及所需要的外界环境条件，从而提高单位面积的产量及上市规格，是成虾养殖的关键技术。

第一节　小龙虾池塘养殖模式

一、养殖池塘的准备

　　恶劣的环境中小龙虾虽能生存，但在该环境条件下生长的小龙虾基本不会蜕壳生长或生长极为缓慢，存活时间不长，成活率极低，甚至不会或很少交配繁殖，就是能正常生长，肉的品质也较差。因此，选择水质较好，无污染的养殖场地，直接关系到养殖成败和经济效益。选择时既要考虑小龙虾的生活习性，也要考虑到水源、运输、土质、植被、饲料等各方面的具体情况，综合分析各方面利弊之后，再决定是否在此地建设养殖场。

●1. 养殖池防逃设施●

小龙虾具有攀爬逃跑能力和逆水性，因此池塘要具备完善的防逃设施。防逃设施材料因地制宜，可以是石棉瓦、水泥瓦、塑料板、加塑料布的聚氯乙烯网片等，只要能达到取材方便、牢固、防逃效果好就行。同时，进、出水口应安装防逃设施，进、排水时应用 60 目筛网过滤，严防野鱼混入。防逃设施的建设有如下几种形式：

（1）砖墙防逃设施。在池埂内侧砌筑净高约 25 厘米、厚约 12 厘米的低墙，顶端一层砖横向砌，使墙体呈"7"字形（图 5-1-1、图 5-1-2）。此种设施坚固耐用，寿命可达 10 年以上。

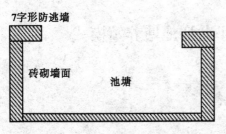

图 5-1-1 "7"字形防逃墙示意图

图 5-1-2 "7"字形防逃墙实物图

（2）石棉瓦块防逃设施。将石棉瓦块拆 2 段或 3 段，插在池埂内侧 1/3 处，深 10~15 厘米，注意瓦与瓦扣齿交垫。石棉瓦的内外均用木桩固牢，桩距 0.8~1 米。这种防逃设施可用 2~3 年（图 5-1-3）。

（3）塑料薄膜防逃设施。在池埂的内侧插入高 30~40 厘米的木桩，木桩间隔 40~50 厘米，木桩下部内侧贴上厚塑料薄膜，高度 20~30 厘米，再在薄膜内加插木桩，间隔同外木桩对应，并用绳夹牢固，同时对夹牢固的塑料薄膜增加培土，一并打实以防虾逃。这种防逃设施一般可使用 2~3 年（图 5-1-4）。

图 5-1-3　石棉瓦防逃墙

图 5-1-4　塑料膜防逃墙

●2. 成虾池的清整●

在放虾之前，要认真进行池塘修整，去除淤泥、平整池底、清除有害生物和病原体，并使养殖池塘具有良好的保水性能。目前，清塘消毒方法较多，主要有以下几种。

（1）常规清整。利用冬闲将存塘虾捕完，排干池水，挖去过多的淤泥，池底暴晒 10~15 天，使池塘土壤表层疏松，改善通气条件，加速土壤中有机物质转化为营养盐类，同时还可达到消灭病虫害的目的。

（2）药物清塘。常用的清塘药物有生石灰、漂白粉、茶籽饼等（图 5-1-5~图 5-1-7）。其中采用生石灰、漂白粉清塘效果较佳。消毒是在亲虾或虾苗放养前 10 天左右进行，清塘消毒的目的是为彻底清除敌害生物如鲶鱼、泥鳅、乌鳢及与淡水小龙虾争食的鱼类如鲤、鲫、野杂鱼等，杀灭敌害生物及有害病原体。具体做法如下。

①生石灰清塘：生石灰是主要成分为碳酸钙的天然岩石，在900~1 100℃的高温下煅烧，分解生成二氧化碳、氧化钙及氧化镁等，根据氧化镁含量的多少，生石灰分为钙质石灰（MgO ≤ 5%）和镁质石灰（MgO > 5%）。生石灰（CaO）与水反应生成氢氧化钙的过程，称为石灰的熟化或消化，与水反应（同时放出大量的热），或吸收潮湿空气中的水分，即成熟石灰（氢氧化钙 Ca(OH)₂），又称"消石灰"。熟石灰在1升水中溶解1.56克（20℃），它的饱和溶液称为"石灰水"，呈碱性，吸收空气中的二氧化碳会生成碳酸钙沉淀。石灰熟化时会放出大量的热，体积增大1~2.0倍。煅烧良好、氧化钙含量高的石灰熟化较快，放热量和体积增大也较多。水产养殖中常用生石灰进行消毒，主要就是利用它和水反应后的碱性和释放的大量热，将病原生物杀死。

图 5-1-5　生石灰　　图 5-1-6　漂白粉　　图 5-1-7　茶籽饼

待整修虾塘后，选择晴天进行清塘消毒，一般进水10厘米水深用生石灰50~75千克/亩，生石灰水化后趁热全池泼洒。生石灰消毒的好处是既能提高水体 pH 值，又能增加水体钙的含量，有利于亲虾生长蜕皮。生石灰清塘7～10天后药效基本消失，此时即可放养亲虾。

②巴豆清塘：巴豆为大戟科巴豆属植物巴豆树的干燥成熟果实，其根及叶亦供药用。巴豆树为常绿乔木，高6～10米。产于浙江南部、福建、江西、湖南、广东、海南、广西壮族自治区、贵州、四川和云南等省区。巴豆辛热，有大毒，属于热性泻药，可温肠泻积、逐水消胀、宿食积滞以及涤荡肠胃中的沉寒痼冷。也常用于外疗疮疡，破积解毒。此外，巴豆油对皮肤黏膜有刺激作用，内服有峻泻作用，有很强的杀虫抗菌能力。以巴豆液喂饲小鼠、兔、山羊、鸭、鹅等动物皆无反应；黄牛食之过量，则易发生腹泻、食欲不振及疲乏等，但不致中毒死亡。对青蛙亦属无害，但对鱼、虾、田螺及蚯蚓等，则有毒杀作用。巴豆清塘能消灭大部分敌害鱼类，但对一些寄生虫、致病微生物和水生昆虫等杀灭效果较差。一般用量为水深10厘米每亩用5～7.5千克。先将巴豆磨碎成糊状，放进酒坛，加白酒100毫升或食盐0.75千克，密封3～4天，使用时用水将处理后的巴豆稀释，稀释液带渣全池泼洒。清塘后10～15天，池水加深到1米即可放养亲虾。

巴豆的毒性较大，在使用时一定要防止中毒。施用巴豆（图5-1-8、图5-1-9）以后，注意沿池塘附近种植的蔬菜要经过5～7天后方可采食。注意不要将巴豆液洒在池埂边泥土上面，以防日后下雨时，雨水将含有毒素的泥土冲刷到虾池，引起小龙虾中毒死亡。

③漂白粉、漂白精清塘：漂白粉清塘的有效成分为次氯酸和氢氧化钙，次氯酸有强烈的杀菌作用。一般清塘用药量

为漂白粉 20 毫克/千克，漂白精 10 毫克/千克。使用时用水稀释全池泼洒，施药时应从上风向下风泼洒，以防药物伤眼及皮肤。药效残留期 5~7 天，以后即可放养亲虾。使用漂白粉应注意，漂白粉在空气中极易挥发和潮解，使用前必须放在陶瓷器或木制器内密封，同时放在干燥处，以免失效；装存和泼洒漂白粉，最好用陶制器或木制器，千万不能采用金属制器，避免药物腐蚀而导致药效降低；使用漂白粉时，操作人员一定要佩戴口罩和橡皮手套，同时避免在上风处泼洒，以防中毒，并要防止衣服沾染药剂而被腐蚀。

图 5-1-8　巴豆模式图

图 5-1-9　巴豆实物图

④茶籽饼清塘：茶籽饼也叫茶粕，含有 12%~18% 的茶皂素，是我国南方各地渔民普遍用来清塘的药物。茶皂素含 12%~18%，残油<2%，蛋白质 12%~16%，糖类 30%~50%，纤维 10%~12%，水分<12%，杂质<2%。茶皂素是一种溶血性毒素，能使鱼的红细胞溶化，故能杀死野杂鱼类、泥鳅、螺蛳、河蚌、蛙卵、蝌蚪和一部分水生昆虫。不会杀死水草，

对水草还有促长效果。对虾、蟹幼体无副作用，在繁育虾苗和培育幼蟹的出塘率。茶粕作为一种绿色药物，它能自行分解，无毒性残存，对人体无影响，使用安全，由于茶粕的蛋白质含量较高还是一种高效有机肥。

茶皂素易溶于碱性水中，使用时加入少量石灰水，药效更佳。使用时先将茶粕敲碎，按茶枯和水1：4的比例加入水温25℃的温水，并加入石灰（0.5～1千克/10升水）浸泡24小时，并揉搓制得茶枯原汁液，使用时加水稀释全池泼洒，用量为每亩每米水深用35～45千克。清搪7～10天即可放亲虾。

除以上四种方法外，现在一些渔药生产厂家也生产了一些高效清塘药物，养殖单位及个人选择清塘药物要慎重选用有效安全的清塘方法。不论使用哪种清塘方法，都需选择天气晴朗时进行，这样药效快，杀菌力强，而且毒力消失也快，比较安全。

● 3. 水草栽培 ●

渔民有"要想养好虾，先要种好草"的谚语。只有种好一塘水草，才能养好一塘龙虾。

（1）栽培水草的优点。

①为小龙虾提供栖息和蜕皮的环境，防止逃逸：小龙虾只能在水中做短暂的游泳，常爬上各种浮叶植物休息和嬉戏，因此，水草是它们适宜的栖息场所。更为重要的是，小龙虾的周期性蜕壳常依附于水草的茎叶上，而蜕壳之后的软壳虾又常常要经过几个小时静伏不动的恢复期。在此期间，如果没有水草作掩护，很容易遭到硬壳虾和某些鱼类的攻击。

②重要的天然饵料：水草茎叶富含维生素C、维生素E

和维生素 B_{12} 等，可补充动物性饵料中维生素的不足。此外，水草中含有丰富的钙、磷和多种微量元素。加之水草中通常含有 1% 左右的粗纤维，这更有助于淡水小龙虾对多种食物的消化和吸收。

③重要的环境因子：水草的存在利于水生动物的生长，水生动物可成为小龙虾的动物性活饵料，水草对于小龙虾的生长和疾病防治具有直接或间接的意义。

④不可忽视的药理作用：多种水草具有药用价值，小龙虾得病后可自行觅食，消除疾病，既省时省力，又能节约开支。

⑤净化池塘水质，增加溶氧量：小龙虾对水质的要求较高，池塘中培植水草，不仅可在光合作用的过程中释放大量氧气，同时还可吸收塘中不断产生的氨态氮、二氧化碳和各种有机分解物、对于调节水体的 pH 值、溶氧、稳定水质都有重要意义。

⑥提高小龙虾品质：池塘通过移栽水草，一方面能促使小龙虾经常在水草上活动，避免在底泥或洞中穴居，造成体色灰暗的现象；另一方面净化水质，减少污物，使养成的小龙虾体色光亮，利于提高品质，保证较高的销售价格。

⑦防止夏秋季水温过高，消浪护坡，防止塘埂坍塌：池塘栽培水生经济植物还可供人们食用，提高养殖池塘经济收入。夏季高温季节，水生植物的茎叶能遮挡强烈的阳光，防止夏秋季水温过高，为小龙虾提供一个适合生长的温度范围。种植在堤岸上的水生植物根扎入泥土，能将泥土紧紧的抓住，稳固塘基，防止塘埂坍塌；茎叶漂浮在水中，当池塘的波浪

到了岸边就会被茎叶化解，减少水浪对护坡的冲击，消浪护坡，延长池塘的使用寿命。

（2）水草品种的选择。水生植物移植时要注意其品种，有选择地进行移植，浮水植物、沉水植物、挺水植物三者均要兼顾，目前主要移植的水生植物有：水浮莲、水葫芦、槐叶萍、水芹菜等浮水植物；芦苇、野茭白、慈姑、香蒲、藕等挺水植物；马来眼子菜、伊乐藻、金色藻、苦草、聚藻等沉水植物。必要时还可在水底平铺少量稻草、芦苇等植物秸秆，也有利稚虾的蜕壳与躲藏。

（3）水草栽培方法。栽培水草一般分三个层次。在池岸边或池中心土滩边栽培挺水植物，如菱、芦苇、茭白、慈姑和蒲草等；在池中间栽培沉水植物，如马来眼子菜、苦草、轮叶黑藻、菹草等；在水面上栽培漂浮植物，如浮萍和水葫芦等。放入池中的水草一般占总水面的1/10。池埂上的杂草不必除去，可以起到固土、保护洞穴的作用。栽培方法主要有五种：

①栽插法：这种方法一般在虾种放养之前进行，首先浅灌池水，将轮叶黑藻、伊乐藻等带茎水草切成小段，长度15~20厘米，然后像插秧一样，均匀地插入池底。池底淤泥较多，可直接栽插。若池底坚硬，可事先疏松底泥后栽插（图5-1-10、图5-1-11）。

②抛入法：菱、睡莲等浮叶植物，可用软泥包紧后直接抛入池中使其根茎能生长在底泥中，叶能漂浮水面。每年的3月前后，也可在渠底或水沟中，挖取苦草的球茎，带泥抛入水沟中。

③移栽法：茭白、慈姑等挺水植物应连根移栽。移栽时，

图 5-1-10　把水草放入池塘水中

图 5-1-11　插栽水草

应去掉伤叶及纤细劣质的秧苗，移栽位置可在池边的浅滩处，要求秧苗根部入水在 10~20 厘米。整个株数不能过多，每亩保持 30~50 棵即可，否则会大量占用水体，反而造成不良影响。

④培育法：对于浮萍等浮叶植物，可根据需要随时捞取。只要水中保持一定的肥度，它们都可良好生长。若水中肥度不大，可用少量用肥化水泼洒。水花生因生命力较强，应少量移栽，以补充其他水草之不足。

⑤播种法：近年来最为常用的水草是苦草。苦草的种植则采用播种法，对于有少量淤泥的池塘最为适合。播种时水位控制在 15 厘米，先将苦草籽用水浸泡 1 天，揉碎果实，将果实里细小的种子搓出来。然后加入约 10 倍于种子量的细沙壤土，与种子拌匀后播种。播种时将种子均匀撒开，播种量每公顷水面用量 1 千克（干重）。种子播种后需加强管理，提高苦草的成活率，使之尽快形成优势种群。

●4. 虾池水质调控●

（1）适当肥水培养基础饵料。虾苗放养前 5~7 天保持池塘水深 50 厘米，水源要求水质清新，溶氧含量在 3 毫克/升以上，pH值7~8，无污染，尤其不能含有溴氰菊酯类物质（如敌杀死等）。小龙虾对溴氰菊酯类物质特别敏感，极低的浓度就会造成小龙虾的彻底死亡。进水前要认真仔细检查过滤设施是否牢固、破损。进水后，为了使虾苗能够摄食到适口的优质天然饵料，提高虾苗的成活率，有必要施放一定量的基肥，培养水质及天然饵料生物。常用有机肥的用量为每亩150~300千克，可全池泼洒，亦可堆放池四周浅水边，以培育幼虾喜食的轮虫、枝角类、桡足类等浮游动物。有机肥在施放前应发酵，方法是在有机肥中加10%生石灰、5%磷肥，经充分搅拌后堆积，用土或塑料薄膜覆盖，经一周左右即可施用。

（2）调节水质，保养水草。当水质呈白雾状，肉眼可见大小不等的白色碎片或颗粒物，在显微镜下观察可见这些碎片包含有若干单胞藻、细菌及有机质等。采用二氧化氯全池泼洒1~2次后，再用水产用净水宝（微生物制剂）化水泼洒。若为沁浆式混水，可能是野杂鱼混入池中活动，投喂量不足引起小龙虾活动，温差大引起水体对流，池底下有发酵气体向上泛起等。可适当肥水，保持透明度在30~35厘米，采用净水宝可使泥浆颗粒吸附沉除。水中发生水华藻类，如蓝藻类的鱼腥藻和颤藻等。如不及时处理，伊乐藻很快就会烂光，而这些有害藻越来越盛。使用芽孢杆菌、EM菌等活力菌类调水产品可以有效抑制，更可以预防其发生。注意要及时使用水质保护解毒剂，解除蓝藻尸体分解而释放出的毒素。

（3）重视水草根部保洁，合理密植。小龙虾池中的伊乐藻密度较高，其上部茎叶覆盖，下部根茎往往透光性和通气性极差，呼吸困难，根部细胞发黑死亡，就是所谓烂根。要对伊乐藻进行适当的疏松通气，可采用剪除或翻转过密的草体等方法，使上下通透。施用底改药物时应注意在草根部多施，但不可用消毒剂类改底。如果小龙虾的密度高、活力好，活动频繁就会起到良好的疏松通气作用。

二、苗种放养技术

小龙虾的养殖模式按投放的种苗分为两种，一种是在春夏季节投放幼虾苗种，另一种是直接于秋季投放亲本种虾，在池塘中自繁幼苗。由于养殖方式不同，种苗放养的方法、规格、数量也各有不同，针对不同的养殖方式，在种苗放养时所采取的措施也有很大的差别。亲本种虾个体较大，适应能力强，在运输和放养过程中相对易操作。幼虾苗个体小，体质较弱，其装运、放养等操作是一项细致的工作，措施得当才能提高运输成活率、放养成活率及培育成活率。

● 1. 春季苗种放养技术 ●

春季投苗养殖方法为当年投放苗种当年收获，即 4—6 月投放苗种，6—10 月分批捕捞上市，捕大留小，捕捞收获时间可达 3~5 个月。

（1）幼虾苗的质量要求。幼虾的规格要求整齐，通常在 3 厘米以上为宜，同一池塘放养的虾苗种规格没有要求，但要尽量一次放足。幼虾的体质要健壮，附肢齐全，无病无伤，生命力强。野生小龙虾幼虾苗，应经过一段时间的人工驯养后再放养。

（2）幼虾苗的运输。根据运输季节、天气、距离来选择运输工具、确定运输时间。短途运输可采用蟹苗箱或食品运输箱进行干法运输，即在蟹苗箱或食品运输箱中放置水草以保持湿度，蟹苗箱一般每箱可装幼虾 2.5~5.0 千克，食品运输箱每箱相对运输的数量要多很多，通常可在同一箱中放上 2~3 层，每箱能装运 10~15 千克（图 5-1-12）。

（3）放养方法。放养时间选择晴天早晨或傍晚进行，避免阳光直射，放苗时要避免水温相差过大（不要超过 2℃）（图 5-1-13）。经过长途运输的苗种，在放苗前应让其充分吸

图 5-1-12 用蟹苗箱低温离水运输

图 5-1-13 浸水平衡温差

水，排出头胸甲两侧内的空气，然后放养下池。具体做法是将虾苗或虾种及包装一起放入水中，让水淹没后提起，等 2~3 分钟再次放入水中，反复 3~4 次，再进行放养，放养时最好对虾苗或虾种用 2%~3%的食盐水洗浴 2~3 分钟，以消毒杀菌，起到防病的作用。放养方法是采取多点分散放养，不可堆集，苗种放养一般放养在池堤的水位线边上，每个放养点要做好标记，放养第二天在各个放养点进行仔细检查，发现有死亡要捞出秤重、过数，并及时进行补充，补充的苗种规格要与原放养规格相一致。

（4）放养密度。虾苗放养密度主要取决于池塘条件、饵料供应、管理水平和产量指标 4 个方面。放养量要根据计划产量、成活率、估计成虾个体大小、平均重量来决定。一般放养量可采用下面公式来推算：

放养量（尾/亩）= 计划产量（千克/亩）÷预计商品虾规格÷预计成活率

一般成活率按 30%，商品虾 25~30 尾/千克计算。通常主养塘口放养幼虾 1.5 万~2.0 万尾/亩，混养池塘放养量为 0.8 万~1.0 万尾/亩。虾苗要求规格相对整齐，苗体壮，活力强，对刺激反应灵敏，虾苗耐干能力强，一定湿度的情况下，12 小时后放回水中仍能存活。

●2. 秋季亲虾放养技术●

秋季投放亲虾养殖，当年不能收获，须待翌年继续喂养 3~4 个月后方可收获上市，商品虾上市规格在每只 30 克左右，上市时间在翌年的 6—7 月。

（1）亲虾收集。生产上一般在初秋季（9 月初至 10 月初）就近从河流、湖泊等水质良好的大水体中采集性成熟的优质小龙虾作为亲本虾种。采捕的亲虾最好是从虾笼或抄虾网中捕获的小龙虾，这种选择方法能够保证小龙虾的质量。通常选择 10 月龄以上、体重 30~50 克，附肢齐全、体质健壮、无病无伤、躯体光滑、无附着物、活动能力强的个体，雌雄比例通常为（1.2：1）~（1.5：1）。亲虾在放养前，要用 10 毫克/升的高锰酸钾溶液浸浴亲虾，消除虾体上的附着生物后，才能移入亲虾池进行强化培育。

（2）亲虾运输。亲虾运输一般用干运法，运输量大，运输成本低，操作方便，虾的运输成活率也高。运输工具为网隔箱或食品运输箱，网隔箱可用木架或钢架，形状为60厘米×80厘米×20厘米，底部用密网（孔径0.1厘米）封底，上面有网盖扣住，可在箱中先铺放水草，水草可用水花生或伊乐草等，然后放入亲虾5~10千克/箱，箱垒叠在车上，如运输距离较长，途中适当洒点水保持运输箱内虾的湿度，提高成活率。此法运输量大对虾的伤害小，运输时间长可达10小时，成活率达90%以上。

（3）放养方法。亲虾的投放要在晴天的早上进行，避免阳光直射，投放时要注意分散、多点投放。不可集中一点放养，外购亲虾到池边后，必须让亲虾充分吸水后方可投放。亩投放亲虾量控制在30千克以下，雌雄比为（1.5∶1）~（2.0∶1）。也可直接投放抱卵亲虾，亩投放数控制在20千克左右，适当搭配5%数量的雄虾，防止抱卵虾经过搬动后受精卵脱落，而放养雄虾可以使它再次交配、产卵。也有在前一年养殖的基础上，有意识地留下部分成虾，作为亲虾布池中饲养后繁育虾种，关键是留下的量估算准确。通常情况下规格为25~30尾/千克的谈水小龙虾可产受精卵150~300粒，在土池中孵化率一般为40%~60%。亲虾投放量可依此进行推算。

●3. 淡水小龙虾种苗放养时注意事项●

（1）经过长途干法运输后的小龙虾种苗，在放养时要注意让其充分吸水，排出头胸甲两侧鳃内的空气，然后放养下池。

（2）如装运虾苗的水温与池塘水温相差较大，则应用塘水调节水温，等基本相同后再下塘放养。

（3）小龙虾种苗放养时不要堆放在同一位置，要全池多点放养。

（4）小龙虾种苗放养时尽量不要在网箱中暂养，如要暂养，则暂养时间不能太长，一般只能在 10 个小时以内，并且在网箱内设置充气增氧设备。

三、池塘养殖模式

目前，在我国小龙虾池塘养殖主要有池塘主养、鱼虾混养、虾蟹混养等模式。

● 1. 池塘主养小龙虾模式 ●

养殖小龙虾的池塘面积没有明确的要求，为便于生产管理通常以 5~10 亩为宜，池中要有浅水区和深水区，池埂坡度较大（1：3 以上），池塘四周种植水草（占总水面的 1/5~1/3）。池水透明度一般保持在 30~40 厘米。有条件的可在池中设置微孔增氧设备。幼虾经饲养 2~3 个月就可捕捞上市，实行捕大留小、轮捕上市，池塘养殖淡水小龙虾通常产量能达到 100~200 千克/亩，有微孔增氧设备的池塘养殖产量可达 300~400 千克/亩。其种苗放养可分为两种模式：

①投放种虾。9 月初至 10 月初每亩投放 20~30 千克经人工挑选的小龙虾亲虾，雌雄比例（2~1）：1。水温低于 10℃ 时可不投喂饲料，整个冬季保持一定水位。翌年 4—5 月如发现池塘中有大量幼虾活动，应加强投喂并及时将繁殖过的亲虾捕起上市。每天投喂 1~2 次饲料，饲料可用鱼糜、绞碎的螺蚌肉、豆浆或市售的虾类开口饲料，沿池边泼洒。

②投放幼虾模式。开春后4—5月每亩投放2~4厘米的幼虾1.5万~2万尾。初期水温较低，水深宜保持在30~60厘米，使水温尽快回升；气温较高时，应加高水位到1米以上。通过调节水位来控制水温，使水温保持在20~30℃，最适水温在26~28℃。夏季的高温时期，有条件的还可在池边搭棚或在水面移植水葫芦等遮阳。养殖前期每半个月加水1次，中后期，应每周加注新水，保持良好的水质和水色。

● 2. 池塘鱼虾混养模式 ●

（1）小龙虾与鱼种混养。小龙虾与鱼种混养，是在池塘单养小龙虾的模式上，增投适当数量的鱼苗、鱼种。该模式小龙虾种苗的投放时间和数量与单养模式基本一致。鱼苗的放养是在虾种苗投放以后，即在4—5月每亩投放水花鱼苗2万尾左右或夏花鱼种1万尾左右。鱼苗、鱼种的种类没有限制，小龙虾不能捕食活动正常的鱼苗和鱼种，而水花鱼苗和夏花鱼种对小龙虾生长也没有影响。这种养殖模式小龙虾养殖产量通常能达到150千克/亩左右。

该模式可以在池塘搭配放养白鲢、鳙鱼、银鲫的水花鱼苗或夏花鱼种。具体做法为在3月中下旬到4月中旬投放0.8厘米以上小龙虾虾苗，平均规格在1 000~2 000尾/千克，放养幼虾2万~5万尾。6月每亩投放白鲢夏花3 500尾、鳙鱼夏花1 500尾、银鲫夏花4 500尾。投放虾苗、鱼苗前应用浓度为5毫克/升的高锰酸钾浸浴3~5分钟，从而达到消毒杀虫的目的。该种混养小龙虾的模式一般每亩年产量鱼种300~400千克，小龙虾40~60千克。

小龙虾具领域性的天性，在同一空间中密度过大时会因抢占生存地盘而发生打斗、残食，而影响虾的外观质量和数量。池塘精养模式主要放养小龙虾，由于养殖密度过大，虾打斗的几率增加，造成死亡减产；在打斗过程中受伤也会增加虾的患病率和间接死亡率，也会影响小龙虾的卖相。鱼虾混养模式通过捕大留小的方法不仅能缓解一定时间内池塘密度过高的矛盾，也能缓解小龙虾之间因饵料不足、空间小等问题造成的竞争，避免大个体虾相互打斗而影响卖相以及大个体虾欺负、残食小个体虾而影响总产量的问题。该模式需在水体中养殖鲢、鳙鱼类等作为水质净化的鱼类。既是无污染、天然的生态调水方法，既能防止水体富营养化，还充分利用了水体空间。小龙虾食性杂，适应能力强，可以清除水体中有机碎屑、病死鱼种，增加经济收入，还能提高成活率和总产量，大大提高经济效益。

（2）小龙虾与成鱼混养。小龙虾与成鱼的混养模式主要是在池塘中放养小龙虾，搭配鳊鱼、鲫鱼、鳙鱼、鲢鱼、草鱼等鱼种。该模式适用于大部分以养鱼的主产区从事小龙虾养殖。放养方法有两种：一是在秋季放种虾，选择投放的鱼种规格不宜过大，控制在 250 克/尾以下；二是于春季放小龙虾前后放养鱼种。一般放养体长 2 厘米左右的幼虾 1 万~2 万尾或体长 3~5 厘米的幼虾 0.8 万~1.6 万尾，鲫鱼（规格在 50 克/尾左右）投放量为 1 200 尾，鲢鱼和鳙鱼 300~400 尾（规格没有限制），鳊鱼（规格在 50 克/尾左右）200 尾。在这种模式下可年产成鱼 600 千克、小龙虾 30~40 千克。

小龙虾与成鱼的混养模式过程中各品种对食物的竞争比较激烈，这样可以淘汰那些劣势种群。提高了池塘养殖的养殖质量，同时利用了鲢鱼、鳙鱼调节水质。利用它们生活水层的不同，大大提高了池塘水体的利用率。池塘中放养的品种较多，能优势互补，充分利用水体空间，但一旦发生疾病用药要兼顾所有品种，因此对管理水平要求相对较高。

（3）小龙虾套养沙塘鳢。小龙虾套养沙塘鳢模式是通过投放螺蛳、种植水草，搭配小龙虾、扣蟹、花白鲢，利用沙塘鳢来抑制由于挑种失误而带进的野杂鱼。2—3月每亩池塘中投放800只扣蟹，要求体质健壮，规格在150~160只/千克。3月左右投放规格在8~10尾/千克的花白鲢，放养200尾/亩；4—5月投放规格在300~360尾/千克的幼虾30~50千克/亩，在幼虾投放前要用3%~4%的食盐浸浴消毒10分钟；5—6月投放规格为2厘米/尾沙塘鳢苗1 000~2 000尾/亩。在放养前应对鱼种消毒，用5毫克/升的高锰酸钾溶液药浴5分钟左右。在这种模式下小龙虾的年产量为191.6千克/亩，河蟹年产量为56.7千克，沙塘鳢年产量46.5千克。

小龙虾套养沙塘鳢模式可以更好地利用鱼塘的立体空间，更好地实现了生态养殖。该模式是通过套养的方法可以减少野杂鱼虾引起浑水现象，减少了残饵对水体的影响，提高了经济效益。对小龙虾的质量、产量和规格起了较大的促进作用，有利于增加池塘的综合效益。但目前沙塘鳢的人工繁殖技术尚不成熟，苗种都来源于野外。在池塘中套养养殖的规模较小，对鱼的产量和规格都难以保证。

●3. 池塘虾蟹混养模式●

（1）虾蟹混养模式。虾蟹养殖环境相近，可以混养。为了解决单养小龙虾产量不稳定、虾池利用率不高的问题而设计了小龙虾与河蟹混养模式。该模式放养方式有两种，一是在池塘中的主养小龙虾，在秋季放养体长3厘米，2万~4万尾或稍大点的幼虾40~50千克，冬季投放蟹种200~300只/亩，规格160只/千克。在4—5月搭配放养鲢、鳙鱼种50尾。在这种方式下可年产小龙虾80~100千克、河蟹20~30千克；二是在池塘中主养河蟹，投放400~600只蟹种，规格在160只/千克。投放体长在3厘米左右的小龙虾苗种5000尾。这种方式下河蟹的年产量为50千克/亩以上，小龙虾的年产为30~40千克。

小龙虾与河蟹混养的模式中小龙虾在蟹池中自由的利用水草和残饵，从而提高了饵料的利用率、降低了养殖成本。当用地笼捕捞河蟹和小龙虾时，不宜放太长时间，不然小龙虾会被河蟹蚕食。小龙虾与河蟹共食同一种饵料，河蟹和小龙虾的体型有差异，饵料投喂不当，会影响小龙虾的产量。

（2）虾、河蟹、鳜鱼养殖模式。该模式是以小龙虾为主养品种，搭配河蟹、鳜鱼。在3—4月投放小龙虾，虾苗无病无伤，体表光滑，附肢完整、无损伤，无寄生虫，规格在4~6克/尾，投放10~15千克；蟹种投放250~300只规格在160~200只/千克，用经过3%的盐水消毒后才能投放到池塘中；鳜鱼苗的规格在5厘米以上，投放12~16尾。小龙虾放养2个月后，鳜鱼放养3个月后，可将规格达50克以上龙虾，尾重达500克的鳜鱼，起捕上市。让小规格龙虾、鳜鱼生长，提高池塘净产量。河蟹一般在10月开始捕捞。小龙虾、河蟹、鳜鱼的养殖模式可以充分利用水体空间和饵料资源，提高水体养殖产量，增加了养殖效益。

●4. 小龙虾甲鱼混养模式●

小龙虾甲鱼混养模式是以放养小龙虾的亲本，自繁自养，搭配甲鱼和其他几种鱼种的养殖模式。该模式是在冬季或者 4~5 月投放规格为 200~300 尾/千克的小龙虾虾苗，苗种亩投放量 40~50 千克，在虾苗投放到池塘前应用高锰酸钾对其消毒。在 6 月中下旬时投放规格为 300~350 克的甲鱼苗 30 尾左右，同时投放鳜鱼 10 尾，规格为 300~500 克的花鲢 10 尾、白鲢 20 尾，细鳞斜颌鲴 50 尾。在这种养殖模式下经过几个月的饲养，分批捕捞小龙虾，年产量为 150 千克/亩；甲鱼规格为 0.9~1.0 千克/只，年产量为 22.5 千克/亩；年亩产规格为 0.6 千克/尾左右的鳜鱼 4.5 千克、0.2 千克/尾的细鳞颌鲴 4 千克、2.5 千克/尾的花鲢 17 千克、1.5 千克/尾的白鲢 21 千克。通过套养其他品种的方式，能提高的水体的利用率，同时加速了生长和降低了病害的发生率。放养鲢、鳙鱼调节了整个养殖环境中的水质，还可以增加养殖产品的质量。整个模式简单适用而且可操作性很强，在养殖过程中病死的鱼虾可以成为甲鱼的饲料。

四、投饲管理

小龙虾杂食性，在自然条件下，小龙虾幼体主要摄食藻类、轮虫、水蚤、枝角类和桡足类等浮游生物；幼虾主要摄食底栖藻类、枝角类、桡足类、小型水生昆虫和有机碎屑等；成虾主要摄食植物碎片、有机碎屑、丝状藻类、固着硅藻、底栖小型无脊椎动物、水生昆虫和动物尸体等，尤其喜食螺蚌肉、河蚬、蝇蛆、蚕蛹和小杂鱼等。

饲料的质量直接关系到小龙虾的体质和健康。养殖小龙虾想要获得发展并取得效益，必须有优质的饲料和合理的投喂方法。

● 1. 小龙虾的饲料种类 ●

小龙虾的基础饵料主要可以分为动物性饵料、植物性饵料、微生物饵料三大类。人工配合饲料则是在这三大类的基础饵料上经过加工而成。这三类的存在形式上并不是截然分开的，例如，部分微生物、低等藻类和一些离散氨基酸就可能和水体中的腐屑共同成团粒状存在，成为小龙虾的辅助饵料来源。动物性饵料优于植物性饵料，是小龙虾偏爱的食物。水生动物性饵料又优于陆生动物性饵料。动物性饵料中，活饵养殖效果最好。

（1）动物性饵料。动物性饵料包括在虾塘中自然生长的种类和人工投喂的种类。虾塘中自然生长的种类有桡足类（图 5-1-14）、枝角类、线虫类、螺类、蚌、蚯蚓等（图 5-1-15~图 5-1-20）。人工投喂的包括小杂鱼、鱼粉、虾粉、螺粉、蚕蛹和其他动物性饵料。

螺蛳的含肉率为 22%~25%，蚬类的含肉率为 20% 左右，是小龙虾喜食的动物性饵料。这些动物可以在池塘培养直接供虾类捕食，也可以人工投喂，饲喂效果良好。因此在放养虾苗前即每年 3~4 月，每亩投放螺蛳 100~150 千克，培养基础饵料生物。鱼粉、虾粉是优秀的动物性干性蛋白源，特别是鱼粉，产量大，来源渠道广，是各类虾人工配合饲料中不可缺少的主要成分。从氨基酸组成成分来说，虾粉要优于鱼粉，是最好的干性蛋白源。蚕蛹是传统的虾类饲料。据测定，

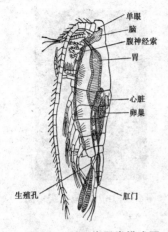

单眼
脑
腹神经索
胃
心脏
卵巢
生殖孔
肛门

图 5-1-14　桡足类模式图

（哲水蚤）

图 5-1-15　哲水蚤

图 5-1-16　猛水蚤

鲜蚕蛹含蛋白质 17.1%，脂肪 9.2%，营养价值很高。

（2）植物性饵料。小龙虾可以有效取食消化一些天然植物的可食部分，并对生理机能产生促进作用。植物性饵料包括浮游植物、水生植物的幼嫩部分、浮萍、谷类、豆饼、米糠、花生饼、豆粉、麦麸、菜饼、棉籽饼等。在植物性饵料中，豆类是优秀的植物蛋白源。特别是大豆，粗蛋白含量高

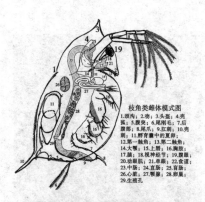

枝角类雌体模式图

1.颈沟；2.吻；3.头盔；4.壳
弧；5.腹突；6.尾刚毛；7.后
腹部；8.尾爪；9.肛刺；10.壳
刺；11.孵育囊中之卵；12.
第一触角；13.第二触角；
14.大颚；15.上唇；16.胸肢；
17.腺；18.视神经节；19.腹眼；
20.动眼肌；21.单眼；22.食道；
23.中肠；24.直肠；25.盲肠；
26.心脏；27.颚腺；28.卵巢；
29.生殖孔

图 5-1-17　枝角类模式图

图 5-1-18　枝角类实物图

图 5-1-19　红虫

图 5-1-20　蚯蚓

达干物质的 38%~48%，豆饼中的可消化蛋白质含量达到 40%左右。谷物最好经发芽后投喂。麦芽中含有大量的维生素，维生素 E 对促进性腺发育有一定的作用，对小龙虾的生长十分有利。菜籽饼、棉籽饼等都是优良的蛋白质补充饲料，适当的配比有利于降低养殖成本。

（3）微生物饵料。微生物饵料主要是酵母类。各类酵母含有很高的蛋白质、维生素和多种虾类必需氨基酸，特别是赖氨酸、维生亲 D 等含量较高，可以在配合饲料中适量使用，比较常见的有啤酒酵母等。目前在饲料开发中日益显得重要的微生态制剂，也叫益生素、生菌剂，是指由一种或多种有益微生物及其代谢产物构成，可直接用于动物饲养的活菌制剂，通过改善动物消化道菌群平衡而对动物产牛有益作用的微生物饲料添加剂。

（4）人工配合饲料。人工配合饲料是将动物性饵料和植物性饵料按照小龙虾的营养需求，确定比较合适的配方，再根据配方混合加工而成的饲料，其中还可根据需要适当添加一些矿物质、维生素和防病药物，并根据小龙虾的不同发育阶段和个体大小制成不同大小的颗粒。在饲料加工工艺中，必须注意到小龙虾是咀嚼型口器，不同于鱼类吞食型口器，因此配合饲料要有一定的熟性，制成条状或片状，以便于小龙虾摄食，通常小龙虾配合饲料水中溶解时间要求在 5 个小时以上。

小龙虾配合饲料基本上为颗料配合饲料，主要由鱼粉、豆粕、糠麸、维生素、微量元素、诱食剂、黏结剂等组成。养殖生产中要求颗粒饵料在泡水后能保持 2 小时以上不散开，长度 5~12 毫米，直径 1~3 毫米为宜。

养殖生产上为降低养殖成本，应多途径、因地制宜地解决小龙虾饲料。可投喂小龙虾的动物性饲料有：小杂鱼、小虾、螺蚌肉、各种动物尸体、肉类加工厂的下脚料、蚕蛹、人工培育的鲜活饵料生物等。植物性饲料有：豆饼、豆渣、菜籽饼、花生饼、玉米、大麦、小麦、麸皮、马铃薯、山芋、南瓜、西瓜皮、各种蔬菜嫩叶、陆草、水草等。选用配合饲料时要根据虾苗不同生长阶段的营养需求选择合适的、正规厂家生产的配合饲料。

● 2. 饲料的保存 ●

轻度霉变的饲料，会使小龙虾生长速度减慢，食量下降，消化率降低。严重霉变的饲料，会造成小龙虾中毒，甚至于死亡。对于采购的饲料，一定要检验是否经过霉变，一般通过闻气味、看颜色、看是否有结团现象、加热后辨别气味以及在显微镜下观察的办法来确定。对自制的饲料，需保管好，控制引起霉变的途径，勤于检查，发现问题及时解决，才能保证饲料的保存质量。

防止贮存饲料霉变，通风必须良好。小龙虾养殖场一般相对湿度较高，所以特别要注意饲料在梅雨季节的贮存，避免相对湿度超过 75% 的贮存环境。一般环境下贮存也不要超过 1 周，最好随买随用，随制随用。对于配方中鱼粉和发酵血粉含量较多的饲料尤其要注意贮存条件。饲料编织袋中如果没有隔层塑料薄膜，贮存时不要和地面及墙壁直接接触。自制饲料每次制造量不要太多。

● 3. 饲料的合理搭配 ●

小龙虾喜欢摄食动物性饵料，但动物性饵料投喂比例高了会增加养虾成本，而主要投喂植物性饵料，则直接影响小龙虾的摄食和生长发育。因此，保持一定比例的优质动物性饲料，合理搭配投喂植物性饲料，对于促进小龙虾的正常生长是至关重要的。一般，动物性饲料占 30%～40%，谷料占 60%～70% 较为适宜（水草类不计算在内），基本能满足小龙虾的生长需要。"精""粗""青"相结合的饲料搭配投喂方法，不同季节侧重点有所不同。开食的 3—4 月，小龙虾摄食能力与强度较弱，以投喂动物性饲料为主；6—8 月水温高，青饲料成长起来，可多喂些青料；9—10 月小龙虾大量进入交配产卵期，同时开始大批掘穴越冬，要适当多喂些动物性饲料。

● 4. 饲料的投喂方法 ●

一般每天投喂 2 次饲料，投饲时间分别在 7：00—9：00 和 17：00—18：00。春季和晚秋水温较低时，可一天投喂一次，安排在 15：00—16：00。小龙虾有晚上摄食的习性，日喂 2 次应以傍晚为主，下午投饲量占全天的 60%~70%。

日投饲量主要依据存塘虾量来确定。5—10 月是小龙虾摄食旺季，每天投饲量可占体重的 5% 左右，且需根据天气、水温变化，小龙虾摄食情况有所增减，水温低时少喂，水温高时多喂。3—4 月水温 10℃ 以上小龙虾刚开食阶段和 10 月以后水温降到 15℃ 左右时，小龙虾摄食量不大，每天可按体重 1%~3% 投喂。一般以傍晚投喂的饲料第二天早上吃完为宜。天气闷热、阴雨连绵或水质恶化、溶氧量下降时，小龙虾摄食量也会下降，可少喂或不喂。

饲料投喂地点，应多投在岸边浅水处虾穴附近，也可少量投喂在水位线附近的浅滩上。每亩最好设 4~6 处固定投饲台，投喂时多投在点上，少分散在水中。小龙虾有一定的避强光习性，强光下出来摄食的较少，应将饲料投放在光线相对较弱的地方，如傍晚将饲料大部分放置在池塘西岸，上午投喂饲料多投在池塘东岸，可提高饲料的利用率。

五、养成管理

● 1. 水质管理 ●

小龙虾养殖池塘经过一段时间的投饵、施肥后，水质过浓，甚至偏酸性，水体质量下降，小龙虾摄食下降，甚至停止摄食，影响其生长会及蜕壳速率。同时，不良的水质能使寄生虫、细菌等有害生物大量繁殖，导致疾病的发生和蔓延，致使养虾失败。因此，按照季节变化及水温、水质状况及时进行调整，适时加水、换水、施迫肥，做到"肥、活、嫩、爽"，使池水经常保持充足的氧气和丰富的浮游生物，营造一个良好的水质环境。

（1）水位控制。小龙虾的养殖水位根据水温的变化而定，坚持"春浅、夏满"的原则。春季一般保持在 0.6~1 米，浅水有利于水草的生长、螺蛳的繁育和幼虾的蜕壳生长。夏季水温较高时，水深控制在 1~1.5 米，有利于淡水小龙虾度过高温季节。

（2）溶氧。水中溶氧量是影响龙虾生长的一个重要因素。溶氧充足，水质清新，有利于虾的生长和饲料的利用；低溶氧量条件下，摄食量和消化率都低，并且呼吸作用加强，消耗能量较多，生长慢，饲料转换率也低。生产过程中，遇见恶劣天气及水质严重变坏时，应及时更换新水和充氧。

一般养虾池水的溶氧量保持在 3~4 毫克/升以上，对小龙虾的生长发育较为适宜。一旦溶氧量低于 2 毫克/升，将会引起小龙虾缺氧浮头，浮头的小龙虾会出现大量上岸或爬到水草上侧卧在上面，一边在水中，另一边暴露在空气中，经历过缺氧的养殖虾通常会出现虾壳变厚、颜色变深、生长缓慢等现象，也就是通常所说的"老头虾"。防止龙虾缺氧的有效方法是降低养殖密度、增加增氧设备、换水或定期加注新水。换水原则是蜕壳高峰期不换水，雨后不换水，水质较差时勤换水。一般每7天换水1次；高温季节每2~3天换水1次。换水量为池水的20%~30%。有条件的还可以定期地向水体中泼洒一定量的光合细菌、硝化细菌之类的生物制剂调节水体。

（3）pH值调节。每半个月泼洒1次生石灰水，用量为1米水深时，每亩10千克，使池水pH值保持在7.5~8.5；同时可增加水体钙离子浓度，促进淡水小龙虾蜕壳生长。实际生产中发现水质败坏，且出现淡水小龙虾上岸、攀爬、甚至死亡等现象，必须尽快采取措施，改善水环境。

●2. 日常管理●

（1）保持一定的水草量。水草对于改善和稳定水质有积极作用。飘浮植物水葫芦、水浮莲、水花生等最好拦在一起，成捆、成片，平时可作为小龙虾的栖息场所，软壳虾躲在草丛中可免遭伤害，在夏季成片的水草可起到遮阴降温作用。

（2）早晚坚持巡塘。观察小龙虾摄食情况，及时调整投饲量，清除残饵，对食台定期进行消毒，以免引起小龙虾生病。工作人员应早晚巡塘，注意水质变化和测定，并做好详细的记录，发现问题及时采取措施。

①水温控制：每天4：00—5：00，14：00—15：00各测气温、水温1次。测水温应使用表面水温表，要定点、定深度。一般是测定虾池平均水深30厘米的水温。记录某一段时

间内池中的最高和最低温度。

②透明度调节：池水的透明度可反映水中悬浮物的多少，包括浮游生物、有机碎屑、淤泥和其他物质，它与小龙虾的生长、成活率、饵料生物的繁殖及高等水生植物的生长有直接的关系，是虾类养殖期间重点控制的因素。测量透明度简单的方法是使用沙氏盘（透明度板）。透明度每天下午测定一次，一般养虾塘的透明度保持在30~40厘米为宜，透明度过小，表明池水混浊度较高，水太肥，需要注换新水；透明度过大，表明水太瘦，需要追施肥料。

③溶解氧管理：每天黎明前和14：00—15：00，各测一次溶解氧，以掌握虾池中溶氧变化的动态。溶解氧测定可用比色法或测溶氧仪测定，水的溶解氧含量应保持在3毫克/升以上。

④不定期测定 pH 值、氨氮、亚硝酸盐、硫化氢等：养虾池塘要求 pH 值 7.0~8.5，氨氮控制在 0.6 毫克/升以下，亚硝酸盐在 0.01 毫克/升。

⑤生长情况的测定：每7~10天测量虾体长一次，每次测量不少于30尾，在池中分多处采样。测量工作要避开中午的高温期，以早晨或傍晚最好，同时观察虾胃的饱满度，调节饲料的投喂量。

（3）定期检查、维修防逃设施。遇到大风、暴雨天气更要注意，以防小龙虾逃逸发生。

（4）严防敌害生物危害。有的养虾池鼠害严重，鱼鸟和水蛇对小龙虾也有威胁。采取人力驱赶、工具捕捉、药物毒杀等方法彻底消灭老鼠，驱赶鱼鸟和水蛇。

（5）防治病害。小龙虾在池塘中由于密度较高，水质易恶化而导致生病，要注意观察小龙虾活动情况，发现异常如不摄食、不活动、附肢腐烂、体表有污物等，可能是患了某种疾病，要抓紧做出诊断，迅速施药治疗，减少损失。

（6）塘口记录。每个养殖塘口必须建立塘口记录档案，记录要详细，由专人负责，以便经验的总结。

第二节　稻田养殖

小龙虾的稻田养殖分为养虾与水稻生产同时进行的稻虾共生模式和种一茬水稻养一茬虾的稻虾连作模式。

一、稻虾共生模式

早在 20 世纪 60 年代，美国就开始在稻田养殖小龙虾。我国的稻田养殖小龙虾是近几年才兴起的，发展相当迅速。稻田饲养小龙虾，是利用稻田的浅水环境，辅以人为措施，既种稻又养虾，提高稻田单位面积生产效益的一种生产形式。稻田里水质清新，水中溶氧量较高，光线弱，动、植物饵料丰富，为小龙虾提供良好的环境；小龙虾在稻田中摄食杂草、水生昆虫、浮游生物和水稻害虫，小龙虾排泄的粪便又促进了水稻生长。发展稻田养虾不仅不会影响水稻产量，还会提高水稻产量，养虾的稻田一般可增加水稻产量 5%～10%，增产效果好的可达 14%～24%。稻田养虾具有投资少、见效快、收益大等优点，可有效利用我国农村土地资源和人力资源，是值得推广的一项农村养殖方式。

● 1. 养殖稻田的选择与建设 ●

（1）稻田的选择。稻田养殖小龙虾，应选择水源充足、水质优良、排灌方便、抗旱防涝的稻田。要求田埂不渗漏，保水性能好，底土肥沃不淤。有条件的地方，应集中连片开发，统一规划，统一改造。此外，还要求交通便利，便于饲料运输和饲养管理。养虾稻田应具备下列基本条件：

①水源与水质条件：水源充沛、水质良好无污染、排灌方便、雨季不淹、旱季不涸。平原地区稻田一般水源较好，排灌系统也较完善，抗洪抗旱能力强；丘陵山区水利条件较差的地方，如果大雨时不淹没田埂、干旱时能有水的稻田也适宜水产养殖。水质 pH 值呈中性或弱碱性，一般河、湖、塘、库的水都可用；有些山溪、泉水的水温较低，但提高水温后引入稻田，也可利用。有毒的工业废水切忌引灌，城市、乡镇生活污水成分复杂，使用时要谨慎，应先做好调查和测定。

②土壤与环境条件：养殖稻田，最好选择保水能力强、肥力高的壤土或黏土的田块。沙土保肥保水能力差，肥料流失快，土壤贫瘠，田间饵料生物少，养殖效果差。田底要求肥沃不淤，田埂坚固结实、不漏水，田块周边环境安静。此外，养殖小龙虾的稻田四周应开阔向阳，光照充足，交通便利，通水、通电、通路。

③面积条件：养殖小龙虾的稻田面积，大小不限，小到 1 亩大到十几亩。根据各地不同的地理状况，可统一规划为 3 ~ 5 亩为好，以利于统一供种，排灌，施肥和防病治病。

④地势条件：养殖小龙虾的稻田，最好选择地势较低的

田块，以利于管水、调控水体温差和小龙虾越冬。

（2）养殖稻田的基本工程建设。养殖稻田在改造和建设时，既要考虑水稻的正常栽培，又要考虑有利小龙虾的正常生长；既能满灌全排，又能保持一定的载虾水体，并有防止小龙虾逃跑的围栏设施。大面积的稻田养虾区，对水利设施要求较高，要具备必要的水源、灌排渠道和涵闸等水利设施，做到灌得进、排得出、降得快、避旱涝。最好要求每块稻田能独立门户，排灌分开，自成系统。不串灌，做到排灌自如，不相互干扰。

● **2. 虾苗放养前准备** ●

稻田里养殖小龙虾在投放虾苗前应做好下列准备工作：

（1）清沟消毒。选作养虾的稻田，应在 4 月底至 5 月初进行清池消毒工作。清理环形虾沟和田间沟中的浮土，修正垮塌的沟壁。每亩稻田的养虾沟用生石灰 50~75 千克对水化开全池泼洒。也可用漂白粉，每亩用量 7.5 千克带水泼洒，以杀灭野杂鱼类、敌害生物和病原体等有害生物。待毒性消失后，即可进水。

（2）适时整田与合理施肥。用作养殖小龙虾的稻田，应在 5 月上旬整田，耕整方法可采用传统的耕作方式，也可以采用现代化的机械耕整。稻田整好后，要合理施肥，每亩田中施入农家肥 500 千克作为基肥。种植水稻的地方，还可按水稻的要求，施用氮、磷肥，但不要施用钾肥，可用草木灰代替。

（3）在虾沟内投放有益生物。养殖小龙虾的稻田，可在虾沟内投放一些有益生物，如水蚯蚓、田螺和蚌等，有利于增加水体中的活饵和利用有益生物净化水质。

（4）移栽水生植物。虾沟内可适量栽植轮叶黑藻、马来眼子菜等水生植物，或在沟边种植蕹菜、水葫芦等。但要控制水草的面积，一般水草占渠道面积的30%~50%，以零星分布为好，不要聚集在一起，以免影响小龙虾的正常的觅食和活动，同时还利于渠道内水流畅通无阻塞，能及时对稻田进行灌溉。

● 3. 虾苗放养 ●

（1）虾苗放养方式。小龙虾苗种在放养时要进行试水，试水安全后，才能投放虾种苗。小龙虾在稻田中饲养时，放养方法有2种：一是在7—9月将小龙虾的亲虾直接放养在稻田虾沟内，让其自行繁殖，通常每亩放养规格为20~40只/千克的小龙虾亲虾20~35千克，亲虾繁殖孵化出来的幼虾能直接摄食稻田水中的浮游生物，可有效提高小龙虾幼虾的成活率。二是直接从市场收购或人工繁育的小龙虾幼虾进行放养，一般规格为250~600只/千克，每亩放养1.5万~2万只，放养时间为5月水稻栽秧后5~7天，待秧苗返青时投放苗种。

（2）虾苗放养注意事项。小龙虾在放养时，要注意虾苗虾种质量，同一田块放养同一规格的虾苗虾种，放养时一次放足。小龙虾在放养时，个体都有不同程度的体表损伤，因此放养之前要进行虾体消毒，可以用浓度为3%左右的食盐对虾苗虾种进行浸洗消毒，浸洗时间应根据当时的天气、气温及虾体本身的忍受程度灵活确定，一般5~6月放养的虾种消毒时间宜控制在3~5分钟为宜。

从外地购进的虾种，采用于法运输时，因离水时间较长，有些虾甚至出现昏迷现象，放养前应将虾种在田水内浸泡1分钟，提起搁置2~3分钟，再浸泡1分钟，如此反复2~3次，让虾种体表和鳃腔吸足水分后再放养，可有效提高虾苗的成活率。

投放虾苗时要注意以下3点。

①选择在早晚或阴雨天投苗，以免虾苗发生温差危害。

②沿虾沟均匀取点投放，以免虾苗过于集中，导致局部水体严重缺氧而引发虾苗窒息死亡。

③不宜在阳光强烈和高温时投放虾苗。

●4. 小龙虾的饲养管理●

（1）投喂、施肥。养虾稻田除在沟内施基肥外，还应向环形沟和田间沟中投放一些水草、鲜嫩的旱草和腐熟的有机肥。在7—9月小龙虾的生长旺季还可适当投喂一些螺蚌肉、鱼虾肉、下脚料等；要保持虾沟内有较多的水生植物，数量不足要及时补放。投喂时，要将饵料投放在虾沟内或虾沟边缘，以利于虾的摄食，避免全田投放造成浪费。

稻田水稻施用追肥时，要先适当排浅田水，让小龙虾进入虾沟内后再施肥，使化肥迅速沉积于底层田泥中利于水稻吸收。施肥时要禁用对小龙虾有危害的氨水、碳酸氢铵、钾肥等，可用尿素、过磷酸钙、生物复合肥等。养虾稻田在追施化肥时，一次的用量不能太大，应将平时的施肥量，分作2份，间隔7天左右施用。施肥则不能施到虾沟内，施肥后及时加深田水至正常深度。

（2）水质管理。保持养虾稻田水质清新，发现小龙虾抱住稻秧或大批上岸，应立即加注新水。稻田平时的灌水深度在10~15厘米，由于稻田的水位较低，水位下降较快，必须及时灌水、补水。一般水温在20~30℃时，每10~15天换水1次，水温在30℃以上时，每7~10天换水1次。

当大批虾蜕壳时不要换水，不要干扰，以免影响小龙虾的正常蜕壳。由于稻田水质易偏酸性，为调节水质，应每20天用25毫克/升浓度的生石灰水泼洒1次，使pH值保持在7~8.5。施用生石灰后，最好间隔10天再施药或施肥。如稻田已追施化肥或施用农药，也必须在8~10天后方可泼洒生石灰，以免化肥和农药失效。对于残留在虾沟内的饵料，要及时捞出，以免败坏水质。

（3）晒田。在养虾期进行晒田时，要及时将小龙虾赶入虾沟内。晒田放水的量以刚露出田面即可，且时间要短，发现虾活动异常，应及时灌水。稻田秧苗返青时晒田要轻晒，稻谷抽穗前的晒田可适当重晒。

（4）施药。小龙虾对许多农药都较敏感，养虾稻田要尽量避免使用农药。如果水稻病害严重，应选用能在短期内分解、基本无残留的高效低毒农药或生物药剂。对于除虫菊酯类、拟除虫菊酯类和有机氯类农药等，都不宜在稻田里使用。

施农药时要详细阅读说明书，注意严格把握农药安全使用浓度，确保小龙虾的安全。对于无法确定对小龙虾有无毒性的农药，可按施药后水中应有的药物浓度，配成水溶液，放入幼虾16尾左右，4天不死即可在稻田中使用。

施药前，要将稻田里的水慢慢排干，将小龙虾引入虾沟内，同时保留虾沟的水位。应选择晴朗天气，使用喷雾器将药喷于水稻叶面，尽量不喷入虾沟中。施药时间不能在早晨，因早晨叶面上有大量露水易使药液落入水中危及小龙虾。施药时间一般在 16：00 以后，由于叶面经过一天的曝晒而缺水严重，施药后正好大量吸收。施药 3~4 天后可将稻田水位恢复到正常水位。

在施药后，如果发现小龙虾到处乱爬、口吐泡沫或急躁不安，说明虾已中毒，要立即进行急救。一是马上换掉虾沟内的水，二是用 20 毫克/升浓度的生石灰水全田泼洒。

（5）防敌害。养虾稻田敌害较多，如青蛙、水蛇、肉食性鱼类等，在平时进水时要用网布过滤，以预防鱼害、并要捕捉、驱赶蛙类、鸟类等。

● 5. 捕捞 ●

放养模式不同，小龙虾各时期的规格也不同，所以捕捞时间也不一致。可在 7 月中旬开始捕捞，也可在 9 月水稻收割后捕捞成虾。要随时观察小龙虾的生长，发现田中有大量大规格虾出现时，即可开始捕捞。捕捞时要实施轮捕轮放，捕大留小。由于小龙虾生长快，养殖中后期密度会越来越大，及时捕捞达到商品规格的虾上市，让未达到规格的小龙虾继续留下养殖，可有效地控制养殖密度，提高产量，增加养殖效益。捕捞要在 10 月上旬前完成，否则天气转凉后，小龙虾会在稻田内打洞潜伏而无法捕捉。捕捞前要疏通虾沟，慢慢降低水位，当只有虾沟内有水时，可快速放干沟中水，在排水口用网具捕捞，对剩下的虾可用手捕捉、在水稻收割前要捕虾，也可采用放水捕捞方式。捕虾一般要在早上或傍晚凉爽时进行，气温较高时捕捉会造成小龙虾的大量死亡。对躲藏在虾洞内的虾，可留置到翌年收获。

二、稻虾联作模式

稻虾连作模式也称为稻虾轮作模式。是指种植一季中稻，在9月中旬稻谷收割后，进行小龙虾的养殖。小龙虾养殖到翌年5月下旬至6月初，捕虾还田再种中稻。这主要是针对平原湖区或水洼地带的一些低湖田、冷浸田而采用的养虾方式。这些低湖田、冷浸田一般受水浸渍严重，地温较低，在种植一季中稻后，大多空闲。利用空田时间来养虾，可充分利用资源，发展生产，既不影响种植业的产量和收益，又增加了养殖业的产品和效益，实为农村增产增收的一条致富之路。

●1. 经营方式●

用于稻虾连作的稻田面积可大可小，但对于面积大小不同的稻田在实际生产中必须采用适宜的经营方式才能取得较好的效益，否则会因管理不善和各种纠纷，导致养虾失败。我国农村经过几年的探索，总结出了3种行之有效的方法，来解决生产中的经营管理问题。一是自主经营。对于稻田面积较大的农户，自己独立进行稻虾连作的经营。二是承包经营。对于稻田面积较小没有兴趣养虾的农户，为了不让稻田闲置，可将稻田集中租赁给别人进行小龙虾的养殖，自己只负责进行中稻的生产。三是股份制经营。有些稻田面积较小而又想养虾的农户，觉得前期开支过大，而且虾常跑到别人的稻田中而造成纠纷不断，于是便出现了相邻几家农户按稻田面积大小入股，按股投资、按股分红进行稻虾连作生产的方式。稻田之间不需加固堤埂，不需加装防逃设施，更不用担心相邻稻田的小龙虾"互相串门"，从而减少了早期投入，提高了生产效益。

●2. 生产准备●

（1）消毒。由于稻虾连作的稻田在种稻时其水体为开放式水体，田中有许多敌害生物，如杂鱼、有害昆虫、老鼠等，这些生物有的直接以摄食小龙虾作为食物来源，有的在小龙虾蜕壳时对虾产生伤害，此外还孳生很多病菌。因此，在中稻收割之后，应进行消毒处理。如果田中有水，而且虾沟已挖好，每亩可用15千克漂白粉或70~80千克生石灰化水后在田内泼洒，同时田埂和田中土堆都要泼洒，如果水深不到1米，则应减少用量。

（2）进水、施肥。准备放虾前7~10天，往稻田灌水0.2~0.3米深，然后施肥培养饵料生物。一般每亩施有机农家肥500~800千克，农家肥肥效慢，肥效长，施后对虾的生长无影响，最好一次施足。同叶，收稻后的稻草应全部留在田中，全田散撒或堆成小堆状都可，不要集中堆在一起。

（3）其他准备。在施基肥的同时，还要在虾沟中移栽水草。一般水草占虾沟一半的面积，以零星分布为好，不要聚集在一起，这样有利于虾沟内水流畅通无阻塞。另外，也可设置一些网片、树枝和竹筒。还可利用与虾洞直径大小相仿的木桩，在出埂边、人造小土堆以及稻田中央，人工扎制一些洞穴，洞穴最好打成竖洞或30°左右的斜洞，避免横洞。向阳避风的地方多打，朝北的地方少打，为小龙虾交配繁殖和越冬做好准备。

●3. 小龙虾苗种的投放●

用作稻虾连作的稻田，若以前未开挖虾沟，则要在中稻收割完毕后，及时抓紧时间开挖虾沟。虾沟开挖后，马上灌水投放小龙虾进行养殖（图5-2-1）。

图5-2-1 投放虾种

（1）投放抱卵虾。中稻收割后的9月中旬左右，从养殖基地或是市场收购体质健壮、无病无伤、附足齐全、规格整齐、个体较大（体重40克以上）的抱卵亲虾，放入稻田让其孵化，放养量为每亩15~20千克。

（2）投放幼虾。在9月中下旬，将稻田灌水后，往稻田中施入农家肥作基肥来培肥水质，用量约为亩500千克，然后投放体长2~4厘米规格的幼虾2万尾左右。

（3）投放亲虾。若用于稻虾连作的稻田以前养过虾，有开挖好的虾沟，则可在7—8月，向虾沟中投放颜色暗红有光泽、附足齐全无损伤、体质健壮活动强的35克以上的大个体小龙虾亲本，每亩投放量为20~25千克。投放的亲虾雌性要多于雄性，最好的雌、雄比为3∶1。

（4）注意事项。在投放抱卵虾相亲虾时，虾的运输时间要短，要选择气温较低时进行。如果气温较高，要加冰块降温。在收集、投放抱卵虾和亲虾时，操作要小心，特别是不能将抱卵虾的卵弄掉。投放前，要用5%盐水浸洗虾体3~5分钟，洗浴过程中，发现虾稍有不适就要放虾入田。浸洗时，虾的密度一定不能大，否则易引起虾大批死亡。

亲虾、抱卵虾投放时，要先将装虾的虾篓、虾筐放入稻田沟中浸泡2~3分钟后提起，在田边搁量几分钟，再放入稻田沟小浸泡，如此反复1~2次，让虾适应水温后再投放。

幼虾投放时，也要采取措施来让虾适应水温。若是用氧气袋运输的幼虾，可不打开包装直接浸入稻田水中放置10~20分钟后，再打开包装将虾缓慢放入水中。对于用桶、罐车等带水运输的幼虾，要将田里的水用瓢少量多次地加入装虾容器内进行调温，约10分钟后，连虾带水缓慢地放入池中，不可一下子冲入过急，否则会使幼虾昏迷、损伤。

● 4. 生产管理 ●

（1）灌水。养虾稻田在放虾前都要及时灌水。对于采用中稻收割前投放亲虾养殖模式的稻田，稻田的排水、晒田、收割等活动均可正常进行。但在排水时，要慢慢让水量减少，以使进入沟外稻田中的亲虾回到环沟和田间沟内，在稻田变干、虾沟内水深60~70厘米时，停止放水。在中稻收割完后及时灌水。

（2）消毒。每月应向稻田中泼洒20毫克/升浓度的生石灰水1次，杀灭水体中细菌，预防疾病。此外，生石灰还可补充小龙虾所需的钙质。

（3）施肥。中稻收割后投放抱卵虾、亲虾和幼虾的稻田，要追施一些腐熟的有机肥培肥水质，为仔虾、幼虾提供充足的食物。在中稻收割前投放亲虾的稻田，也要在中稻收割后及时灌水、追施腐熟的有机肥。一般每个月要施追肥1次，每次每亩施肥量为150千克左右。除越冬期不施外，其他月份都要追施肥料。

（4）投喂。对于投放亲虾、抱卵虾的稻田，亲虾和抱卵虾可摄食稻田内的腐殖质、水生昆虫、浮游生物、有机碎屑等，因此在大量幼虾出来活动的这段时间内，可不投喂。在稻田内有大量幼虾时，要加强对幼虾的培育。除了虾沟内在投苗、投种前已移栽的水草外，还应每月投喂小龙虾易食用的水草（图5-2-2）。

图5-2-2　投喂饲料

若灌水后的2~3个月内，稻田中水质较浓，白天少见幼虾活动，则可不投喂饵料。若水质清淡，白天即可看见大量幼虾活动时，就要及时投喂饵料以加强幼虾食物的补充。投喂的饵料有麸皮皮、米糠、螺蚌肉、鱼虾肉、食品加工厂的下脚料以及鲤鱼、鲫鱼的人工配合饲料等。投喂时要荤素搭配，每天投喂量为500~1 000克，要根据幼虾摄食情况进行调整，以使虾刚吃完为好。每天上午、傍晚各投喂1次。当水温低于 12℃后，小龙虾进入越冬朗，可停止投喂。在投喂的饵料中添加 0.1%~0.15% 的虾蜕壳素，可以加快小龙虾的蜕壳周期，保证群体蜕壳的同步性以及提高小龙虾产量。

小龙虾度过越冬期后，要加强水草、饵料的投喂。一般每月投喂 2 次水草，每天投喂麸皮、饼粕、小麦、稻谷、螺蚌肉、鱼虾肉、下脚料、配合饲料等。在 3~4 月，每天投喂量为 1 500~2 000克，4 月以后，每天投限量为 3 000 克左右，要根据摄食情况调整具体的投喂量，且要荤素间隔投喂，以保证营养均衡。

由于稻田中的饵料生物在有稻秆的地方较多，一般虾活动的区域也在稻田中央，虾沟只有少量，所以投喂地点也应越过虾沟，投到稻田中去，最好定时，定点、定量。一般每亩设 2~3 个投喂点即可，但豆浆、米浆要全田泼洒。

（5）其他管理措施。对于投放亲虾、抱卵虾的稻田，在发现稻田中有大量离开母体独立活动的幼虾出现时，即可将亲虾捕捞出。

冬季如遇结冰且多日不化时需要打破冰面，增加水中溶解氧量。翌年 3 月左右，小龙虾度过越冬期，水温开始上升，可采用降低水位，增加日照量的方法提高水温，促使水温更适合小龙虾的生长（图5-2-3）。

在养殖过程中，要观察水位的变化，及时充水。还要防病、防敌害，及时驱赶鸟类和青蛙，捕捉水蛇、老鼠、黄鳝等。

● 5. 捕捞 ●

稻虾连作的稻田由于在插秧整田前要将小防虾全部捕捞

图 5-2-3　虾生活状态

完毕（图 5-2-4），所以除捕捞已产卵孵化的亲虾外，主要的捕捞时间集中在 4 月中下旬至 5 月中下旬。早期捕捞时，要捕大留小，让一部分小个体继续生长，在后期则要全部捞出。最后到 6 月初中稻插秧整田前，干田捕虾。对于捕捞出的小个体虾，可放入其他水体内寄养，待长大后上市，以提高效益。

图 5-2-4　捕捞龙虾

　　捕捞的方法很多，可采用虾笼和地笼网起捕。这两种方法不仅起捕率高，而且不伤虾，是目前最常用的方法。每天傍晚将虾笼或地笼网置于虾沟中或田中央，一般每亩只需 1 条地笼网，如果用虾笼则要放若干个。每天清晨起笼收虾，最后也可排干田水，将虾全部捕获。

稻虾连作的稻田在稻田耕作之前还有许多产卵的亲虾在洞穴中没有出来，虾沟里也会有许多虾没有捕捞干净，这些都可以作为翌年的虾种，但稻田当中的虾很可能在耕作时死亡，所以在耕作之前应尽量把稻田中的虾赶入虾沟中，或者使用降低水位的方法使其离开洞穴，进入虾沟。在种植水稻时，要采用免耕法栽种，使之不破坏小龙虾繁育的生态环境，保证下一个养殖周期有足够的虾种。由于上一年养殖后没有捕完的虾都可以作为翌年的虾种，而且还要经过几个月的增殖，因此翌年的虾种放养量应较上一年少。

稻虾连作的稻田正常投放小龙虾，一般每亩可产虾150~200千克。对于中稻收割后投放亲虾的稻田，由于养殖季节的推迟，一般每亩只可产虾100~150千克。

第三节　其他水生经济植物与淡水小龙虾养殖

利用水生经济植物田（池）养殖小龙虾是种养结合的生态渔业养殖新模式，具有投资少、管理方便、经济效益高等特点，有利于提高小龙虾养殖综合生产能力和小龙虾产品品质。着力发展高产、优质、高效、生态、安全的现代农业，推进农业科技进步和创新，提高劳动生产率和可持续发展能力，以科技加快改造传统农业，为小龙虾养殖推广注入新的动力。

一、水芹田养殖小龙虾

水芹菜地生态养殖小龙虾是一种新的养殖模式，利用池塘8月之前养殖小龙虾，8月至翌年2月种植水芹的一种轮作生产模式。根据小龙虾和水芹菜生长高峰期的时间差，在小龙虾生长的非高峰期进行水芹菜种植，一方面利用水芹吸肥能力强的特点板结淤泥，减少池塘有机质；另一方面利用水芹生长期留下的残叶为小龙虾越冬和生长提供优越的条件。水芹能够在春节前后上市销售，大大地提高了池塘产出效益。这种养殖模式受到越来越多养殖户的青睐。

● 1. 水芹田改造工程 ●

水芹田四周开挖环沟和中央沟，沟宽1~2米，沟深50~60厘米，开挖的泥土用以加固池（田）埂，池埂高1.5米，压实夯牢，不渗不漏。水源充足，溶氧5毫克/升以上，pH值7.0~8.5。排灌方便，进、排水分开，进排水口用铁丝、聚乙烯双层密眼网扎牢封好，以防养殖虾逃逸和敌害生物侵入虾池。同时，配备水泵、增氧机等机械设备，每5亩配备1.5千瓦的增氧机。

● 2. 放养前的准备 ●

（1）清池消毒。虾池水深10厘米，用15~20千克/亩茶粕清池消毒。

（2）水草种植。水草品种可选择苦草、轮叶黑藻、马来眼子菜、伊乐草等沉水植物，也可用水花生或水蕹菜（空心菜）等水生植物，水草种植面积占虾池总面积的30%。

（3）施肥培水。虾苗放养前7天，每亩施放腐熟有机肥如鸡粪150千克，以培育浮游生物。

●3. 虾苗放养●

通过苗种繁育他的改造、水芹菜防护草墙的构建、水草的移植等手段，营造了良好的苗种生态环境，按照小龙虾的交配繁殖习性，秋季雌雄亲虾以 1.5∶1 放养 40 千克/亩左右，经过强化培育，入冬前合理降低繁育池水位，到开春后适时放水繁育苗种，每亩产幼虾预计达 20 万尾。4—5 月，每亩放养规格为 250~600 尾/千克的幼虾 1.5 万~2 万尾。选择晴好天气放养，放养前先取池水试养虾苗，虾苗放养时温差应小于 2℃。

●4. 饲养管理●

（1）饲料投喂。饲料可使用绞碎的米糠、豆饼、麸皮、杂鱼、螺蚌肉、蚕蛹、蚯蚓、屠宰场下脚料或配合饲料等，根据不同生长阶段投喂不同饲料，保证饲料营养与适口性，坚持"四定""四看"投饵原则。日投喂量为虾体重的 3%~5%，分两次投喂，8∶00 投饲量占 30%，17∶00 投饲量占 70%。

（2）水质调控。

①养殖池水养殖前期（4—5 月）：要保持水体有一定的肥度。透明度控制在 25~30 厘米。中后期（6—8 月）应加换新水，防止水质老化，保持水中溶氧充足，透明度控制在 30~40 厘米，溶解氧保持在 4 毫克/升以上，pH 值 7.0~8.5。

②注换新水养殖前期不换水：每 7~10 天注新水 1 次，每次 10~20 厘米，中后期每 15~20 天注换水 1 次，每次换水量 15~20 厘米。

（3）巡塘。每天早晚各巡塘 1 次，观察水色变化、虾活动和摄食情况；检查池埂有无渗漏，防逃设施是否完好。生长期间，一般每天凌晨和中午各开增氧机 1 次，每次 1~2 小时，雨天或气压低时，延长开机时间。

● 5. 病害防治 ●

坚持以防为主、综合防治的原则，如发现养殖虾患病，应选准药物，对症下药，及时治疗。

● 6. 捕捞收获 ●

7 月底 8 月初，在环沟、中央沟设置地笼捕捞，也可在出水口设置网袋，通过排水捕捞，最后排干田水进行捕捉。捕捞的小龙虾分规格及时上市或作虾种出售。

二、藕田藕池养殖小龙虾技术

我国华东地区、华南地区的藕田藕池资源丰富，但进行藕田藕池养鱼养虾的很少，使藕田藕池中的天然饵料生物白白浪费，单位面积的藕田藕池的综合经济效益得不到充分体现。在藕田、藕池中饲养小龙虾，是充分利用藕田、藕池水体、土地、肥力、溶氧、光照、热能和生物资源等自然条件的一种养殖模式，能将种植业与养殖业有机地结合起来，达到藕、虾双丰收，这与稻田养鱼养虾的情况颇有相似之处。2017 年山东省农科院和菏泽市水产局、曹县水产局在曹县魏湾镇万亩荷塘区域进行了小龙虾藕田养殖试验示范的苗种放养。每亩放养规格 160 只/千克左右的小龙虾苗种 50~60 千克，经过 2~3 个月的养殖即可达到上市规格，亩产量可达 200 千克左右，亩增经济效益 2 500~3 000元以上（图 5-3-1、图 5-3-2）。

图 5-3-1　藕田投放虾苗

图 5-3-2　藕田捕虾

　　栽种莲藕的水体大体上可分为藕池与藕田两种类型：藕池多是农村坑塘，水深多在 50~180 厘米，栽培期为 4—10 月。藕叶遮盖整个水面的时间为 7—9 月。藕田是专为种藕修建的池子，池底多经过踏实或压实，水浅，一般为 10~30 厘米，栽培期为 4—9 月。藕池的可塑性较小，利用藕池饲养小龙虾，多采用粗放的饲养方式。藕田由于便于改造，可塑性较大。利用藕田进行小龙虾饲养时，生产潜力较大，在这里我们将着重介绍藕田饲养小龙虾技术。

● 1. 藕田的工程建设 ●

　　养殖小龙虾的藕田，要求水源充足、水质良好、无污染、排灌方便和抗洪、抗旱能力较强。池中土壤的 pH 值呈中性至微碱性，并且阳光充足，光照时间长，浮游生物繁殖快，尤其以背风向阳的藕田为好。忌用有工业污水流入的藕田养小龙虾。

养虾藕田的建设主要有三项，即加固加高田埂，开挖虾沟、虾坑和修建进、排水口防逃栅栏。

（1）加固加高田埂。饲养小龙虾的藕田，需加高、加宽和夯实池埂。加固的田埂应高出水面40~50厘米，田埂四周用塑料薄膜或钙塑板修建防逃墙，最好再用塑料网布覆盖田埂内坡，下部埋入土中20~30厘米，上部高出埂面70~80厘米；田埂基部加宽80~100厘米。每隔1.5米用木桩或竹竿支撑固定，网片上部内侧缝上宽度30厘米左右的农用薄膜，形成"倒挂须"，防止小龙虾攀爬外逃。

（2）开挖虾沟、虾坑。为了给小龙虾创造一个良好的生活环境和便于集中捕虾，需在藕田中开挖虾沟和虾坑。开挖时间一般在冬末或初春，并要求一次性建好。虾坑深50厘米，面积3~5平方米，虾坑与虾坑之间，开挖深度为50厘米，宽度为30~40厘米的虾沟。虾沟可呈"十""田""井"字形。一般小田挖成"十"字形，大田挖成"田""井"字形。整个田中的虾沟与虾坑要相通。一般每亩藕田开挖一个虾坑，面积为20~30平方米，藕田的进水口与排水口要呈对角排列，进、排水口与虾沟、虾坑相通连接。

（3）进、排水口防逃栅。进、排水口安装竹箔、铁丝网等防逃栅栏，高度应高出田埂20厘米，其中进、排水口的防逃栅栏呈弧形或"U"形安装固定，凸面朝向水流。注、排水时，如果水中渣屑多或藕田面积大，可设双层栅栏，里层拦虾，外层拦杂物。

●2. 消毒施肥●

藕田消毒施肥在放养虾苗前10~15天，每亩藕田用生石灰 100~150 千克，化水全田泼洒，或选用其他药物，对藕田和饲养坑、沟进行彻底清田消毒。饲养小龙虾的藕田，应以施基肥为主，每亩施有机肥 1 500~2 000 千克；也可以加施化肥，每亩用碳酸氢铵 20 千克，过磷酸钙 20 千克。基肥要施入藕田耕作层内，一次施足，减少日后施追肥的数量和次数。

● 3. 虾苗放养 ●

放养方式类似于稻田养虾，但因藕田中常年有水，因此放养量比稻田饲养时的放养量要稍大一些。小龙虾的亲虾直接放养在藕田内，让其自行繁殖，放养规格为 20~40 只/千克的小龙虾 25~35 千克/亩；放养规格为 250~600 只/千克小龙虾幼虾，放养 1.5 万~2.0 万只/亩。

虾苗在放养前要用浓度为 3% 左右的食盐对虾苗虾种进行浸洗消毒 3~5 分钟。具体时间应根据当时的天气、气温及虾苗本身的耐受程度灵活确定，采用干法运输的虾种离水时间较长，要将虾种在田水内浸泡 1 分钟，提起搁置 2~3 分钟，反复几次，让虾种体表和鳃腔吸足水分后再放养。

● 4. 饲料投喂 ●

藕田饲养小龙虾，投喂饲料同样要遵循"四定"的原则。投饲量以藕田中天然饵料的多少与小龙虾的放养密度而定。投喂饲料采取定点的办法，即在水位较浅，靠近虾沟虾坑的区域，拔掉一部分藕叶，使其形成明水区，投饲在此区内进行。在投喂饲料的整个过程，遵守"开头少，中间多，后期少"的原则。

成虾养殖可直接投喂绞碎的米糠、豆饼、麸皮、杂鱼、螺蚌肉、蚕蛹、蚯蚓、屠宰场下脚料或配合饲料等，保持饲料蛋白质含量在 25%左右。5—9 月水温适宜，是小龙虾生长旺期，一般每天投喂 2~3 次，时间在 9：00—10：00 和日落前后或夜间，日投饲量为虾体重的 5%~8%；其余季节每天可投喂 1 次，于日落前后进行，或根据摄食情况于次日上午补喂 1 次，日投饲量为虾体重的 1%~3%。饲料应投在池塘四周浅水处，小龙虾集中的地方可适当多投，以利于其摄食和饲养者检查吃食情况。

饲料投喂需注意，天气晴好时多投，高温闷热、连续阴雨天或水质过浓则少投；大批虾蜕完时少投，蜕壳后多投。

● 5. 日常管理 ●

灌水藕田饲养小龙虾，在初期宜灌浅水，水深 10 厘米左右即可。随着藕和虾的生长，田水要逐渐加深到 15~20 厘米，促进藕的生长。藕田灌深水和藕的生长旺季，由于藕田追肥及水面被藕叶覆盖，水体由于光照不足及水质过肥，常呈灰白色或深褐色，水体缺氧，在后半夜尤为严重。此时小龙虾常会借助藕茎攀到水面，利用鳃直接进行空气呼吸，以维持生存。饲养过程中，要采取定期加水和排出部分老水的方法，调控水质，保持田水溶氧量在 4 毫克/升以上，pH 值 7~8.5，透明度 35 厘米左右。每 15~20 天换 1 次水，每次换水量为池塘原水量的 1/3 左右。每 20 天泼洒 1 次生石灰水，每次每亩生石灰 10 千克，在改善池水质的同时，增加池水中离子钙的含量，促进小龙虾蜕壳生长。

养虾藕田的施肥，以基肥为主，约占总施肥量的 70%，同时适当搭配化肥。施追肥时要注意气温低时多施，气温高时少施，防止施肥对小龙虾生长造成影响，可采取半边先施、半边后施的方法交替进行。

● 6. 捕捞 ●

可用虾笼等工具进行分期分批捕捞，也可一次性捕捞。捕捞之前，将虾爱吃的动物性饲料集中投喂在虾坑、虾沟中，同时采取逐渐降低水位的方法，将虾集中在虾坑、虾沟中进行捕捞。

第四节　草荡、圩滩地养殖

利用草荡、圩滩地大水面优越的自然条件与丰富的生物饵料养殖小龙虾，具有省工、省饲、投资少、成本低、收益高等优点，可采用鱼、虾、蟹混养和水生植物共生的模式，综合利用水域。草荡、圩滩地养虾是利用我国大水面资源的有效途径之一。

一、养殖水体的选择及养虾设施的建设

草荡、圩滩地养虾，要求选择水源充沛、水质良好，水位稳定且易控制，水生植物和天然饵料资源比较丰富，水口较少的草荡、圩滩地，尤其以封闭式草荡、坪滩地最为适宜，有利于提高起捕率和产量。

选择养虾的草荡、圩滩地，要按照虾的生态习性，搞好基础设施建设。开挖养虾沟或河道，特别是一些水位浅的草荡、圩滩地。通常在草滩四周开挖，其面积占整个草荡的30%。虾沟主要的作用是春季放养虾种、鱼种，冬季也是小

龙虾栖息穴居的地方。由于小龙虾有逆水上溯行为，因此，在养殖区域要设置防逃设施，尤其是进、排水口需安装栅栏等防逃设施。

二、种苗放养前的准备

● 1. 清除致害鱼类 ●

对草荡、圩滩地养殖小龙虾危害较大的鱼类有乌鳢、鲤鱼、草鱼等，这些鱼类不但与小龙虾抢食底栖动物和优质水草，有的还会吞食虾种和软壳虾。在小龙虾种苗放养前进行一次彻底的清除，方法是用几台功率较大的电捕鱼器并排前行，来回几次清除草荡、圩滩地内的敌害鱼类。

● 2. 改良水草种类和控制水草生长 ●

草荡、圩滩地内水草覆盖面应保持在90%以上，水草不足时应移植伊乐藻、轮叶黑藻、马来眼子菜等小龙虾喜食且又不污染水质的水草。另外，根据草荡、圩滩地内水草的生长情况，不定期地割掉水草老化的上部，以便使其及时长出嫩草，供小龙虾食用。

● 3. 投放足量螺蛳 ●

草荡、圩滩地内清除敌害生物后开始投放螺蛳，螺蛳投放的最佳时间是2月底到3月中旬，螺蛳的投放量为400~500千克/亩，让其自然繁殖。当网围内的螺蛳资源不足时，要及时增补，确保网围内保持足够数量的螺蛳资源。

三、种苗放养

草荡、圩滩地放养有两种放养模式，一种放养的方法是在 7—9 月按面积每亩投放经挑选的小龙虾亲虾 18~25 千克，平均规格 40 克以上，雌雄性比（2：1）~（1：1）。投放亲虾后不需投喂饲料，第二年的 4—6 月开始用地笼、虾笼捕捞，捕大留小，年底保存一定数量的留塘亲虾，用于来年的虾苗繁殖。另一种是在春天 4—6 月按面积投放小龙虾幼虾，规格为 50~100 尾/千克，每亩投放 25~30 千克。通常两种放养量可达到 50~75 千克/亩的产量。

草荡、圩滩地放养虾后，开春也可以放养河蟹和鱼类，其放养量每亩放养规格为 50~100 只/千克的一龄蟹种 100~200 只，鳜鱼种 10~15 尾，1 龄链、鳙鱼种 50~100 尾，充分利用养殖水体，提高养殖经济效益。

四、饲养管理

● 1. 投饵管理 ●

草荡、圩滩地养殖小龙虾一般采用粗养的方法，即利用草荡、好滩地内的天然饵料。为提高效益、粗养过程中也要适当投喂饵料。特别是 6—9 月，是小龙虾的生长期，投足饲料能提高养殖产量。饲料投喂要根据小龙虾投喂后的饱食度来调整投饲数。一般每天投喂 2 次，9：00 和 17：00 各投喂 1 次，日投饵量在 2%~5%。上午投料在水草深处，下午可投喂在浅水区。投喂后要检查吃食情况，一般投喂后 2 小时吃完为宜。

●2. 水质管理●

虾、鱼放养初期草荡、圩滩地水位可浅一些，随着气温升高，鱼虾蟹吃食能力增强，应及时通过水闸灌注新鲜水，使水保持 1~1.2 米，使小龙虾能在草滩觅食。7、8 月气温高，可将水位逐渐加深并保持相对稳定，以增加鱼虾蟹的活动空间。秋季根据水质变化情况，及时补进新水，保持水质良好，有利于小龙虾和河蟹的生长、肥育。

●3. 日常管理●

(1) 建立岗位管理责任制。实行专人值班，坚持每天早晚各巡田 1 次，严格执行以"四查"为主要内容的管理责任制。一查水位水质变化情况，定期测量水温、溶氧、pH 值等；二查小龙虾活动摄食情况；三查防逃设施完好程度；四查病敌害侵袭情况。发现问题立即采取相应的技术措施，并做好值班日记。

(2) 防逃工作。草荡、圩滩地养殖淡水小龙虾的最大问题是防逃，对此，要加强看管、平时还要坚持勤检查拦网有无破损，水质有无污染，发现问题要及时处理（图 5-4-1、图 5-4-2）。

五、捕捞

小龙虾在饵料丰富、水质良好、栖息水草多的环境内，

图 5-4-1 圩滩

图 5-4-2 草荡

生长迅速,捕捞可根据放养模式进行。放养亲本种虾的草荡、圩滩地,可在5—6月用地笼开始捕虾,捕大留小,一直到10月天气转凉为止;9—10月草荡、圩滩地中降低水位捕出河蟹和鱼类。小龙虾捕捞时要留下一部分性成熟的亲虾,作为翌年养殖的苗种来源。

第五节 大水面增养殖小龙虾技术

对于浅水湖泊、草型湖泊、洄泽、湿地以及季节性沟渠等面积较大、又不利于鱼类养殖的水体可放养小龙虾。放养的方法是在7—9月按面积每亩投放经挑选的小龙虾亲虾18~20千克，平均规格40克以上，雌雄性比（2∶1）~（1∶1）。到第二年的4—6月开始用地笼、虾笼捕捞，捕大留小，年亩产小龙虾商品虾可在50~75千克，以后每年只是收获，无须放种。此种模式需注意的是捕捞不可过度，如捕捞过度，翌年的产量必然会大大降低，此时就需要补充放种。此种模式虽然不需投喂饲料，但要注意培植水体中的水生植物，使得小龙虾有充足的食物。培植的方法是定期往水体中投放一些带根的沉水植物即可。

一、养殖地点的选择及设施建设

●1. 地点选择●

优先选择那些水草资源茂盛、湖底平坦、常年平均水深在0.4~0.6米的湖泊浅水区，周围没有污染源，既不影响蓄洪泄洪，又不妨碍交通。利用这样的地方，发展小龙虾的增养殖，能达到预期的养殖效果。

●2. 设施建设●

在选好的养殖区四周，用毛竹或树棍作桩，塑料薄膜或密眼聚乙烯网作防逃设施材料，建好围栏养殖设施，可简易一些。每块网围养殖区的面积以30亩左右为宜，几百亩的大块网围区也可以。

二、虾种放养

● 1. 放养前的准备工作 ●

（1）清障除野。清除养殖区内的小树、木桩以及其他障碍物等，凶猛鱼类以及其他敌害生物也要彻底清除。

（2）用生石灰或其他药物，彻底消毒。

（3）移栽或改良水生植物，设置聚乙烯网片、竹筒等，增设栖息隐蔽场所。

● 2. 虾种放养 ●

虾种放养有秋冬放养和夏秋放养两种类型。

（1）秋冬放养。在11—12月进行，以放养当年培育的虾种为主。虾种规格要求在3厘米以上，规格整齐，体质健壮，无病无伤每亩可放养4 000~6 000尾。

（2）夏秋放养。以放养虾苗或虾种为主，每亩可放养虾苗1.2万~1.5万尾，或放养虾种0.8万~1万尾。也可在5—6月份直接放养成虾，规格为25~30克/只，每亩网围养殖区可放养3~5千克，搞好雌、雄配比。通过饲养管理，让其交配产卵，孵化虾苗实行增养结合。

三、饲养管理

● 1. 饵料投喂 ●

小型湖荡养殖小龙虾，一般都是以利用天然饵料为主，只需在虾种、成虾放养初期，适量增设一些用小杂鱼加工成的动物性饵料即可。此外，在 11—12 月也应补投一些动物性饵料，以弥补天然饵料的不足。如果实行精养，放养的虾种数量较多，则可参照池塘养殖小龙虾进行科学投饵。

●2. 防汛防逃●

小型湖荡养殖小龙虾，最怕的是汛期陡然涨水和大片水生植物漂流下来压垮围栏设施。因而要提前做防汛准备，备好防汛器材，及时清理上游漂浮的水生植物，加高加固围拦设施。汛期专人值班，每天检查确保万无一失。

●3. 清野除害●

小型湖荡养殖小龙虾，由于水面大，围栏设施也比较简陋，因而凶猛鱼类以及其他敌害、小杂鱼等很容易进入。这些敌害和小杂鱼危害小龙虾并与其争夺食物和生存空间，影响小龙虾的全长。因此，要定期组织小捕捞，将侵入的凶猛鱼类和野杂鱼捕出。

四、成虾的捕捞

商品虾的捕捞主要在 6—7 月。捕捞的工具主要有地笼网、手抄网、托虾网等。应根据市场需求，有计划地起捕上市，实现产品增值。同时，还要留下一定数量的亲虾，让其交配、产卵、孵幼，为下一年小龙虾成虾的养殖，提供足够的优质种苗。

第六节 网箱养殖小龙虾

一、网箱的规格与设置

网箱通常选购用聚乙烯网片经制的网箱，为便于操作，网箱的规格一般长宽均为 2.5~3.0 米，高为 1.5~2.0 米，设置时在网箱顶部四周缝上塑料片，防止龙虾逃跑；设置网箱时网箱入水深度为 1~1.5 米，水面上网箱高度保持 0.5 米。网箱底端要离池底 30 厘米以上（图 5-6-1、图 5-6-2）。同时在网箱内投放水花生、水葫芦、水浮莲或树枝束、枸杞枝、杨树根须等，作为龙虾隐蔽、栖息、脱壳的场所。

图 5-6-1 养殖网箱

图 5-6-2 养殖网箱小龙虾

一般放养大规格淡水小龙虾种苗，规格为 60~100 尾/千克，放养时间为 5 月中下旬至 6 月中上旬，同一网箱幼虾规格要整齐，体格要健壮，附肢要齐全，无病无伤。放养时选择晴天上午，一次放足，一般每平方米放养幼虾 1.5 千克。

二、投喂

网箱养殖淡水龙虾不同于池塘养殖，网箱缺乏天然饵料。因此，网箱养殖淡水龙虾的饵料全靠人工投喂，除喂足植物性饵料外，动物性饵料更不可缺。淡水龙虾的饵料最好是含蛋白质30%左右的配合颗粒饵料，同时定期不断投螺、蚬、蚌肉和小杂鱼糜，每天投喂量为网箱存虾重的5%~8%。每天投喂两次，上、下午备投喂1次，下午投喂量要多，占全天投喂量的70%。

三、日常管理

定期清洗网箱的网衣，保持网目的通透性，维持水体交换，清理网箱底残饵污物，防止水质污染、定期注入新水，增加水体溶解氧，定期检查网箔有无破损，防止水鼠敌害。

四、捕捞

当淡水龙虾生长1~2个月后规格在8厘米以上时即可捕捉上市，捕大留小，捕捞时使用手抄网捕捉。

第七节　小龙虾的捕捞和运输

小龙虾的捕捞和运输方法和河蟹等甲壳动物差不多，但是当小龙虾和河蟹、亲虾等甲壳动物混养时上市时间略有不同，并且小龙虾养殖模式以捕大留小，分批上市为主，因此捕捞工具和常用工具有所差别。小龙虾运输分为幼虾（虾苗、虾种）运输与商品虾运输。幼虾运输目前通常采用塑料周转箱加水草运输，装箱厚度不宜过大，运输过程中要注意保持湿润，避免阳光直射。商品淡水小龙虾由于生命力很强，离水后可以成活很长的时间，因此商品淡水小龙虾的运输相对也较为方便、简单，但也有其特点。

一、小龙虾的捕捞

养殖过程中小龙虾生长速度差异显著，同一池塘、同时放养的小龙虾在到达捕获季节时规格差异很大，除需要苗种的阶段可将捕获的小虾做为苗种分拣出售，其余大部分生产时间仅需要达到规格的商品虾，小虾分拣后放回池塘继续生长，等饲养达到商品虾规格后再捕捞上市。在虾蟹混养模式中，小龙虾的上市时间比河蟹要早，在苏南4月即可上市，且上市持续时间也比较长，一般在4—8月均有出产，而河蟹上市则较迟，通常在10月以后才能上市。根据池塘虾蟹混养要求，在小龙虾上市期，应及时轮捕，这样既可以获得小龙虾的高产，又能减轻池塘压力，有利于河蟹的生长。目前小龙虾的套捕工具是常规的地笼，在实际套捕活动中，不可避免地会将池塘中的河蟹捕入地笼内，不仅会引起小龙虾和河蟹互相残杀，造成损失，而且增加了分拣的难度，费工费时。养殖户需要一种能专门套捕小龙虾的工具，因此，选择简易实用、选择性套捕小龙虾的工具，有利于提高虾蟹混养池塘小龙虾捕捞的效率，减少人工分拣的劳动强度，提高养殖效益。

小龙虾捕捞通常是采用地笼来进行作业的（图5-7-1），地笼属定置式笼壶类渔具。该渔具历史不长，但发展很快，形状、大小多种多样，主要敷设于池塘、沼泽、水库、江河、湖泊的水体底部，广泛应用于业余或专业捕黄鳝、泥鳅、虾、蟹、小鱼等。材质通为塑料纤维，大致分为有结和无结两种。全国各地从南到北均有使用，范围十分广泛。地笼两侧有很多入口，但内部构造比较复杂，待鱼虾等进入不易出来而被捕获。这种工具形状呈长筒形，沉入水体底部的，又称"地龙"。经过多年实践，不同地方的龙虾生产者根据其生活特性设计了一些实用、有效的捕捞网具。

（1）小龙虾选择性捕捞笼。小龙虾与河蟹的攀爬习性不同，河蟹具备仰角攀爬能力，其仰角攀爬能力很强，且特别喜爱仰角攀爬，而小龙虾不能仰角攀爬，所以在笼梢口增设一定幅宽的光滑板，捕捞时将地笼放入池塘中，笼梢口不封闭，且确保固定在笼梢口内的光滑板的长度达到20厘米以上。当小龙虾与河蟹从地笼的各个入口进入地笼后，由于河蟹具有很强的仰角攀爬能力，它能够沿着笼梢口上半部分的网布自行爬出，而小龙虾要想爬出地笼，只能从倾斜放置的光滑板上爬出，由于光滑板的磨擦系数很小，小龙虾在其上不能爬行，只能留在地笼内，这样就不仅能选择性对小龙虾进行套捕，而且套捕效率高，起笼时地笼中绝大多数是小龙虾，河蟹留笼量极少（图5-7-1）。

捕捞笼包括筒状网袋、龙骨，龙骨等间距地固定在筒状

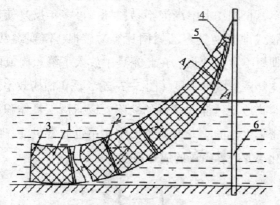

图 5-7-1　小龙虾捕捞笼示意图（苏志烽）

1. 筒状网袋；2. 龙骨；3. 起始端；4. 笼梢口；5. 光滑板；6. 固定杆

网袋上，在地笼的笼梢口内装有光滑板，光滑板的宽度为笼梢口周长的 2/5~3/5，光滑板的长度尺寸大于 20 厘米。

（2）有诱惑物的锥形捕捞笼。折叠式成虾捕捞地笼通常是采用聚乙烯网片缝制而成，网具频繁使用及长期在水中浸泡网片极易破损，造成使用周期短，需要经常修补编织，烦琐且耗时耗力；小龙虾养殖塘内栽种有大量水草，而折叠式地笼网长达数米甚至十几米占地面积大，导致无法在水草茂密的地方下网，用网具来捕捞小龙虾无多大成效。如果通常直接将折叠式地笼下到塘中，没有任何诱捕物质，捕捞效率通常较为低下。赵朝阳等设计了有诱惑物的圆锥形捞虾笼（图 5-7-2），其顶部为倒虾口、圆锥形笼身、带有引诱口的底座笼网，顶部的倒虾口下端与圆锥形笼身连接，圆锥形笼身连接在底座笼网上。该捞笼底座笼网侧面上开有 5~8 个引诱口，在引诱口处接有向底座笼网内延伸的网状漏斗，网状漏斗的出口处设有倒须。在筛网外喷有塑料涂层，该图层为铁丝网罩，长期在水中浸泡不易损坏，可多年反复使用，克服了折叠式地笼网具聚乙烯网片容易破损，需要经常修补，使用周期短不足的缺点。在此笼具中放入了鲜鱼肉或配合饲料对小龙虾诱捕效果明显（图5-7-2），诱饵捕捞效率高，克服了折叠式地笼诱捕效率低的缺陷。该捕捞工具体积小，在有水草密集生长的小龙虾养殖塘中使用也非常灵活，特别适于规模化小龙虾养殖场的成虾捕捞。

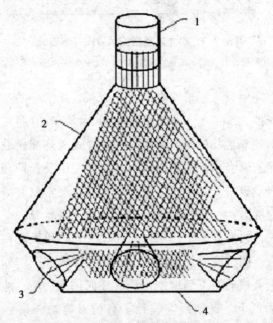

图 5-7-2　有诱惑物的锥形捕捞笼（赵朝阳）

1. 倒虾口；2 圆锥形笼身；3. 引诱口；4. 底座笼网

（3）分级捕捞地笼。当亲虾繁育幼虾后，亲本虾要全部捕出，才有利于幼虾培育，但大虾和小虾同时在捕获区，捕获后需要分拣；同时在成虾养殖过程中虾的生长速度差别较大，尚未达到商品规格的小虾要放回池塘中继续养殖。由于捕捞后分拣时尚未达到商品规格的小虾尤其是亲本池塘中的幼虾个体小，壳壁薄，容易受伤，分拣回塘后死亡率很高，且分拣过程需要大量的人力，劳动强度大。因此具有分级捕捞功能的捕捞设备对小龙虾养殖的分级捕捞分批上市的形式有很大的实用性，能根据需要只捕获达到上市规格的商品虾，幼虾在分级区可自由逃逸，减少捕获、分拣过程中对小虾的伤害，提高回塘虾成活率，提高劳动效率，弥补传统地笼捕捞的盲目性，提高地笼使用率，节约生产成本。

　　分级捕捞地笼是彭刚等按照生产需要设计的可控化分规格级别捕捞装置（图5-7-3）。它由一个"一"字形笼身，分级区和捕纳区组成。笼身由矩形框等距支撑，两侧外壁上交错装有笼壁单向倒须、笼内矩形框上装有笼内单向倒须，笼身一侧连接分级区和捕纳区。分级区为一圆柱形钢筋支撑，上覆盖大网眼笼衣，一段小网眼笼衣一端固定在圆柱形钢筋靠捕纳区一侧，一端用松紧带收口，可在分级区和捕纳区上下翻动。捕捞商品虾和亲本虾时，将活动网衣拉上，地笼放入捕捞池塘中，捕获的小龙虾沿"一"字形笼身往分级区爬行，在通过分级区时，由于只有大网眼笼衣覆盖，幼虾可以自由通过大网眼逃逸出来，存留捕纳区的都为达到商品规格的虾。商品虾和幼虾同时捕捞时，只需将分级区小网眼活动网衣拉下覆盖在分级区，傍晚时将地笼放入捕捞池塘，第二天早上收获，可将池塘中的商品虾和幼虾同时捕捞收获（图5-7-4、图5-7-5）。

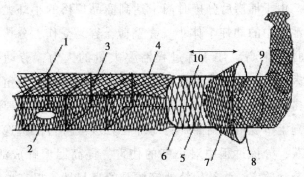

图5-7-3　分级捕捞地笼（彭刚）

1. 钢筋框架；2. 进虾网口；3. 笼内单向倒须；4. 小网眼网衣；

5. 大网眼笼衣；6. 圆柱形钢筋框架；7. 小网眼活动网衣；

8. 松紧口；9. 捕纳区；10. 分级区

图5-7-4　地笼捕捞小龙虾

图5-7-5　分装小龙虾

二、小龙虾养殖池总产量估算法

小龙虾具有昼伏夜行的习性，摄食不集中，和其他水产动物有一定差异，对其群体数量进行估计一般很难进行，特别是在一个多年养殖和有多个品种混养的池塘，如既有种虾、幼虾，又有虾、蟹时估算产量更加困难。对养殖总产量进行准确估计，有利于存塘留种，安排来年繁殖和补苗计划，降低成本提高效益。根据陈树桥等的经验总结出下面一套小龙虾总产量的估算方法。

● 1. 操作方案 ●

用三角斜拖网迅速拖拉池塘的不同位置来捕捞小龙虾，三角斜拖网的网孔 1.2～1.5 厘米，网囊长 1.8～2.0 米，两个边长 45～55 厘米，底边 90～110 厘米。拖网速度缓慢均匀，浸没于水中即可。用三角斜拖网在池塘的四周及中心迅速进行拖拉，拖拉时间在 5～15 分钟，拖拉 3 次以上。及时记录拖网虾的数量、大小。用三角斜拖网进行捕捞的时间在放苗 1 个月后进行，一直可以持续到捕捞期结束。用三角斜拖网进行捕捞的时间可以在白天下午 6 点以后进行，或者在晚上 9 点左右进行。选择这个时间段的原因是，避免高温龙虾活动较少，对捕捞有影响。

● 2. 数量计算方法 ●

以拖网捕捞的小龙虾数量为 X（只），池塘中小龙虾量为 Y（千克/亩），存塘的小龙虾和捕捞的小龙虾大约符合 $Y=$

11. 24X+8. 4 方程。如果捕得 11 只的小龙虾，则该塘口产量135 千克/亩左右；拖网捕捞 6 只的小龙虾，则该塘口产量 68千克/亩；拖网捕捞 3 只的小龙虾，则该塘口产量 47 千克/亩。不论小龙虾个体大小均需要统计在内，评估误差在 5 千克左右。

三、淡水小龙虾苗种高密度运输技术

传统的淡水小龙虾苗种运输方法总体上都比较简陋，不能较好地满足高密度运输的条件，例如：以前较多使用的蛇皮袋装运，由于没有架体支撑，无法堆高充分利用车厢空间，且由于挤压严重，运输成活率较低。用水箱运输方法不便捷，用水量大，运输效率低，运输成本较高。

小龙虾苗种高密度运输技术，通过完善捕捞技术、减少捕捞对虾苗的伤害。通过暂养停食，减少排泄量。采用聚乙烯网布的钢筋网箱，可相互叠加提高运输能力。通过添加水草保持运输环境湿度，提高运输成活率，从而达到高密度运输的目的。

具体方式如下。

● 1. 捕捞 ●

采用地笼网捕虾苗种，每日早、中、晚重复放下、收起、取虾，地笼网下好后，笼稍高出水面，便于进笼的虾透气。

● 2. 暂养 ●

将从养殖池捕捞上的苗种放在水泥池中暂养排污 4～6

小时。

● 3. 挑选 ●

选择体色纯正，体表无附着物，附肢齐全、无病无伤、躯体光滑、活动能力强的克氏原整虾苗种，去除有病有伤的虾苗。

● 4. 运输 ●

采用 80 厘米×40 厘米×10 厘米聚乙烯钢筋网隔箱分层运输，网隔箱底铺少量水草后放入苗种，然后再覆盖少量湿润水草，每只网隔箱放苗种 5 千克，网隔箱可垒叠，每 2 小时向箱体喷洒清水，保持虾体湿润。

● 5. 放养 ●

运输抵达目的地后，将虾连同箱子放入水中浸泡 1~2 分钟，提起静放 1~2 分钟再浸泡，反复 4~5 次，使鳃部充分吸水。

用本方法运输成活率在 95%。

四、成虾运输

小龙虾成虾运输多采用干法运输，在运输的过程中，要讲究运输方法。首先，要挑选体质健壮，刚捕捞上来的淡水小龙虾进行运输。运输容器可以用小龙虾装载箱盛装，也可以竹筐、塑料泡沫箱、麻袋盛装。选用竹筐泡沫箱及麻袋盛装时，每个竹筐或塑料泡沫箱装同样规格的淡水小龙虾，先将淡水小龙虾摆上一层，用清水冲洗干净，再摆第二层，摆到最上一层后，铺一层塑料编织袋，浇上少量水后，撒上一层碎冰，每个装虾的容器要放 1.0~1.5 千克碎冰，盖上盖子封好用塑料泡沫箱作为装虾苗的容器时，要事先在泡沫箱上开几个孔隙。其次，要计算好运输的时间。正常情况下，运输时间控制在 4~6 小时以内，如果时间长，就要中途再次打开容器浇水撒冰，如果中途不能打开容器加水加冰，事先就要多放些冰，防止淡水小龙虾由于在长时间的高温干燥条件下大量死亡。装虾的容器不要堆积得太高。正常在 5 层以下，以免堆积过高，压死淡水小龙虾。在淡水小龙虾的贮藏与运输过程中，死亡率正常控制在 2%~4%。超过这个比例，就要改进贮运方案。

小龙虾装载箱（图 5-7-6）采用硬铁丝作为箱体框架，框架比较牢固，多层叠加时不会因为过重而压坏小龙虾。网体采用钢丝结构，牢固性较强，经久耐用。箱体五面固定，而顶面分成两半，并可以活动，放虾时将一端固定，另一端打开，虾放满后盖上盖子并固定严实即可。

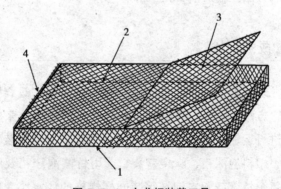

图 5-7-6　小龙虾装载工具

1. 铁丝框架；2. 铁丝网体；3. 活动铁丝网盖；4. 网架固定处

无论采用何种装载工具盛装小龙虾均要求将虾装满，装紧，不能让小龙虾有太多活动空间。这样其保持一定的姿势而不能随便运动可以保持其安静，不会打架而导致肢体致残，破坏卖相。运输和储运过程中均要保持一定的湿度，如果温度过高要加冰块进行降温。

五、注意事项

为了提高运输的成活率，减少不必要的损失，在淡水小龙虾的运输过程中仍要注意以下几点。

（1）在运输前必须对淡水小龙虾进行挑选，尽量挑选体质强壮、附肢齐全的个体进行运输，剔除体质差、病弱有伤的个体。

（2）需要运输淡水小龙虾要进行停食、暂养，让其肠胃内的污物排空，避免运输途中的污染。

（3）选择好合适的包装材料，短途运输只需用塑料运转箱，上、下铺设水草，中途保持湿润即可，长途运输必须用带孔的隔热的硬泡沫箱、加冰、封口、低温运输。

（4）包装过程中要放整齐，堆压的高度不宜过大，一般不超过40厘米，否则会造成底部的虾因挤压而死亡。

（5）有条件的，在整个运输过程中，温度控制在1~7℃，使淡水小龙虾处于半休眠状态，减少氧气的消耗及淡水小龙虾的活动量，保持一定的温度，防止脱水死亡，提高运输的成活率。

第八节　几种养殖模式下小龙虾养殖效益实例

一、池塘养殖模式下小龙虾养殖效益实例

对现在养殖生产者进行的小龙虾池塘养殖模式下的养殖效益进行了总结（表5-8-1）。池塘主养小龙虾的亩产量最高为291.4千克，小龙虾的产值为1.18万元。其他产品的产量为61.6千克，产值为0.11万元，该模式所投入的成本为0.73万元，总亩利润为0.56万元。

池塘中套养沙塘鳢模式中小龙虾的亩产量在191.6千克，产值为0.76万元。其他产品产量为114千克，产值为0.42万元。该模式所投入的成本为0.56万元，总利润为0.62万元。

小龙虾与河蟹混养模式中小龙虾的产量最低为50.2千克，小龙虾的产值为0.23万元。其他产品的产量为111.2千克，产值为1.17万元。该模式投入的成本为0.65万元，总利润为0.75万元左右。

水芹菜、虾、鱼轮作模式中小龙虾的产量为65千克，小龙虾的产值为0.18万元。其他产品的产量为4 279千克，产值为0.845万元。该模式所投入的成本为0.465万元，总利润为0.62万元。

甲鱼混养模式的小龙虾产量为150千克，小龙虾的产值为0.5万元。其他产品的产量为56.3千克，产值为0.49万

元。该模式所投入的成本为 0.255 万元，总利润为 0.45 万元。

小龙虾、河蟹、甲鱼混养模式的小龙虾产量为 70 千克，小龙虾的产值为 0.154 万元。其他产品的产量为 183.8 千克，产值为 1.481 万元。该模式所投入的成本为 0.733 万元，总利润为 0.902 万元。

表 5-8-1　池塘养殖模式下小龙虾单位面积效益比较

养殖模式	小龙虾			其他产品				产值/万元	总成本/万元	总利润/万元
	产量/千克	规格/克	产值/万元	产量/千克						
池塘精养	291.4	62	1.18	鲴鱼 65.5		白鲢 86.1		0.11	0.73	0.56
套养沙塘鳢	191.6	57	0.76	河蟹 16.7	沙塘鳢 46.6	花、白鲢 50.7		0.42	0.56	0.62
河蟹混养	50.2	60	0.23	河蟹 127.8		花、白鲢 63.4		1.17	0.65	0.75
水芹菜虾鱼轮作	65	30~40	0.18	白鲢 150	鲴鱼 55	异育银鲫 74	水芹菜 4 000	0.845	0.465	0.62
甲鱼混养	150	40	0.5	甲鱼 22.5 白鲢 15	鳜鱼 3.25 花鲢 12.5		鲴鱼 3	0.49	0.255	0.735
虾蟹甲鱼混养	70	33	0.154	甲鱼 79.8		河蟹 64		1.481	0.733	0.902

二、稻田养殖模式下小龙虾养殖效益分析

目前国内稻田养虾的单产和效益水平依据不同模式而有所

差异。稻田养殖模式下小龙虾养殖效益见表5-8-2。稻虾连作和稻虾共生模式一般亩产小龙虾100千克左右、稻谷500千克左右，一般比单种水稻或稻麦连作增加纯收入1 000元以上。如湖北潜江20万亩稻虾连作，平均亩产小龙虾80千克、稻谷550千克，亩增效益1 350元；江苏金湖复连村719亩稻虾共生，亩产龙虾110千克、稻谷450千克，亩均纯利1 957元，亩增收1 100元以上。稻虾轮作或稻虾连作+同作模式龙虾单产水平相对较高，亩产小龙虾可达200千克以上，亩综合效益可达3 000元以上。如江苏盐城大丰市宝龙集团在斗龙港村推广虾稻轮作5 000亩，亩产小龙虾350千克，亩效益4 000元以上。有机大米生产模式的稻田中养殖小龙虾可以收获有机大米180千克、优质小龙虾150千克，亩均纯收入4 000多元。

鱼、虾、鳖混养模式下亩产小龙虾30.2千克，产值0.12万元。亩产中华鳖80.3千克，产值9 636元。水稻4 750千克和鱼73.48千克，总产值1.247万元，亩投入成本0.74万元，总利润达到0.507万元。

稻田虾、蟹混养模式下，小龙虾产量达到60.9千克，产值0.15万元。产河蟹29.6千克，鱼16.7千克，水稻485千克，总产值0.54万元，总投入0.24万元，总利润0.3万元。

表5-8-2　稻田养殖模式下小龙虾单位面积效益比较

养殖模式	小龙虾产量			其他产品				总成本/万元	总利润/万元
	产量/千克	规格/克	产值/万元	产量/千克			产值/万元		
				鳖	鱼	稻			
鱼、虾、鳖混养	30.2	40	0.12	80.3	73.48	475	1.127	0.74	0.507

（续表）

养殖模式	小龙虾产量			其他产品		总成本/万元	总利润/万元
	产量/千克	规格/克	产值/万元	产量/千克	产值/万元		
虾、蟹、鱼混养	60.9	28	0.15	蟹 鱼 稻 29.6 16.7 485	0.39	0.24	0.3
虾、稻养殖	150	30	0.45	有机稻 180	0.117	0.167	0.4
虾、稻养殖（湖北）	80	28~30	0.24	普通稻 550	0.165	0.134	0.271

　　根据目前的小龙虾养殖模式和经济效益状况看，无论采取哪种小龙虾养殖模式均有一定利润，但小龙虾养殖过程中还有很多外界因素可能造成产量减少，养殖过程中也经常发生疾病问题。实践证明，每个地区所适应的养殖模式是不同的，每个养殖模式都有其优点和缺点，要想获得更多的经济效益，应该扬长避短，合理的选择适合本地实际情况的养殖模式。

第六章　小龙虾营养与饲料

第一节　小龙虾营养需求

淡水小龙虾肌肉蛋白质质量分数达 16%~20%，干虾米蛋白质的质量分数在 50%以上；脂肪质量分数不到 0.2%，所含的脂肪主要是由不饱和脂肪酸组成的，易被人体吸收；虾肉还富含钙、磷、铁、锌、碘、硒等微量元素，含量远高于一般鱼和蟹；淡水小龙虾的肌纤维细嫩，易于消化吸收；烹调后壳色鲜红，肉色白嫩，味道鲜美，气味醇香。在欧美一些国家早已把淡水小龙虾作为美味佳肴加以利用，国内市场需求量也非常大，此外还广泛用于医药、环保、保健、农业、饲料及科学研究等领域。小龙虾在生长过程中，对食物的选择性不强，植物性饲料、动物性饲料均能摄食。传统养殖方式下主要给小龙虾投喂剩菜、动物下脚料等。小龙虾养殖在我国兴起之后，对饵料的需求量也越来越大。投喂下脚料容易导致小龙虾疾病，同时饵料数量难以长期保持，质量也参差不齐。所以饲料成为龙虾养殖生产的另一个瓶颈，是最迫切需要解决的问题。经过各大饲料厂和科研人员的数年的努力，现在已经有部分龙虾专用配合饲料，为小龙虾养殖奠定了良好的基础。

一、小龙虾对蛋白质需求

淡水小龙虾在不同生长阶段对配合饲料中蛋白质需求量也不同，一般认为平均体长 1.5~4.0 厘米的幼虾，其配合饲料中的粗蛋白适宜质量分数为 39%~42%，该期生长过程中粗蛋白为第一限制因素，幼虾平均日生长率和平均日增重率较好。

吴东等研究发现体长 4~6 厘米、体重 18~19.5 克的小龙虾，饲料中蛋白含量 27% 时，小龙虾的增重率、出肉率和虾黄率最高。当饲料中蛋白含量为 33% 时，饵料系数最低。因此，体重 18~19.5 克的小龙虾饲料中蛋白质水平以 27%~33% 比较适合。

肖绪诚等研究发现初始体重为 10.70±0.15 克的小龙虾，以鱼粉、豆粕为蛋白源，鱼油为脂肪源，饲料蛋白质水平分别设置为 20%、25%、30%、35%、40%、45% 和 50%，饲养 8 周后小龙虾的生长情况来看：随着饲料中蛋白质水平的提高，小龙虾的增重率、生长率和摄食率呈先上升后下降的趋势，其中 35%~40% 的蛋白质含量饲料生长状况最好，当饲料蛋白过低或过高时还会显著影响小龙虾的脱壳率，但对存活率影响不显著。用二次曲线模型分析计算得到 10 克左右的小龙虾，生长所需饲料中蛋白质的适宜水平约为 38.7%。

何吉祥等采用综合试验法，设计了 3 种不同蛋白质水平（26%、29%、32%）及能量蛋白质水平（36 千焦/克、40 千焦/克、44 千焦/克）的 9 种试验饲料，对体重（2.39±0.37）

克的小龙虾的适宜蛋白质水平及其能量蛋白质水平比进行研究，经过 42 天的饲养，发现当试验饲料蛋白质水平为 31.86%，能蛋比为 35.85 千焦/克时，试验虾获得最大的增重率、最低的饵料系数、最高的蛋白质效率及最大的特定生长率。所以小龙虾幼虾配合饲料中适宜蛋白质水平为 29.49%~32.24%，能蛋比为 34.67~37.46 千焦/克。此时饲料蛋白质含量在 20%~30%时，随着蛋白质含量的增加，小龙虾蛋白分解酶活性也有所增加，但小龙虾此时消化功能尚弱，蛋白质含量 26%~33%生长速度和成活率均差异不显著，所以此时的小龙虾蛋白质含量达到 26%左右就可以满足需要，过多还可能造成浪费和给小龙虾生长造成负担。Claidia 等报道 1.5 克的小龙虾适宜蛋白质需求为 20%左右，Jover 等报道 2.1 克的小龙虾适宜蛋白质需求为 22%~26%，和我国学者的研究结果相似。

因此，平均体重为 2 克以下的小龙虾饲料中粗蛋白的适宜水平为 20%左右；2~5 克的育成前期小龙虾，饲料中粗蛋白质适宜水平为 26%~30%；5~10 克的育成期小龙虾，饲料中粗蛋白适宜水平为 30%~38%，平均体重为 10 克以上育成期小龙虾，饲料中粗蛋白适宜水平为 27%~33%。

二、小龙虾对氨基酸的营养需要量

小龙虾将从饲料中获取的蛋白质消化成肽、氨基酸等小分子化合物后才能最终转化到虾机体组织。组成虾机体的氨基酸中，精氨酸、组氨酸、赖氨酸、亮氨酸、异亮氨酸、蛋氨酸、苯丙氨酸、苏氨酸、色氨酸和缬氨酸为必需氨基酸。

其中赖氨酸和精氨酸有颉颃性，一般认为赖氨酸与精氨酸的比例应保持 1∶1。

小龙虾的氨基酸需要量可以参照鱼类氨基酸的需要量的研究结果。分析小龙虾肌肉的必需氨基酸含量，并以此为基础计算了饲料含蛋白质为 45%、40%、35% 及 28% 时的必需氨基酸需要量，以蛋氨酸为 1，其他必需氨基酸作相应的换算，得出小龙虾各必需氨基酸之间的比值，结果见表 6-1-1。

表 6-1-1　淡水小龙虾饲料必需氨基酸需求量模式

项目	必需氨基酸的含量/%		氨基酸比值/%		对应的氨基酸含量/%			
	前期	后期	前期	后期	45%	40%	35%	28%
蛋白质	88.64	92.13						
苏氨酸	3.121	3.256	1.29	1.29	1.58	1.41	1.24	0.99
缬氨酸	5.038	4.748	2.09	1.89	2.56	2.27	1.80	1.44
蛋氨酸	2.414	2.518	1.00	1.00	1.23	1.09	0.96	0.77
异亮氨酸	3.763	3.922	1.56	1.56	1.91	1.70	1.49	1.19
亮氨酸	6.172	6.544	2.56	2.60	3.13	2.79	2.44	1.99
苯丙氨酸	3.412	3.680	1.30	1.46	1.73	1.54	1.80	1.12
赖氨酸	6.068	6.517	2.51	2.59	3.08	2.94	2.48	1.98
组氨酸	1.679	1.803	0.75	0.72	0.85	0.76	0.68	0.55
精氨酸	7.502	7.952	3.11	3.16	3.81	3.39	3.02	2.42
色氨酸	未分析							

注：氨基酸比值计算的方法为，以蛋氨酸为基本量，其他氨基酸含量除以蛋氨酸含量而得

三、脂类及碳水化合物营养

脂类物质是重要的能量和必需脂肪酸来源，同时还是脂溶性维生素的载体，其中的磷脂在细胞膜结构中起重要的作用，而胆固醇是各种类固醇激素的前体，具有重要的生理作用。

（1）张家宏等研究了脂类含量在4%~8%水平的饲料喂养下1.5克左右小龙虾生长情况，发现脂类含量为4%和8%时，饵料系数较高；含量6%时饵料系数最低。何亚丁等研究发现，初始体重为（8.15±0.03）克的小龙虾对脂肪的需求量在7%左右。目前虾对脂类还没有一个明确的需求量，一般认为6%~7.5%为宜，一般不超过10%。同时必须注意亚油酸、亚麻酸等的添加，因为二者在虾体内不能合成，是虾的必需脂肪酸。脂肪酸（FA）在促进虾体生长、变态、繁殖过程中有重要作用，高水平的高不饱和脂肪酸（HUFA）还能增加幼体抗逆能力，对增重的贡献大小依次为亚麻籽油、豆油、硬脂酸、椰子油、红花油。

（2）胆固醇是虾所必需的，这可能是甲壳动物脂肪营养最为独特的一个方面。据诸多学者对斑节对虾、长毛对虾、日本对虾等多种虾的研究结果来看，小龙虾饲料中胆固醇的添加量以1%左右为宜。

（3）虾饲料中需要磷脂，特别是磷脂酰胆碱，这在各种对虾如日本对虾幼体和后幼体、长毛对虾的幼虾、斑节对虾和中国对虾中已得到证明。在所报道的各种对虾中，饲料中磷脂的添加水平为 0.84%~1.25%。以此推测，小龙虾饲料中磷脂的添加量在 1%左右为宜。

（4）小龙虾具有较强的杂食性，不同的生长阶段对饵料营养素消化代谢表现也不同。在幼虾期（3.5 厘米）以前，偏动物食性，对饵料蛋白质、脂肪要求较高，对无机盐、糖要求较低；随着虾体的增长，逐步转为草食和肉食性，能够有效地利用碳水化合物。粗蛋白和粗脂肪皆随虾体的增长而减少；而糖的需求量则随虾体的增长而增多，由幼虾期 22%，育成前期 26%，至育成中期增为 30%。虾体内虽然存在不同活性的淀粉酶、几丁质分解酶和纤维素酶等，但其利用糖类的能力远比鱼类低，对糖类的需要量亦低于鱼类。虾饲料中糖类的适宜含量为 20%~30%。研究表明：饲料中少量的纤维素有利于虾肠胃的蠕动，能减慢食物在肠道中的通过速度，有利于其他营养素的吸收利用。另据报道，认为甲壳质是虾外骨骼的主要结构成分，对虾的生长有促进作用，建议小龙虾饲料中甲壳质的最低水平为 0.5%。何亚丁等研究发现，初始体重为（8.15±0.03）克的小龙虾对脂肪的需求量在 7%左右，饲料中脂肪与糖类的适宜比例为 1.00∶3.85。

因此，建议小龙虾幼虾期粗脂肪 7%~8%，糖 22%，饲料中脂肪与糖类的适宜比例为 1.00∶3.85。育成前期粗脂肪 7%~8%，糖 26%，该期生长过程中混合无机盐为第一生长限制因素；育成期粗脂肪 6%，糖类 30%，该期生长过程中粗脂肪为第一生长限制因素。

四、维生素

维生素是分子量很小的有机化合物，分为脂溶性维生素和水溶性维生素。绝大多数维生素是辅酶和辅基的基本成分，它参与动物体内生化反应及各种新陈代谢。动物体内缺乏维生素便引起某些酶的活性失调，导致新陈代谢紊乱，也会影响生物体内某些器官的正常功能。维生素缺乏时生长缓慢，并出现各种疾病。

1. 对维生素的需求根据多年研究结果，虾所需要的维生素有15种，其中脂溶性维生素4种，水溶性维生素9种。一些学者研究了小龙虾对维生素的需求，笔者收集了诸多学者的研究成果，现列举几种供参考。

(1) 虾类饵料中各种维生素的推荐用量见表6-1-2。

表6-1-2　虾类饵料中各种维生素的推荐用量

维生素名称	用量/毫克/千克	维生素名称	用量/毫克/千克
维生素 B_1	50	维生素 B_{12}	0.1
维生素 B_2	40	维生素 C	1 000
维生素 B_6	5	烟酸	200
泛酸	75	维生素 E	200
生物素	1	维生素 K_3	5
胆碱	400	维生素 A（IU）	10 000
肌醇	300	维生素 D_3（IU）	5 000
叶酸	10		

(2) 复合维生素（‰）。维生素 C 24；维生素 E 24；维

生素 A 238；维生素 D₃ 135；维生素 K 31.12；维生素 B 11.12；维生素 B 21.12；维生素 B 62.4；维生素 B 120.02；烟酸 4.5；叶酸 0.6；泛酸钙 23；肌醇 45；生物素 0.12。

● 2. 维生素 C ●

是虾类生长重要的维生素，维生素 C 又名抗坏血酸，实践中常用其钠盐，即抗坏血酸钠。维生素 C 在饲料加工过程中受到热处理以及饲料在贮存过程中极易受到破坏，为了加强抗氧化能力，保持稳定性，又陆续出现了包膜维生素 C、维生素 C 磷酸酯镁、维生素 C 多聚磷酸脂以及维生素 C 硫酸酯钾。在等量维生素 C 的条件下，后三者的稳定性大于包膜维生素 C，但包膜维生素 C 的价格便宜，可以适量多加。郑述河等用维生素 C 磷酸酯镁饲喂罗氏沼虾，其在饵料中适宜需要量为 300 毫克/千克，饵料中不同的含量对沼虾平均增长率的影响大小次序为：300、150、450、50、0 毫克/千克。罗氏沼虾饲料中如缺乏维生素 C，则其摄食量明显减少，虾胃及食道充满黑色，虾壳变黑、变厚，蜕皮次数减少，有的腹部出现白色斑块，或整个腹部都呈白浊色，严重者可导致死亡。

● 3. 维生素 E ●

维生素 E 能有效地促进小龙虾性腺发育，提高生殖力，保护卵子不被氧化破坏，提高卵的质量和受精卵的孵化率。最近的研究发现，维生素 E 能提高红螯螯虾雌虾增重率、性腺指数、单个虾抱卵数量、单个卵卵重及孵化率。维生素 E 的缺乏会使亲虾出现肌肉萎缩、白斑病、性腺发育缓慢、怀卵量低、繁殖力下降等症状。但是，饵料中过高维生素 E 水平会导致虾体内维生素 E 过饱和，进而抑制生长或降低亲虾的繁殖能力。因此，适量的维生素 E 对虾蟹等甲壳动物的生殖具有重要影响。李铭等在小龙虾亲虾饲料里加入维生素 E 喂养一个月，发现添加了维生素 E 的饲料组产卵的雌虾数量普遍多于对照组。添加了 0.02% 维生素 E 的饲料产卵的雌虾数最多，比例达到总雌虾数的 35%。添加了 0.1% 和 0.5% 维生素 E 的饲料，产卵雌虾的比例没有区别，皆为 15%。所以，在基础饲料中维生素 E 添加量为 0.02% 时，不仅能提高单个小龙虾雌虾的产卵量，而且也大大增加了产卵雌虾的比例，说明饲料中添加维生素 E 确实能够促进小龙虾的繁殖。然而，随着维生素 E 添加量的增加，产卵雌虾的比例却有下降的趋势，说明过量添加维生素 E 反而会影响小龙虾的繁殖性能，可能因为过量维生素 E 会对动物体产生毒害有关。

五、无机盐类

●1. 小龙虾对常量矿物元素的营养需要量●

无机盐是构成小龙虾骨骼所必需的，又是构成细胞组织不可缺少的物质。它又参与调节渗透压和酸碱度，参与辅酶代谢作用，参与造血和血色素的形成，如缺乏无机盐类，不但影响生长发育，也会引起一些疾病。

小龙虾对常量矿物元素的营养需要情况看，规模化养殖的小龙虾除由水中吸收一部分钙外，机体所需的大部分钙必需由饲料中获得。钙磷是甲壳类动物的重要营养元素，对虾蟹类的生长、蜕壳和健康具有重要的意义。小龙虾的生长主要是通过蜕皮来实现的。虾壳的主要成分为钙磷等矿物质。在蜕皮过程中会损耗大量的矿物元素，许多矿物元素必须通过饲料的补充才能满足其需要。因此，饲料中钙磷含量的不同会影响到虾壳对钙磷的吸收，从而影响其蜕壳、生长及其他物质代谢等钙磷比对小龙虾成活率影响不显著，但对虾的增长率和增重率影响显著。钙磷比对平均日增长率和增重率的影响优劣顺序依次为：1∶1、2∶1、3∶1、1∶2、1∶3，呈明显的规律性变化；但随钙磷比的增大或减小，生长逐渐变慢。统计表明，钙磷比为1∶1时获得的增长率和增重率最高。虾类对钙、磷含量的需求不尽相同。

杨文平等研究了配合饲料中的钙磷添加水平对小龙虾的增重率和干物质的消化率无显著影响，也不存在交互效应。配合饲料中钙的添加水平显著影响钙的消化率，饲料钙含量在1.5%~2.5%范围内，随钙水平的增加消化率呈逐渐增加趋势，添加水平为2.5%时钙消化率最高。配方中磷的水平在1%~1.5%范围内，对消化率影响不显著。饲料中钙、磷水平的不同显著影响磷的表观消化率，当磷水平保持不变，随钙水平的提高，磷的表观消化率有降低趋势，钙2.0%和2.5%组均显著低于1.5%组。在同一钙水平下，磷含量为1.5%组的磷消化率，均显著高于1%组。饲料中钙磷添加水平对钙、磷的消化率均不存在互作效应。随钙磷水平的提高，粪便和水体中的钙磷含量增加，加大了水体污染，因此，为了养好小龙虾，必须在饲料中添加适量的钙和磷。此外，对虾能依靠鳃、肠等器官从养殖水体中吸收矿物质。因而其饲料中矿物质的适宜添加量应根据养殖环境的不同而变化，小龙虾饲料中总钙、磷质量分数不超过 3.5%；钙、磷比值：仔虾（平均体长 7 毫米）（1：2.5）~（1：3.5），生长虾（平均体长 5.5 米）（1：1）~（1：1.7）为宜。小龙虾钙添加水平 1.5%，磷添加水平为 1.0% 时达到了最佳效果。

● 2. 小龙虾对微量矿物元素的营养需要量 ●

吴东等对小龙虾硒的营养需求作了研究，认为当饲料中硒含量为 0.2~0.4 毫克/千克时生长最好。王井亮等用体重约 18~19.5 克的小龙虾，在基础饲料中分别添加 0.75、1.50 和 3.00 毫克/千克的无机硒（亚硒酸钠）及 0.75、1.50 和 3.00 毫克/千克的有机硒（酵母硒），饲养 30 天后结果表明：

①饲料中添加无机硒对虾肉硒沉积量没有显著的影响。但饲料中加有机硒（酵母硒）对虾肉硒沉积量有极显著的影响，并且虾肉硒沉积量随着饲料中酵母硒添加量的提高而递增；酵母硒组虾肉硒沉积量比添加同量无机硒组提高 171.15%~218.18%。

②饲料中硒源和硒添加量对虾体水分含量、虾肉 pH 值、滴水损失均无显著的影响。根据以上试验结果可推断：饲料中加有机硒（酵母硒），能生产富硒虾肉；但是，饲料中加无机硒（亚硒酸钠），可能难以生产富硒虾肉。

小龙虾矿物质配方，复合矿物质（‰）：硫酸镁 25；硫酸亚铁 7.5；氯化钾 117.82；氯化钙 211；氯化钠 132.5；碘化钾 0.07；硫酸锌 5；硫酸锰 0.35；硫酸铜 0.38；亚硒酸钠 0.03；氯化钴 0.35。

● 3. 不同饲料添加剂对小龙虾的影响 ●

吴东等研究了用益生素、大蒜粉和"益生素+大蒜粉"替代土霉素添加到小龙虾日粮中，观察它们对小龙虾生长性能和虾肉品质的影响。结果表明：益生素、大蒜粉和"益生素+大蒜粉"组只均增重比土霉素组分别高 3.14%（$P>0.05$）、12.11%（$P>0.05$）和 17.94%（$P<0.05$）；增长各试验组间差异不显著（$P>0.05$）；成活率方面是益生素组比土霉素组高；饵料系数各试验组间差异都不显著（$P>0.05$）。益生素、大蒜粉和"益生素+大蒜粉"组的出肉率比土霉素组分别高0.50%、11.82%和16.83%（$P>0.05$）；大蒜粉、"益生素+大蒜粉"组虾黄率比土霉素组分别高4.46%和5.44%（$P>0.05$），益生素组比土霉素组低1.95%（$P>0.05$）；虾肉的水分含量各试验组都比对照组低（$P>0.05$）；虾肉蛋白质含量、蒸煮损失和嫩度差异都不显著（$P>0.05$）；益生素、大蒜粉和"益生素+大蒜粉"组虾肉滴水损失分别比土霉素组低8.10%（$P>0.05$）、6.77%（$P>0.05$）和 22.18%（$P>0.05$）；益生素、大蒜粉和"益生素+大蒜粉"组虾肉熟肉率分别比土霉素组高 3.12%、1.11%和4.34%，差异都不显著（$P>0.05$）。

何金星等研究了在小龙虾饲料中添加 0~8%共 6 个梯度的螺旋藻，投喂成年及幼年虾，并测定其各项生长性能指标。试验结果表明：适量螺旋藻能促进螯虾生长，2%螺旋藻添加量对成虾增重率和不同虾龄螯虾的含肉率提升作用最为明显。幼虾和成虾投喂不同配比率的螺旋藻 21 天后，幼虾组平均每箱死亡 1 尾，成虾组平均每箱死亡 2~3 尾，各处理组间死亡率并无显著差异，成、幼虾组增重率分别在 15.49%~27.36% 和 83.82%~103.69%，日增重率在 1.03%~1.82% 和 5.59%~6.55%。成虾在 2%螺旋藻添加量下，增重率最高达 27.36%，相比对照组提高了 11.87%，是对照组的 1.77 倍；幼虾在 4%螺旋藻添加量下，增重率最高达 103.69%，相比对照组提高了 19.87%，是对照组的 1.24 倍。

螯虾在投喂不同配比螺旋藻饲料后，营养指数在各处理组之间无显著差异，含肉率则随螺旋藻配比改变有较大变化。21 天和 35 天时，成、幼虾均在 2%螺旋藻添加量下含肉率最高，其中 21 天时，成、幼虾分别比对照组提高 5.91% 和 8.51%，为对照组的 1.55 倍和 1.52 倍。35 天时，比对照组提高 2.27% 和 6.45%，为对照组的 1.18 倍和 1.34 倍。通过对幼虾和成虾营养系数进行螺旋藻含量（0、0.5%、1%、2%、4%、8%）、虾龄（成、幼体）、投饲时间（21 天、35 天）三因素方差分析，发现成体和幼体螯虾的营养指数完全不同（$P<0.01$），而螺旋藻含量和投饲时间对螯虾的营养指数均无显著性的增长作用（$P>0.05$）。对幼虾和成虾含肉率作螺旋藻含量（0、0.5%、1%、2%、4%、8%）、虾龄（成、幼体）、投饲时间（21 天、35 天）三因素方差分析显示：螺旋藻含量和虾龄对螯虾含肉率都有极显著影响（$P<0.01$），而投饲时间对螯虾的含肉率变化影响较小（$P=0.054$）。

第二节　小龙虾饲料及投喂技术

在小龙虾养殖中，饲料占养殖总成本 70% 左右，饲料的质量关系到商品虾的品质和质量安全。因此，养殖小龙虾必须了解其对营养要求，选用价廉物美的饲料，进行科学投喂，才能达到提高养殖产量和经济效益的目的。

一、小龙虾的食性及摄食特点

●1. 小龙虾的食性●

小龙虾为杂食性虾类。刚孵出的幼体以其自身卵黄为营养；幼体能滤食水中的藻类、轮虫、腐殖质和有机碎屑等；幼体能摄取水中的小型浮游动物，如枝角类和桡足类等。幼虾具有捕食水蚯蚓等底栖生物的能力。成虾的食性更杂，能捕食甲壳类、软体动物、水生昆虫幼体和水生植物的根、茎、叶，以及水底淤泥表层的腐殖质及有机碎屑等。小龙虾在野生条件下以水生植物和有机碎屑为主要食物。

●2. 小龙虾的摄食特点●

一是小龙虾的胃容量小、肠道短，因此必须连续不断地进食才能满足生长的营养需求。二是小龙虾的摄食不分昼夜，但傍晚至黎明是摄食高峰。三是长期处于饥饿状态下的小龙虾将出现蜕壳激素和酶类分泌的混乱，一旦水温升高或水质变化时就会出现蜕壳不遂并大批量死亡。四是在饵料不足的情况下，小龙虾有相互残食的现象。五是小龙虾的摄食强度在适温范围内随水温的升高而增强，水温低于8℃时摄食明显减少，但在水温降至4℃时，小龙虾仍能少量进食；水温超过35℃时，其摄食量出现明显下降。

二、小龙虾饲料配制的基本原则

（一）营养原则

● 1. 必须以营养需要量为依据●

根据小龙虾的生长阶段选择适宜的营养需要量，并结合实际小龙虾养殖效果确定出日粮的营养浓度，至少要满足能量、蛋白质、钙、磷、食盐、赖氨酸和蛋氨酸这几个营养标准。同时要考虑到水温、饲养管理水平、饲料资源及质量、小龙虾健康状况等诸多因素的影响，对营养需要量灵活运用，合理调整。

● 2. 注意营养的平衡●

配合日粮时，不仅要考虑各种营养物质的含量，还要考虑各营养素的平衡，即各营养物质之间（如能量与蛋白质、氨基酸与维生素、氨基酸与矿物质等）以及同类营养物质之间（如氨基酸与氨基酸、矿物质与矿物质）的相对平衡。因此，饲料搭配要多元化。充分发挥各种饲料的互补作用，提高营养物质的利用率。

● 3. 适合小龙虾的营养生理特点●

小龙虾不能较好地利用碳水化合物，过多的碳水化合物易发生脂肪肝，因此应限量。胆固醇是合成龙虾蜕壳激素的原料，饲料中必须提供。卵磷脂在脂溶性成分（脂肪、脂溶性维生素、胆固醇）的吸收与转运中起重要作用，小龙虾饲料中一般也要添加。

（二）经济原则

小龙虾养殖过程中，饲料费用占养殖成本的 70%~80%，因此，在设计配方时，必须因地制宜、就地取材，充分利用当地的饲料资源，制定出价格适宜的饲料配方。另外，可根据不同的养殖方式设计不同的饲料配方，最大限度地节省饲料成本。此外，开拓新的饲料资源也是降低成本的途径之一。

（三）卫生原则

在设计配方过程中，应充分考虑饲料的卫生安全要求。所用的饲料原料应无毒、无害、未发霉、无污染，玉米、米糠、花生饼、棉仁饼因脂肪含量高，容易发霉感染黄曲霉并产生黄曲霉素，损害小龙虾的肝脏，因此要妥善贮藏。此外，还应注意饲料原料是否受农药和其他有毒、有害物质的污染。

（四）安全原则

安全性是指添加剂预混料配方产品，在龙虾饲养实践中必须安全可靠。所选用原料品质必须符合国家有关标准，有毒有害物质含量不得超出允许限度；不影响饲料的适口性；在饲料与小龙虾体内，应有较好的稳定性；长期使用不产生急、慢性毒害等不良影响；在饲料产品中的残留量不能超过规定标准，不得影响上市成虾的质量和人体健康；不导致亲虾生殖生理的改变或繁殖性能的损伤；活性成分含量不得低于产品标签标明的含量及超过有效期限。

（五）生理原则

科学的饲料配方其所选用的原料应适合小龙虾的食欲和消化生理特点，所以要考虑饲料原料的适口性、容积、调养性和消化性等。

（六）优选配方步骤

优先饲料配方主要有以下步骤：确定饲料原料种类→确定营养需求量→查饲料营养成分表→确定饲料用量范围→查饲料原料价格→建立线性规划模型并计算结果→得到一个最优化的饲料配方。

三、小龙虾天然饲料

● 1. 动物性饲料 ●

小龙虾爱吃的动物性饲料很多，特别是那样具有较浓腥味的死鱼、猪、牛、鸡、鸭、鱼肠等下脚料，龙虾最爱吃。另水沟、河汊等处的螺类、蚌、蚯蚓、水蚯蚓等，也都是龙虾喜食的较好的活体动物饲料。当然动物性饵料还有干小杂鱼、鱼粉、虾粉、螺粉、蛋蛹粉、猪血、猪肝肺等。

● 2. 植物性饵料 ●

植物性饵料包括浮游植物、水生植物的幼嫩部分、浮萍、谷类、豆饼、米糠、豆粉、麦麸、菜子饼、植物油脂类、啤酒糟等。

在植物性饵料中，豆类是优质的植物蛋白源，特别是大豆，粗蛋白含量高达干物质的 38%~48%，豆饼中的可消化蛋白质含量也可达到 40% 左右。作为虾类的优质的植物蛋白源，不仅是因为大豆含蛋白量高，来源广泛，更重要的是因为其氨基酸组成和虾体的氨基酸组成成分比较接近。由于大豆粕含有胰蛋白酶抑制因子，需要用有机溶剂和物理方法进行破坏。对于培养虾的幼体来说，大豆所制出的豆浆是极为重要的饵料，和单胞藻类、酵母、浮游生物等配合使用，成为良好的综合性初期蛋白源。

菜子饼、棉子饼、花生饼、糠类、麸类都是优良的蛋白质补充饲料，适当的配比有利于降低成本和适合虾类的生理要求。

一些植物含有纤维素，由于大部分虾类消化道内具有纤维素酶，能够利用纤维素，所以虾类可以有效取食消化一些天然植物的可食部分，并对生理机能产生促进作用。特别是很多水生植物干物质中含有丰富的蛋白质、B 族维生素、维生素 C、维生素 E、维生素 K、胡萝卜素、磷和钙营养价值很高，是提高龙虾生长速度的良好天然饵料。

植物性饲料中最好的还是以陆地的黄豆、南瓜、米糠、麦麸、豆渣、红薯以及水中的鸭舌草、眼子菜、竹叶菜、水葫芦、丝草、苦草等为好。因为它们可以利用空闲地与虾池同时人工种植，以供龙虾食用。

一般是植物性饵料占 60%左右，动物性饵料占 40%左右。植物性饵料中，果实类与草类各占一半，大约 30%。在饲养过程中，根据大、中、小（幼虾）的实际情况，要对以上动、植物饲料合理搭配，并作适当的调整。

四、人工配合饲料

小龙虾因其肉质细嫩，味道鲜美而备受人们的青睐。小龙虾属于杂食性动物，主要食植物类，小鱼、小虾、浮游生物、底栖生物、藻类也可以作为它的食物。近年来，小龙虾养殖的规模逐年扩大，集约化养殖模式势在必然，尽管小龙虾的营养需求及环保饲料的相关研究正在积极开展中，但目前还没有一种适合集约化养殖需要、符合小龙虾生理、营养需求的高效环保全价配合饲料，这已制约了小龙虾集约化养殖和饲料产业化的发展。因此，开发出适用于小龙虾营养需求的高效、环保颗粒配合饲料，应用于生产实践，为科学地高效地开展小龙虾的人工健康养殖大有裨益。人工配合饲料提供一种组分合理，能满足其各阶段虾对钙、磷、蛋白质、脂肪等营养素需求的颗粒配合饲料。通过多种原料搭配，使各种原料营养成分互补，具有浪费低、成本低等优点。

人工配合饲料则是将动物性饵料和植物性饵料按照淡水小龙虾的营养需求，确定比较合适的配方，再根据配方混合加工而成的饲料，其中还可根据需要适当添加一些矿物质、维生素和防病药物，并根据小龙虾的不同发育阶段和个体大小制成不同大小的颗粒。在饲料加工工艺中，必须注意到小龙虾是咀嚼型口器，不同于鱼类吞食型口器，因此配合饲料要有一定的黏性，制成条状或片状，以便于小龙虾摄食。下面笔者提供几个多年来不同生产者研发的饲料配方，供业者参考。

（一）商品饲料

小龙虾人工配合饲料配方：仔虾饲料蛋白质含量要求达到 20%~26%，育成虾饲料蛋白质含量在 30%~38%，成虾的饲料蛋白质含量要求达到 30%~33%。

●1. 仔虾饲料●

（1）粗蛋白含量37.4%，各种原料配比为：秘鲁鱼粉20%，发酵血粉13%，豆饼22%，棉仁饼15%，次粉11%，玉米粉9.6%，骨粉3%，酵母粉2%，多种维生素预混料1.3%，蜕壳素0.1%，淀粉3%。

（2）碳水化合物饲料：60份；蛋白质饲料：30～40份；矿物质饲料：5～8份；维生素混合料1～3份。具体配方为：玉米粉：10份；次粉：3～5份；酵母粉：0.5份；淀粉：3份；小麦粉：5～10份。

配方案例：玉米粉10份；次粉3份；酵母粉0.5份；淀粉3份；小麦粉5份。玉米粉10份；次粉4份；酵母粉0.5份；淀粉3份；小麦粉8份。玉米粉10份；次粉5份；酵母粉0.5份；淀粉3份；小麦粉10份。

（3）粉20%～32%，豆粕15%～30%，面粉8%～12%，麸皮6%～10%，玉米粉6%～10%，混合油（鱼油：豆油为1∶1）0.5%～5.4%，米糠2%～30.8%，多种维生素1%～2%，复合矿物质2%～3%，黏合剂0.5%，蜕壳素0.05%～0.1%，食盐0.5%～1%。多种维生素每千克含维生素A 105万IU、维生素D 332万IU、维生素E 2 500毫克，维生素K 3 900毫克、维生素B_1 1 000毫克、维生素B_2 1 800毫克、维生素B_6 900毫克、维生素B_{12} 120毫克、维生素C 18 000毫克、烟酸9 000毫克、叶酸400毫克、生物素8毫克。复合矿物质中各物质重量百分比含量为，磷酸二氢钙73.5%、碳酸钙0.046%、硫酸铜2.1%、硫酸亚铁0.785%、氧化铁2.5%、硫酸锰0.835%、碘化钾0.001%、硝酸二氢钾8.1%、硫酸钾6.8%、硝酸二氢钠 5.2%、硫酸锌 0.133%。

(4) 秘鲁鱼粉 18~22 份, 发酵血粉 10~16 份, 豆饼 20~24 份, 棉仁饼 13~17 份, 次粉 9~13 份, 玉米粉 9~10 份, 骨粉 2~4 份, 酵母粉 1~3 份, 多种维生素预混料 1~2 份, 蜕壳素 0.05~0.15 份, 淀粉 2~4 份。

配方案例: 秘鲁鱼粉 20 份, 发酵血粉 13 份, 豆饼 22 份, 棉仁饼 15 份, 次粉 11 份, 玉米粉 9.6 份, 骨粉 3 份, 酵母粉 2 份, 多种维生素预混料 1.3 份, 蜕壳素 0.1 份, 淀粉 3 份。

● 2. 育成虾饲料 ●

能增强免疫抗病能力的育成虾饲料。按重量千分比计:

(1) 豆粕 250, 鱼粉 200, 次粉 290, 玉米 100, α 淀粉 20, 鱼油 20, 磷脂油 10, 磷酸二氢钙 10, 多维预混料 20, 发酵虾壳粉 80、破壁酵母粉 30 和经过包埋的纤维素酶 0.001。

(2) 豆粕 250、鱼粉 240、次粉 270、棉粕 40, 玉米 40, 多维预混料 20、α 淀粉 20、鱼油 20、磷脂油 10、磷酸二氢钙 10、破壁酵母粉 30、经过包埋的纤维素酶 0.001、发酵虾壳粉 50。

(3) 豆粕 250、鱼粉 200、次粉 290、棉粕 30、玉米 70、多维预混料 20、α 淀粉 20、鱼油 20、磷脂油 10、磷酸二氢钙 10、破壁酵母粉 30、经过包埋的纤维素酶 0.001、发酵虾壳粉 50。

(4) 豆粕 200、鱼粉 250、次粉 290、棉粕 30、玉米 70、发酵虾壳粉 50、多维预混料 20、α 淀粉 20、鱼油 20、磷脂油 10、磷酸二氢钙 10、破壁酵母粉 30 和经过包埋的纤维素酶 0.001。

（5）豆粕 230，鱼粉 200，次粉 260，棉粕 30，玉米 70，α 淀粉黏合剂 20，鱼油 20，磷脂油 10，磷酸二氢钙 10，多维预混料 20，破壁酵母 80，发酵虾壳粉 50，经过包埋的纤维素酶 0.001。

（6）豆粕 250，鱼粉 200，次粉 250，棉粕 30，玉米 90，α 淀粉 20，鱼油 20，磷脂油 10，磷酸二氢钙 10，多维预混料 20，破壁酵母粉 50，发酵虾壳粉 50，经过包埋的纤维素酶 0.001。

（7）豆粕 250，鱼粉 200，次粉 280，棉粕 30，玉米 50，α 淀粉 20，鱼油 20，磷脂油 10，磷酸二氢钙 10，多维预混料 20，破壁酵母粉 50，发酵虾壳粉 60，经过包埋的纤维素酶 0.001 5。

（8）豆粕 230，鱼粉 200，次粉 290，棉粕 30，玉米 70，α 淀粉 20，鱼油 20，磷脂油 10，磷酸二氢钙 20，多维预混料 20，破壁酵母粉 40，发酵虾壳粉 50，经过包埋的纤维素酶 0.001。

（9）豆粕 200，鱼粉 200，次粉 290，棉粕 30，玉米 70，α 淀粉 20，鱼油 20，磷脂油 10，磷酸二氢钙 20，多维预混料 20，破壁酵母粉 60，发酵虾壳粉 60，经过包埋的纤维素酶 0.001 5。

（10）豆粕 250 份，鱼粉 220 份，次粉 300 份，棉粕 30 份，玉米 60 份，α 淀粉 20 份，鱼油 20 份，磷脂油 10 份，磷酸二氢钙 10 份，多维预混料 20 份，破壁酵母粉 30 份，发酵虾壳粉 30 份，经过包埋的纤维素酶 0.001。

（11）豆粕 200，鱼粉 250，次粉 310，棉粕 30，玉米 50，

α淀粉 20，鱼油 20，磷脂油 10，磷酸二氢钙 10，多维预混料 20，破壁酵母粉 40，发酵虾壳粉 40，经过包埋的纤维素 酶 0.001。

原料先经过烘干机烘干，烘干温度为 60~70℃，烘干时 间为 2~3 小时，加入发酵虾壳粉 50，再饲料粉碎机进行超微 粉碎，使原料细度达到 100 目。超微粉碎混合均匀的豆粕、 鱼粉、次粉、棉粕和玉米中加入，将上述物料进行搅拌混合 为混合料。纤维素酶的活力为 20 万国际单位（IU）。将混合 均匀后的混合物料在调质器内经 90℃的蒸汽熟化 3 分钟，再 由颗粒饲料机制成直径 1.0 毫米的颗粒饲料。将制成的颗粒 饲料再在 70℃的后熟化器内烘干 30 分钟，使水分控制在 20%，冷却后即可包装成产品。

●3. 成虾饲料●

（1）饲料配方为。秘鲁鱼粉 5%，发酵血粉 10%，豆饼 30%，棉仁饼 10%，次粉 25%，玉米粉 10%，骨粉 5%，酵母 粉 2%，多种维生素预混料 1.3%，蜕壳素 0.1%，淀粉 1.6%。 饲料粗蛋白含量 30.1%，其中豆饼、棉仁饼、次粉、玉米等 在预混前再次粉碎，制粒后经 2 天以上晾干，以防饲料变质。 饲料配方中，另加占总量 0.6%的水产饲料黏合剂，以增加饲 料耐水时间。

（2）鱼粉 8.0~15.0 份，肉骨粉 10.0~20.0 份，豆粕 15.0~25.0 份，菜粕 0~6.0 份，花生粕 5.0~15.0 份，面粉 15.0~30.0 份，米糠 2.0~5.0 份，乌贼膏 1.0~5.0 份，虾糠 2.0~5.0 份，磷酸二氢钙 1.0~3.0 份，蜕壳素 0.1~0.5 份， 沸石粉 1.0~3.0 份，胆碱 0.20~0.40 份，甜菜碱 0.2~0.5

份，黏结剂 0.3~0.5 份，食盐：0.3~0.5 份，混合油（鱼油：豆油：猪油 =（2~3）：1：1）2.0~5.0 份，大黄蒽醌提取物 100~400 毫克/千克，预混料 1.0~3.0 份。

（3）豆饼粉 19 份，全小麦粉 19 份，鱼粉 7 份，菜籽饼粉 11 份，棉籽饼粉 9 份，米皮糠 10 份，玉米粉 8 份，动物内脏干粉 8 份，鱼油 1.5 份，沸石粉 1.42 份，碱粉 1 份，复合矿物质粉 2.2 份，预混料干粉 1 份，蜕壳粉 1.45 份，复合维生素 0.3 份，食盐 0.05 份，抗氧化剂 0.03 份，防霉剂 0.05 份。

（4）豆饼粉 21.5 份，全小麦粉 16 份，鱼粉 9 份，菜籽饼粉 9 份，棉籽饼粉 11 份，米皮糠 8 份，玉米粉 9.5 份，动物内脏干粉 6 份，鱼油 2 份，沸石粉 1.92 份，碱粉 1.5 份，复合矿物质粉 1.5 份，预混料干粉 1.65 份，蜕壳粉 1 份，复合维生素 0.2 份，食盐 0.15 份，抗氧化剂 0.03 份，防霉剂 0.05 份。

（5）豆饼粉 20 份，全小麦粉 17 份，鱼粉 8 份，菜籽饼粉 10 份，棉籽饼粉 10 份，米皮糠 8.5 份，玉米粉 8.5 份，动物内脏干粉 8 份，鱼油 2 份，沸石粉 1.52 份，碱粉 1.3 份，复合矿物质粉 1.9 份，预混料干粉 1.5 份，蜕壳粉 1.5 份，复合维生素 0.1 份，食盐 0.1 份，抗氧化剂 0.03 份，防霉剂 0.05 份。

（6）秘鲁鱼粉 5%，发酵血粉 10%，豆饼 30%，棉仁饼 10%，次粉 25%，玉米粉 10%，骨粉 5%，酵母粉 2%，多种维生素预混料 1.3%，蜕壳素 0.1%，淀粉 1.6%。

（7）秘鲁鱼粉 7 份，发酵血粉 12 份，豆饼 28，棉仁饼 12 份，次粉 35 份，玉米粉 12 份，骨粉 7 份，酵母粉 3 份，多种维生素预混料 2 份，蜕壳素 0.05 份，淀粉 2 份。

（8）秘鲁鱼粉 3 份，发酵血粉 8 份，豆饼 32 份，棉仁饼 8 份，次粉 20 份，玉米粉 8 份，骨粉 3 份，酵母粉 1 份，多种维生素预混料 1 份。

（9）植物性饵料 80 份，动物性饵料 10 份，维生素混料 1 份，泰乐菌素 0.5 份。其中，植物性饵料的组分的重量份数为：豆饼 24 份，马铃薯粉 5 份，次粉 20 份，玉米粉 8 份，酵母粉 2 份，淀粉 1 份，葵花籽粉 0.5 份，动物性饵料的组分的重量份数为鱼粉 4 份，骨粉 4 份，贝粉 5 份，蜕壳素 0.05 份，维生素 B 30 份，维生素 D 10 份，维生素 E 10 份。

（10）植物性饵料 80 份，动物性饵料 15 份，维生素混料 2 份，其中，植物性饵料的组分的重量份数为：豆饼 32 份，马铃薯粉 5 份，次粉 35 份，玉米粉 12 份，酵母粉 3 份，淀粉 2 份，葵花籽粉 0.5 份。动物性饵料的组分的重量份数为：鱼粉 6 份，骨粉 6 份，贝粉 5.5 份，蜕壳素 0.1 份。维生素混料组分的重量份数为：维生素 B 30 份，维生素 D 12 份，维生素 E 12 份。

（11）植物性饵料 80 份，动物性饵料 20 份，维生素混料 3 份，半纤维素酶 1 份。植物性饵料的组分的重量份数为：豆饼 54 份，马铃薯粉 5 份，次粉 45 份，玉米粉 8 份，酵母粉 4 份，淀粉 3 份，葵花籽粉 0.5 份。动物性饵料的组分的重量份数为：鱼粉 9 份，骨粉 9 份，贝粉 6 份，蜕壳素 0.15 份。维生素混料组分的重量份数为：维生素 B 30 份，维生素 D 15 份，维生素 E 15 份。

（12）100千克饲料其各原料组成：鱼粉7.0千克，肉骨粉15.0千克，豆粕15.0千克，菜粕15.0千克，花生粕8.0千克，小麦15.0千克，麸皮5.0千克，米糠3.0千克，乌贼膏3.0千克，虾糠4.0千克，混合油（鱼油：豆油：猪油＝1：1：1）3.0千克，磷酸二氢钙2.0千克，晶体赖氨酸0.6千克，晶体蛋氨酸0.3千克，大黄蒽醌提取物0.5千克，35%维生素C磷酸酯0.2千克，蜕壳素0.3千克，黏结剂0.3千克，食盐0.3千克，预混料2.5千克。

将上述原料按重量百分比分别称取，将鱼粉、肉骨粉、豆粕、菜粕、花生粕、小麦、麸皮、米糠、乌贼膏、虾糠粉过二次粉碎，可全部通过60目筛，80目筛上物小于10%；用搅拌机进行混合，首先将乌贼膏和豆粕均匀混合，将此混合物和鱼粉、肉骨粉、菜粕、花生粕、小麦、麸皮、米糠、乌贼膏、虾糠等均匀混合成原料混合粉，再将磷酸二氢钙、晶体赖氨酸、晶体蛋氨酸、大黄蒽醌提取物、35%维生素C磷酸酯、黏结剂、蜕壳素、食盐、预混料分别与原料混合粉进行逐级混合，使其均匀分散于混合物体系中形成混合物料，混合均匀度CV<10%；将鱼油、豆油和猪油按照一定比例混合，然后与物料均匀混合，搅拌混匀后经过超微粉碎机粉碎为混合物料，将混合物料移入调制器通入水蒸气三次调制，调制后进入挤压制粒机制成饲料颗粒（温度80~95℃），加工生产成颗粒配合饲料，饲料粒径2.0毫米，颗粒长度4.0毫米；将颗粒放入杀菌器80~100℃杀菌10~15分钟；将制得的颗粒饲料烘干、冷却、筛去粉末、包装。

（13）配制100千克饲料其各原料组成：鱼粉8.0千克、

肉骨粉 13.0 千克、豆粕 17.0 千克、菜粕 13.0 千克、花生粕 7.0 千克、小麦 17.0 千克、麸皮 6.0 千克、米糠 4.0 千克、乌贼膏 2.0 千克、虾糠 3.0 千克、混合油（鱼油∶豆油∶猪油=1∶1∶1）4.0 千克、磷酸二氢钙 1.8 千克、晶体赖氨酸 0.6 千克、晶体蛋氨酸 0.4 千克、大黄蒽醌提取物 0.2 千克、35%维生素 C 磷酸酯 0.3 千克、蜕壳素 0.4 千克、黏结剂 0.4 千克、食盐 0.4 千克、预混料 1.5 千克。

（14）配制 100 千克饲料其各原料组成：鱼粉 10.0 千克、肉骨粉 12.0 千克、豆粕 18.0 千克、菜粕 10.0 千克、花生粕 5.0 千克、小麦 18.0 千克、麸皮 7.0 千克、米糠 5.0 千克、乌贼膏 1.0 千克、虾糠 2.0 千克、混合油（鱼油∶豆油∶猪油=1∶1∶1）4.0 千克、磷酸二氢钙 2.5 千克、晶体赖氨酸 0.7 千克、晶体蛋氨酸 0.5 千克、大黄蒽醌提取物 0.4 千克、35%维生素 C 磷酸酯 0.4 千克、蜕壳素 0.5 千克、黏结剂 0.5 千克、食盐 0.5 千克、预混料 2.0 千克。

（15）无鱼粉配合饲料，以 1 000千克计其含有下述物质：脱酚棉籽蛋白 50 千克，大豆浓缩蛋白 200 千克，大米蛋白粉 130 千克，鱼溶浆蛋白 45 千克，磷酸二氢钙 20 千克，花生粕 130 千克，虾壳粉 30 千克，小麦粉 219.55 千克，米糠 88 千克，磷脂油 20 千克，鱼油 12 千克，虾微量元素 5 千克，甜菜碱 2.5 千克，盐 3 千克，虾多维 1.75 千克，氯化胆碱 1 千克，左旋肉碱 1 千克，防霉剂 1 千克，膨润土 40 千克，乙氧基喹啉 0.2 千克。

（16）无鱼粉配合饲料，以 1 000千克计其含有下述物质：脱酚棉籽蛋白 50 千克，大豆浓缩蛋白 180 千克，大米蛋白粉

140 千克，鱼溶浆蛋白 55 千克，磷酸二氢钙 20 千克，花生粕 130 千克，虾壳粉 30 千克，小麦粉 219.55 千克，米糠 88 千克，磷脂油 20 千克，鱼油 12 千克，虾微量元素 5 千克，甜菜碱 2.5 千克，盐 3 千克，虾多维 1.75 千克，氯化胆碱 1 千克，左旋肉碱 1 千克，防霉剂 1 千克，膨润土 40 千克，乙氧基喹啉 0.2 千克。

（17）无鱼粉配合饲料，以 1 000 千克计其含有下述物质：脱酚棉籽蛋白 50 千克，大豆浓缩蛋白 160 千克，大米蛋白粉 150 千克，鱼溶浆蛋白 65 千克，磷酸二氢钙 20 千克，花生粕 130 千克，虾壳粉 30 千克，小麦粉 219.55 千克，米糠 88 千克，磷脂油 20 千克，鱼油 12 千克，虾微量元素 5 千克，甜菜碱 2.5 千克，盐 3 千克，虾多维 1.75 千克，氯化胆碱 1 千克，左旋肉碱 1 千克，防霉剂 1 千克，膨润土 40 千克，乙氧基喹啉 0.2 千克。

（18）无鱼粉配合饲料，以 1 000 千克计其含有下述物质：脱酚棉籽蛋白 50 千克，大豆浓缩蛋白 190 千克，大米蛋白粉 135 千克，鱼溶浆蛋白 50 千克，磷酸二氢钙 20 千克，花生粕 130 千克，虾壳粉 30 千克，小麦粉 219.55 千克，米糠 88 千克，磷脂油 20 千克，鱼油 12 千克，虾微量元素 5 千克，甜菜碱 2.5 千克，盐 3 千克，虾多维 1.75 千克，氯化胆碱 1 千克，左旋肉碱 1 千克，防霉剂 1 千克，膨润土 40 千克，乙氧基喹啉 0.2 千克。

（19）豆麸 18～20 克，黄豆粉 8～10 克，甜玉米 20～25 克，干白酒糟 10～12 克，菜籽粕 10～12 克，猪血粉 4～5 克，熟蛋黄 2～3 克，干酵母粉 2～3 克，贝壳粉 2～3 克，鸡内脏粉

3～4克，小青鱼干粉4～5克，苦草5～6克，秘鲁鱼粉2～3克，鸭舌草8～10克，五加皮0.2～0.5克，天麻0.2～0.5克，黄芪0.2～0.5克，红花0.5～1克，食盐适量，诱食剂4～5克。

诱食剂由下列重量份的原料组成：薏仁油1～2克，大麦苗粉1～2克，丁葵草2～3克，青柠汁1～2克，红参粉1～2克，芸香草3～4克，白刺籽粉4～5克，延胡索1～2克，佩兰3～4克，茅栗叶2～3克，鸡内金粉1～2克，芝麻油30～35克，面粉30～40克。

制备方法是将丁葵草、芸香草、延胡索、佩兰、茅栗叶加水煎煮1～2小时，过滤得煎液，浓缩成稠膏，药渣烘干后，粉碎，加入炒热的芝麻油中拌炒10～15分钟；最后，将所得的稠膏、药渣及其他剩余成分混合，制粒，即得。

（20）增强免疫力的饲料配方：小麦粉15%，玉米粉15%，矿物质1.5%，鱼粉20%，黄豆粉40%，鱼油2%，维生素A 0.006 0%，维生素C 0.02%，维生素E 0.04%；矿物质的组成（质量%）如下：KCl，2.8%；NaH_2PO_4，10%；KH_2PO_4，21.5%；Ca（H_2PO_4）$_2$·$2H_2O$，26.5%；$CaCO_3$，10.5%；$CaCl_2$，16.5%；$MgSO_4$·$7H_2O$，10%；$CoCl_2$·$6H_2O$，0.176%；$CuCl_2$，0.051%；KI，0.058%；$MnSO_4$·$4H_2O$，0.143%；柠檬酸铁，0.061%；$ZnSO_4$·$7H_2O$，0.511%；$AlCl_3$·$6H_2O$，1.2%。

（二）简易配合饲料

● 1. 幼虾配合饵料 ●

（1）配方1。麦麸30%，豆饼20%，鱼粉50%和微量维生素。该配合饵料中粗蛋白含量约为45%。

（2）配方2。麦麸22%，花生饼15%，鱼粉60%，矿物质3%和微量维生素。该配合饵料中粗蛋白含量约为50%。

（3）配方3。麦麸37%，花生饼25%，鱼粉35%，壳粉3%。该配合饵料中粗蛋白含量约为45%。

●2. 成虾配合饵料●

（1）配方1。麦麸57%，花生饼5%，鱼粉35%和蚌壳粉3%。

（2）配方2。麦麸39%，米糠30%，鱼粉1%，蚌壳粉20%和黄豆粉10%。

（3）配方3。麦麸30%，鱼粉20%，蚕蛹7.5%，饼20%和米糠22.5%。

（4）配方4。麦麸40%，鱼粉20%，蚕蛹10%，花生饼2%，米糠17%和骨粉1%。

（5）配方5。麦麸50%，蚕蛹30%，豆饼10%，饼5%和米糠5%。

五、淡水小龙虾饲料的投喂技术

（一）投喂方法

最好采取量少次多的投喂方法，在适温范围内一般日投喂2~3次，分别在7：00、14：00、17：00各投喂1次，在春季和晚秋水温较低时，日投喂1次，在傍晚投喂。饲料应多点散投，定点检查，宜把饲料投喂在岸边浅水处、池中浅滩和虾穴附近。

（二）投喂量

应根据天气、成活率、健康状况、水质环境、蜕壳情况、用药情况、生物饵料量等因素确定。日投喂量一般为池塘存虾量的3%~8%，实际投饲量可根据吃食情况而定，一般投饲后3小时基本吃完为宜。

（三）投饲原则

（1）天气晴好、水草较少时多投，闷热的雷雨天、水质恶化或水体缺氧时少投，解剖淡水小龙虾发现肠道内食物较少时多投，池中有饲料大量剩余时则少投，水温适宜则多投，水温偏低则少投。

（2）淡水小龙虾很贪食，即使在寒冷的冬天也会吃食，所以养殖淡水小龙虾要比养蟹早开食。

（3）饲料的质量影响淡水小龙虾的品质，在淡水小龙虾上市季节要适当补充投喂一些小杂鱼、螺、蚌、蚬肉等动物性鲜料，以提高商品虾的质量。

（4）淡水小龙虾蜕壳时停食，所以当观察到淡水小龙虾大批蜕壳时，投饲量要减少。

第七章 小龙虾病害防治

　　小龙虾因肉味鲜美广受人们欢迎，处于内销外贸两旺的状态，是近几年国内外市场上最热销的虾类，在全国范围内逐渐掀起小龙虾的养殖热潮，养殖规模不断扩大，已经成为重要经济养殖品种。目前供需矛盾突出，市场潜力非常巨大。在追求高产，增加养殖效益的情况下，疾病暴发的风险增大，因疾病造成小龙虾大量死亡的事件时有报道，给其养殖蒙上了一层厚厚阴影。在这种形势下，经常有养殖户铤而走险，使用违禁药物，2010年发生的"毒虾门"事件的发生，使产业受到重创，不仅危害人类的健康，而且造成了严重的经济损失。因此有效预防和控制小龙虾疾病，对成功养殖有非常重大的意义。要做到及时预防、有效控制疾病就要先对小龙虾养殖过程中的常见疾病有详细了解，能对这些疾病做出快速诊断，才能实现健康高效养殖。

第一节　小龙虾疾病发生概述

　　小龙虾生活于池塘底部，池塘底质的土壤通气状态不良，土壤间隙完全被水浸没，氧的来源主要来自水中的溶氧。在池塘底部土壤中嫌气性细菌数量较多，有机物无机化的过程较陆地土壤慢很多。经过一定时期的养殖后，池底会积存一层池塘淤泥。淤泥是由于死亡的生物体、粪便、残剩饲料和有机肥料等不断沉积，加上泥沙混合，在池底逐渐形成的。池塘淤泥过多，水中有机质也多，大量的有机质经细菌作用，氧化分解，消耗大量氧，往往使池塘下层水中本来不多的氧消耗殆尽，造成缺氧状态。在缺氧条件下，嫌气性细菌大量繁殖，对有机质进行发酵作用，产物中含量较多的是还原性中间产物，如氨、硫化氢、甲烷、氢、有机酸、低级胺类、硫醇等。这些物质强烈亲氧，当水中有氧时，首先与氧化合，消耗水中的氧，直至全部被氧化后，水中含氧量才会升高，因此也被称为"氧债"。淤泥过多，底部容易形成缺氧环境和还原性环境，不利于小龙虾健康生长，同时容易恶化水质，使池水酸性增加，病菌易于大量繁殖，淤泥成为极大地病原库，造成疾病发生或缺氧死亡。

了解小龙虾疾病发生的原因是合理制定防病措施、做出正确诊断和提出有效治疗方法的理论基础。疾病能否发生，不仅取决于致病因素，还取决于机体本身的抵抗力和环境条件（图7-1-1）。仅有病原存在（如细菌、病毒、真菌、寄生虫），但动物强壮健康，具有很强的抵抗力，而且环境条件（水体）中各种因素有利于其对病原的清除，即使水体中存在大量病原，也可以在这样的环境下健康成长而不发生疾病。相反，虾体抵抗力很弱，环境条件也不利于虾生长，而有利于病原生长繁殖，疾病便会快速发生发展，造成非常大的经济损失。因此疾病的发生原因是动物本身的抗病能力下降、病原的存在及环境的恶化三者共同作用的结果。疾病在暴发之前都会有预兆，只要懂得一些判断方法、勤于巡塘观察就能提早发现问题加以预防。

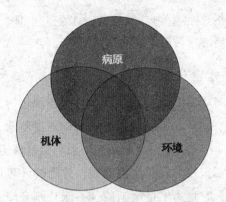

图 7-1-1　小龙虾疾病发生条件（黄琪炎）

引起小龙虾疾病发生的原因和条件如下。

一、小龙虾疾病发生的原因

小龙虾生活在水中，一方面要求有良好的水环境，另一方面一定要有适应环境的能力。如果生活环境发生了不利于小龙虾生活的变化（如水温或水质的骤变、有毒物质的影响、致病生物的侵袭等），或者小龙虾身体机能因其他原因发生变化而不能适应环境条件时，就会引起疾病。没有原因的疾病是不存在的，引起水产动物发生疾病的病因主要有生物因素、水体理化因素和人为因素三个方面。

● 1. 生物因素 ●

常见的小龙虾疾病多数是由各种生物传染或侵袭机体所引起的。这些使小龙虾致病的生物称为病原体或病原生物，一般包括微生物和寄生虫两大类。此外还有直接吞食或间接危害小龙虾的敌害生物，如蛙类、水蛇、水鸟、凶猛鱼类、其他甲壳动物等。

● **2. 水体理化因素** ●

水是小龙虾生活最基本的环境。水体理化因素对小龙虾生活有很大的影响，当这些因素变化的速度过快，或变化的幅度过大，而小龙虾机体无法适应时就会引起疾病。

（1）水温。小龙虾是变温动物，体温随外界环境条件的变化而变化，但此变化是逐渐的，不能急剧升降，否则机体难以适应，容易发生病理变化。如小龙虾在不同的发育阶段，对水温的适应能力不同，幼苗和成虾在换水、转池、运输等操作过程要求池水温差不得超过5℃，虾苗不得超过3℃，否则就会引起病变或死亡。

小龙虾有其生存、生长、繁殖、抵御各种疾病的适宜温度及忍耐高温的上、下限。如果水产动物长期在不适的水温下生活，免疫力下降，就容易生病甚至死亡。小龙虾能生存的温度为-30~40℃，但生长适宜水温为15~32℃，最适生长水温为18~28℃，当温度低于18℃或高于28℃时，生长率下降。在不同的温度环境下容易罹患各种不同的疾病。

（2）溶解氧（DO）。小龙虾特殊的身体结构赋予其超强的耐低氧能力，以至于传统观念错误的认为小龙虾适宜生活在溶氧很低的臭水沟。研究发现水中溶解氧含量高低，不仅影响小龙虾的摄食强度、消化率及生长速度，甚至直接关系到小龙虾的生存。水中溶解氧充足，小龙虾摄食旺盛、饵料利用率高、生长良好；水中溶解氧不足，摄食强度减弱、饵料利用率降低、体质瘦弱、生长缓慢，容易感染病菌而患病。

所以，池中溶解氧含量不能以不浮头不死亡为标准。一般来说，小龙虾在主要生长期内，溶解氧以 3 毫克/升以上为正常范围，溶解氧低于 0.5 毫克/升时，小龙虾就会出现"浮头"现象，假如溶解氧含量在短时间内不增加（不及时解救）并不断减少，小龙虾就会因窒息而死亡。而水中溶解氧过多，气泡聚集在体表或体内，又会导致小龙虾苗种发生气泡病。

（3）酸碱度（pH 值）。各种水产动物有不同的适宜 pH 值范围，一般多偏于中性或弱碱性，即 pH 值为 7~8.5 之间。过酸、过碱的水均对水产动物造成不良的影响。酸性水体可使血液中的 pH 值下降，造成缺氧症状，且摄食量减少，生长缓慢，抗病力降低。碱性水体可使水产动物组织蛋白质发生玻璃样变。小龙虾喜中性和偏碱性的水体，能在 pH 值 4~11 的水体中生活，当 pH 值在 6~9 时最适合其生长和繁殖，pH 值过高和过低可能会使环境中有毒物质毒性增大，均不利于小龙虾生长。

（4）水中化学成分和有毒物质。水中某些化学成分或有毒物质含量超过水产动物允许的范围，也会引起疾病。如重金属、氨和硫化氢等。

①重金属离子：水中的重金属离子（如汞、镉、铅、铜等）超标时，幼虾易患身体畸形。如新挖的池塘或重金属含量较高的地方饲养苗种容易引起畸形病。

②氨（NH_3）：池塘中饵料残渣和粪便等有机物质在腐烂分解过程中会产生许多氨，使虾中毒或引发其他疾病。氨在水中以 NH_3 和 NH_4^+ 的形式存在。当总铵浓度一定时，NH_3 与 NH_4^+ 按下式达到平衡：即 $NH_3 + H_2O \Longrightarrow NH_4OH \Longrightarrow NH_4^+ +$

OH^-。NH_3 与 NH_4^+ 在水中可以互相转化，NH_3 对小龙虾是有毒的，而 NH_4^+ 则无毒。我们所测定的氨含量通常是指总铵量（包括 NH_3 和 NH_4^+）。水体中氨的毒性实际上是由 NH_3 所引起的。在总铵量一样的情况下，NH_3 的毒性会因水中 pH 值、水温、溶解氧、重金属含量等条件不同而有很大差异。一般来说，当 pH 值、水温、重金属含量升高或溶解氧含量减少时，NH_3 在总铵中的比例增加，NH_3 含量越多，对水产动物的毒性就越强。我国渔业水质标准规定水中 NH_3 的含量不得超过 0.02 毫克/升。NH_3 浓度与总铵浓度间的换算按表 7-1-1 进行。

表 7-1-1　NH_3 在水溶液总铵中的百分比

温度 (℃)	pH 值								
	6	6.5	7	7.5	8	8.5	9	9.5	10
5	0.013	0.040	0.12	0.39	1.2	3.8	11	28	56
10	0.019	0.059	0.19	0.59	1.8	5.6	16	37	65
15	0.027	0.087	0.27	0.86	2.7	8.0	21	46	73
20	0.040	0.13	0.40	1.2	3.8	11	28	56	80
25	0.057	0.18	0.57	1.8	5.4	15	36	64	85
30	0.080	0.25	0.80	2.5	7.5	20	45	72	89

　　③硫化氢（H_2S）：残饵和粪便等腐烂分解时除了产生氨外，还会产生硫化氢等其他有毒物质，硫化氢对小龙虾具有很强的毒性。水中硫化氢浓度超过 1 毫克/升，小龙虾就会死亡。水中的硫化氢与可溶性硫化物之间存在下列平衡：$H_2S \rightleftharpoons H^+ + HS^- \rightleftharpoons 2H^+ + S^{2-}$。当硫化物总量（包括 H_2S、HS^- 和 S^{2-}）一定时，水的 pH 值越低，硫化氢所占的比例越

大，对水产动物的毒性就越强。我国渔业水质标准规定硫化氢的最大浓度允许量为 0.002 毫克/升。不同 pH 值时，硫化氢占硫化物总量的百分比见表 7-1-2。

表 7-1-2　不同 pH 值时，硫化氢占硫化物总量的百分比（A）25℃

水样 pH 值	A（%）	水样 pH 值	A（%）	水样 pH 值	A（%）
5.0	98	6.8	44	7.7	9.1
5.4	95	6.9	39	7.8	7.3
5.8	89	7	33	7.9	5.9
6.0	83	7.1	29	8	4.8
6.2	76	7.2	24	8.2	3.1
6.4	67	7.3	20	8.4	2
6.5	61	7.4	17	8.8	0.79
6.6	56	7.5	14	9.2	0.32
6.7	50	7.6	11	9.6	0.13

此外，有些水源由于矿山、工厂、油田、码头、农田的排水和某些生活污水的排入，使养殖水域受到不同程度的污染，因为污水中含有重金属离子、化学物质、残余的农药等有毒物质，这些有毒物质会影响水产动物的生理活动，致使小龙虾中毒，严重时还会引起死亡。

● 3. 人为因素 ●

在养殖生产中，任何一个养殖环节，如果不能严格饲养管理，或操作技术不当，都有损于小龙虾机体的健康，导致疾病的发生，甚至死亡。主要表现在以下几点。

（1）放养密度不当和混养比例不合理。放养密度过大，必然造成缺氧和饲料利用率降低，从而引起小龙虾生长快慢不均匀、大小悬殊，瘦小的个体，因争食不到饲料而饿死。混养的目的是合理利用水体的空间和天然饵料，但若混养比例不合理，也不利于小龙虾的生长。

（2）饲养管理不当。疾病发生与否和饲养管理有很大的关系。管理工作科学、仔细、全面，疾病就能得到较好的控制。反之，疾病发生的机会就增多。在饲养过程中，若投喂不清洁或腐烂变质的饲料，容易引起肠炎病；若投喂不足，机体瘦弱，抗病力差；若施肥的种类、时间或方法不当，易使水质恶化，引起病原生物的滋生，从而引发疾病。

（3）机械性损伤。在下网捕虾、分苗、运输过程中，常因操作不慎或使用工具不当给小龙虾带来不同程度的损伤，如附肢折断、外骨骼受损等，水中的细菌、霉菌等病原生物乘机侵袭引发继发性感染。

二、小龙虾疾病发生的条件

疾病的发生不仅要有一定的病因，还要有适宜的条件。条件不同，即使有病原存在，疾病也不一定发生。疾病发生的条件主要有机体本身和外界环境两方面：

● 1. 机体本身 ●

机体本身条件主要有机体的种类、年龄、性别和健康状况等。如虾体受伤后容易感染水霉菌而发病，虾体健康，表皮完好无缺则不会感染水霉菌；某一池塘某种疾病流行时，并非整池同种类、同规格的个体都发病，而是有的患病严重死亡，有的患病较轻而逐渐自愈，有的则根本不生病。

● 2. 外界环境 ●

外界环境条件主要有气候、水质、饲养管理和生物区系等。如双穴吸虫病流行，必须具备该病原体的第一中间寄主椎实螺和终寄主鸥鸟，否则就无法流行。

三、小龙虾疾病发生原因和条件的关系

疾病发生的原因和条件之间是有密切联系的。疾病的发生都有一定的原因，但病因并不是孤立地起作用，而是在条件的影响下发挥作用的。病因决定疾病的发生及其基本特征，它起着主要的作用；而条件则可影响病因的作用，它不能引起疾病，但能促进或阻碍疾病的发生和发展。同时，疾病发生的原因和条件之间又是相对的，在不同情况下，同一因素可以是发病的原因，也可以是发病的条件。

第二节　小龙虾养殖水质标准与检测

一、水质标准

渔业养殖水域的水是养殖动物的生活环境，每一种水产养殖动物都需要有适合其生存的水质环境，水质环境若能满足要求，水产养殖动物就能生长和繁殖，如果水质环境中的水受到某种污染，某些水质指标超出水产养殖动物的适应和忍耐范围，轻者水产养殖动物不能正常生长，重者可能造成水产养殖动物大批死亡。依据渔业水质标准（GB 11607—

89)，将需要考察的水质标准列举于表 7-2-1。

表 7-2-1　渔业水质标准 单位：毫克/升

序号	项目	标准值
1	色、臭、味	不得使鱼、虾、贝、藻类带有异色、异臭、异味
2	漂浮物质	水面不得出现明显油膜或浮沫
3	悬浮物质	人为增加的量不得超过 10，而且悬浮物质沉积于底部后，不得对鱼、虾、贝类产生有害的影响
4	pH 值	淡水 6.5~8.5，海水 7.0~8.5
5	溶解氧	连续 24 小时中，16 小时以上必须大于 5，其余任何时候不得低于 3，对于鲑科鱼类栖息水域冰封期其余任何时候不得低于 4
6	生化需氧量（五、20℃）	不超过 5，冰封期不超过 3
7	总大肠菌群	不超过 5 000 个/升(贝类养殖水质不超过 500 个/升)
8	汞	≤0.000 5
9	镉	≤0.005
10	铅	≤0.05
11	铬	≤0.1
12	铜	≤0.01
13	锌	≤0.1
14	镍	≤0.05
15	砷	≤0.05
16	氰化物	≤0.005
17	硫化物	≤0.2
18	氟化物（以 F⁻ 计）	≤1
19	非离子氨	≤0.02
20	凯氏氮	≤0.05
21	挥发性酚	≤0.005
22	黄磷	≤0.001
23	石油类	≤0.05
24	丙烯腈	≤0.5

（续表）

序号	项目	标准值
25	丙烯醛	≤0.02
26	六六六（丙体）	≤0.002
27	滴滴涕	≤0.001
28	马拉硫磷	≤0.005
29	五氯酚钠	≤0.01
30	乐果	≤0.1
31	甲胺磷	≤1
32	甲基对硫磷	≤0.0005
33	呋喃丹	≤0.01

二、水质检测

随着工农业的不断发展，化肥、农药、工业污水、化工产业的废水废气等对环境的污染，特别是对江河湖海水域水质的污染，对水产养殖环境造成了很大的破坏。养殖水域水质的质量直接关系到水产动物鱼、虾、蟹、鳖的生长和发育，从而关系到水产养殖业的产量、质量和经济效益。为了防止因水质污染造成水产养殖的环境破坏，就必须对水产养殖环境的水质进行分析和监测，并通过科学的方法控制水质，以满足水产养殖动物正常生长发育所需要的水质要求。

小龙虾养殖和其他水产动物相似主要检测水体温度、氨氮、亚硝酸盐、pH值、硫化氢、溶氧等水质指标。水质检测方法：一是实验室检测法，该方法检测的结果较为准确，但检测速度较慢、花费的人力物力较多。二是采用快速测定盒测定。快速测定盒是按照实验室测定的方法，将其进行简化后设计的一种快速水质测定方式，适宜在塘口现场测定。该方法操作简单、价格便宜，是许多养殖户选择的工具。三是可以采用仪器检测法，现在市面上有很多检测水质的仪器，如 pH 计、溶氧仪、COD 仪及水质在线检测仪等。可以按照经济实力有针对性的选择合适的测量仪器。

水质经过测定后会得到很多指标的值，如何来解读这些指标的含义，以此来判断水环境的优劣，预测养殖风险呢？

● 1. 水温测量结果与调控 ●

实例如表 7-2-2 所示。

表 7-2-2　水温测量结果与调控

测量结果	对小龙虾养殖的不良影响	调控方法
上层水温高，底层水温低，温差超过 5℃	夏秋季节容易出现该情况。上下层温差超过 5℃，就可以形成密度分层，上下层不能形成对流，底层形成氧债，遇到阵雨或气温快速下降时，上下水层急剧对流，从而引起全池缺氧，导致死亡	及时开启增氧机，消除水体分层，避免形成氧债。
上层水温低，底层水温高	夏季雨后和冬季容易出现。寒潮、暴雨等气温急剧下降导致上层水温急剧下降，密度变大，与底层形成强对流，水体变混，池塘溶氧快速耗竭，缺氧，泛塘	加注新水，水体对流

● 2. 溶氧测量结果与调控方法 ●

淡水中溶解氧的饱和含量为 8～10 毫克/升，约只相当于空气含氧量的 1/20 000，水生动物的呼吸条件远逊于陆生动物。尤其高密度养殖的水体，由于溶解氧量少而且多变，如何保持足够的溶氧常成为养殖生产中棘手的问题。据估计，直接、间接缺氧致死的鱼虾类约占水产动物死亡总数的50%左右。水中溶氧量长期不足时，虾虽能存活，但长期生活于缺氧环境中食欲会下降、生长速度会降低，同时会处于亚健康状态，抵抗力下降，容易感染疾病。如果缺氧严重时就会出现浮头、泛塘的危险。虾为是底栖性动物，能耐低氧，干露时也能存活很久，这不说明虾生长不需要足够的溶氧。因为其适应低氧能力较强，所以当其短时间处于低氧环境时不会立即死亡，但长期处于低氧或缺氧环境时，生长会减慢甚至停止，抗病力下降，非常容易生病。同时溶氧较低的环境中存在大量还原性物质，使虾处于强的应激状态，更容易出现厌食等症状，而且这种环境有利于病原的大量繁殖，导致虾更容易罹患疾病。生产中经常出现烂皮、腐皮等疾病，很多人认为是寄生虫导致的感染，常采用防治寄生虫病办法治疗，但常常效果甚微。不同溶氧水平下小龙虾可能出现的不良反应及调控方法见表7-2-3。

表7-2-3　溶氧测量结果与调控

测量结果	对小龙虾养殖的不良影响	调控方法
0.5毫克/升以下	90%小龙虾大部分上草、爬边，无力，开始出现死亡，如不及时采取正确措施，即会发生泛塘	1. 立即开启增氧机，加注新水 2. 全池泼洒化学增氧药物
0.5~1毫克/升	60%左右的小龙虾出现上草、爬边、活动力减弱等缺氧浮头反应，如不及时采取措施可能出现死虾	1. 及时开启增氧机，加注新水 2. 全池泼洒化学增氧药物
1~3毫克/升	30%左右的小龙虾出现上草、爬边等缺氧反应，饵料系数上升，养殖效益降低，免疫力下降，容易引起疾病和暴发性流行病	1. 合理开启增氧机 2. 定期加注新水
3~8毫克/升	水中溶氧充足，小龙虾健康生活	

防止缺氧的方法有生物增氧、机械增氧、化学增氧等。生物增氧如培养适量浮游植物，使之进行光合作用增氧；投放微生态制剂，及时分解有机物间接增氧等。机械增氧如安装增氧机，视产量选择增氧机的功率，养殖过程中适时开动增氧机，不但能增加溶氧，而且能使上层高溶氧与下层进行交换，还能搅动池水使下层有害气体等及时排出，改善池塘环境。增氧机的合理使用方法为：

（1）晴天中午开机。在夏秋季中午由于池塘水温比较高，大量投喂饲料会造成水质过肥、水中有机物多、浮游植物丰富、透明度降低，致使池塘上下层溶解氧差过大，这时要开启增氧机 1~2 小时及时增氧。因为在高温的晴天，浮游植物的光合作用特别强，会产生大量氧气，而在水质肥的虾塘，光照能达到 20~30 厘米的深度，致使水体表层溶解氧达到饱合，而水体底层溶解氧相对较低。此时开启增氧机，通过桨叶（或叶轮）的高速旋转，将底层乏氧水提到表层增氧曝气，将表层富氧水循环至底层，同时下层水体的急速流动，带动池底的有机物运动，加速其氧化分解，偿还其氧债，减少了有机物夜间的耗氧，从而使池塘水体溶解氧量上、下层均匀，昼夜变化趋于平缓，达到预防缺氧的目的。这样就保证了池塘溶解氧在时间和空间上分布均匀的要求，大大提高了池塘的有效利用空间。

（2）温差大时及时开机。如果白天池塘温度高，晚上又突然下雨，这时温度较低的雨水大量进入虾塘，则会引起上下层水急速对流，表层溶解氧因光合作用的停止而得不到补充，池中含氧量会迅速降低，致使虾类浮头，这时要开启增氧机进行增氧，及时调节水质环境，有利于虾生长。

（3）清晨开机。

①在连绵阴雨天因光照强度不足，浮游植物光合作用不强，产氧量少，以致池塘溶氧低。在夜间有机物分解和其他生物体消耗氧量大而引起池塘缺氧，造成局部或全池虾浮头，一般发生在半夜或清晨1~2小时，这时要及时开启增氧机，一直到虾不浮头后再停机。

②由于养殖密度过大，白天光合作用产生的氧量不够补充晚上虾类及生物体消耗的氧量，这就需要根据实际情况在清晨及时开启增氧机进行增氧。

（4）傍晚一般不宜开机。因为这时浮游植物光合作用即将停止，不能向水中释放氧气，而开机后上下层水中的溶氧均匀分布，上层溶氧降低后得不到补充，而下层溶氧又很快被消耗，结果更加速了整个虾塘溶解氧消耗的速度。

（5）及时开启增氧机。一般都认为只有池塘缺氧、虾上草时才使用增氧机，实际这样是不对的。因为虾一但浮头缺氧一次，至少1~3天不愿意进食，同时至少一周内生长速度缓慢，严重的根本就不长。如低氧状态下时间过长，会导致虾病毒发作或发病，而且用药效果也不好，致使生产成本加大，产量也上不去。因此，要及时观察池塘含氧情况，及时开启增氧机。

（6）生物增氧和机械输氧相结合。有些人认为水中的氧是增氧机产的氧，其实增氧机产生的氧与浮游植物藻类光合作用产生的氧有着不同之处。增氧机产生的氧是搅水与提水过程中增加溅起的水花与空气的接触面积，来提高水中的溶氧量，增氧机工作时会产生大量气泡，大部分因体积大很快消失在空气中，只有一小部分溶于水中。藻类光合作用产的氧几乎完全可溶于水中，而且太阳出来后，随着日照的加强，水中的氧量会很快达到5.0毫克/升以上，到中午20~30厘米水体表层溶解氧达到饱合，这时如开启增氧机循环，就会使池塘水体溶解氧量上、下层均匀，昼夜变化趋于平缓，给鱼类提供安全的生存环境，有利于其快速生长。夜间藻类光合作用停止，水中只有耗氧过程，溶氧迅速下降，至黎明降至最低，如果是精养高产池塘，就应根据实际情况及时开启增氧机增氧，才能增加池塘溶氧量。总之，只有合理运用生物增氧和机械输氧相结合的方法，才能真正达到预防缺氧的目的。

(7) 有几种浮头缺氧不是单纯用增氧机增氧就能解决的。

①弱酸性水质引起浮头，这种水质影响虾类血蓝蛋白对水中溶氧的吸收。当出现这种情况时，浮头持续时间长，能从傍晚持续到第二天中午，对待这种情况就要及时调节水的pH值到中性或弱碱性，就可有效缓解浮头。

②寄生虫性疾病引起的浮头，现在最常见的就是纤毛虫，这种情况要及时进行对症药物治疗。

③细菌性病引起的浮头，最常见的就是烂鳃病。在患有烂鳃病的潜伏期时，由于鳃丝被细菌侵蚀，降低了对溶氧的吸收，这种浮头一般在夜晚到次日清晨，这就需要及时用药物控制烂鳃病的蔓延，有效控制浮头。

● 3. 氨氮测量结果与调控方法 ●

水中氨氮对水生物起危害作用的主要是分子态氨，其毒性与池水 pH 值及水温有密切关系。一般情况，pH 值及水温愈高，毒性愈强，当 pH 值为 9.5 以上时毒性较强的分子态氨比例高达 64% 以上，毒性迅速增强。氨氮对水生生物的危害有急性和慢性之分。慢性氨氮中毒危害为：摄食降低，生长减慢，组织损伤，降低氧在组织间的输送，所以常导致小龙虾处于亚健康状态。急性氨氮中毒时虾亢奋、鳃变白，丧失平衡、抽搐，甚至死亡。不同氨氮水平下小龙虾可能出现的不良反应及调控方法见表 7-2-4。

表 7-2-4　氨氮测量结果与调控

测量结果	对小龙虾养殖的不良影响	调控方法
0.2毫克/升以下	符合渔业水质标准，水质良好	
0.2~1 毫克/升	对虾有一定影响，饵料系数上升，养殖效益降低，免疫力下降，容易引起疾病和暴发性流行病	1. 排出部分老水，加注新水 2. 使用微生物环境改良剂 3. 使用二氧化氯分解
1 毫克/升以上	水质严重恶化，虾食欲减退，抗病力低下，可能导致氨中毒	1. 排出 1/3 老水，加注新水 2. 泼洒沸石粉 15~20 千克/亩 3. 开启增氧机，搅水、曝气

●**4. 亚硝酸盐测量结果与调控方法**●

亚硝酸有毒是因为它能和水产动物血液中输送氧气的蛋白质结合，而无法运送氧。因此当存在亚硝酸威胁时，小龙虾表现缺氧症状，如食欲下降，鳃丝及体色发黑等。pH 值每下降一个单位，亚硝酸的量就会增加 10 倍，因此当 pH 值降低时，亚硝酸的毒性就会增加。氯离子可竞争性抑制亚硝酸通透进入血液中，而降低其毒性，硬度较小的软水中亚硝酸毒性会更强，因此使用一定的食盐可有效地减少亚硝酸的毒性。不同亚硝酸盐水平下小龙虾可能出现的不良反应及调控方法见表 7-2-5。

表 7-2-5　亚硝酸盐测量结果与调控

测量结果	对小龙虾养殖的不良影响	调控方法
0.01 毫克/升以下	符合渔业水质标准，水质良好	
0.1~0.5 毫克/升	慢性中毒，摄食量下降，呼吸困难，活动减弱，表现为上草率增加	1. 及时开启增氧机，加注新水 2. 泼洒沸石粉、活性炭等改善水质 3. 泼洒食盐 5 千克/亩
0.5 毫克/升以上	水质污染，游泳无力，出现缺氧甚至死亡	1. 开启增氧机，加注新水 2. 泼洒增氧剂

●5. 硫化氢测量结果与调控方法●

　　硫化氢是在缺氧的条件下，含硫有机物如残饵、动植物尸体等，经嫌气细菌分解而形成，池底淤泥中最容易产生；或者是在富含硫酸盐的水中，由于硫酸盐还原细菌的作用，使硫酸盐变成硫化物，再生成硫化氢。硫化物和硫化氢都是有毒的。硫化氢的毒性主要是能与鱼类的血红素中的铁化合或与虾类血蓝蛋白中的铜结合，使运输氧气的活性蛋白减少。另外，对皮肤也有刺激作用。硫化氢有很强的毒性，很低的浓度便能使鱼虾致死，所以养殖过程中硫化氢含量不能超过0.05 毫克/升。硫化氢在酸性的环境中大部分是以硫化氢分子的形式存在，pH 值越低毒性越大，当 pH 值为 5 时 99%以分子态硫化氢存在，毒性迅速增强。如果发现硫化氢中毒应马上使用铁盐解毒。平常预防的时可通过投放有益微生物、开增氧机增氧曝气及改底等办法来预防。不同硫化氢水平下小龙虾可能出现的不良反应及调控方法见表7-2-6。

表7-2-6 硫化氢测量结果与调控

测量结果	对小龙虾养殖的不良影响	调控方法
0.05 毫克/升以下	符合渔业水质标准，水质良好	
0.05～0.1 毫克/升	对虾有一定影响，摄食量下降，呼吸困难，活动减弱，鳃丝发黑，表现为上草率增加	1. 晴天中午开增氧剂，加速底质氧化 2. 定期泼洒水质改良剂和底质改良剂
0.1 毫克/升以上	水质恶化、底泥发臭、水发黑有恶臭，虾鳃丝发黑，中毒死亡	1. 排掉1/3旧水，加注新水 2. 向水体使用氧化铁制剂 3. 开增氧机，增氧

● 6. pH 值测量结果与调控方法●

弱碱性水质对小龙虾生长是有利的，它不适于在酸性环境中生活。pH 值降低使水产动物呼吸机能降低，使其呼吸频率增快，耗氧率先升高，继而下降，使其吸收水中溶氧效率下降。为维持机体正常气体代谢，不得不以最大限度增大呼吸容量应对恶劣环境，从而增大受到机械损伤和被病原感染的几率。当pH 值较高时，水体碱度较大，许多微量元素离子与-OH 结合变成沉淀，不能被生物利用，影响鱼类对营养物质的吸收；同时 pH 值过高会破坏虾类的鳃和皮肤，引发疾病。

水体 pH 值也决定了氨氮、亚硝酸盐和硫化氢等有害物质的毒性强弱。pH 值会影响水中浮游动、植物和微生物的生活状态，从而影响环境中生物的种类组成。一般来说很多病原在较低 pH 值环境中生长良好，所以在这种环境中更容易患病。因此，pH 值过高和过低都对养殖的小龙虾不利，要注意保持 pH 值稳定在 7~8.5。在水质管理中可以通过建立良好的菌相和藻相来使 pH 值稳定在小龙虾最适宜的范围内。当 pH 值长时间明显偏离最佳范围时要通过一些调节方法来调整 pH 值。当 pH 值过低时可以泼洒一定量的生石灰来调水，当 pH 值过高时可以适量泼洒一些醋酸、柠檬酸等酸性物质或者投放乳酸菌型的微生态制剂加以调整。对 pH 值的管理和其他指标一样要勤检查，及时发现早作处理，紧急调整时不能操之过急，使其在短时间内迅速下降，要循序渐进，使其慢慢达到适宜的范围。不同 pH 值水平下小龙虾可能出现的不良反应及调控方法见表 7-2-7。

表 7-2-7 pH 值测量结果与调控

测量结果	对小龙虾养殖的不良影响	调控方法
小于 6	酸中毒：水体中出现较多死藻，体色明显发白，虾烦躁不安	上午用石灰泼洒，15 千克生石灰/亩可提高 1 个 pH 值
6~9	比较适宜的范围	
大于 9	鳃丝容易腐烂，虾上草率增加，烦躁不安	1. 用醋酸或乳酸 500 毫升/亩调节 2. 加注新水 3. 采用乳酸菌加红糖发酵 12 小时后泼洒

●7. 透明度测量结果与调控方法●

透明度反映了池塘的肥度，池塘中有机物含量是影响透明度的一个重要指标，主要来自于施肥、饲料残饵、排泄物及死亡的动植物尸体。随着养殖时间的加长，投饵量增多，池塘有机物含量逐渐增加，水质变肥。有机物被细菌分解成无机物，该过程会消耗大量溶氧，和小龙虾争夺溶氧。尤其是夜间和阴雨天更加明显，可能造成池塘缺氧，引起浮头。下沉到底部的有机物分解耗氧，形成缺氧环境，分解过程中还会释放大量有害产物，不利于小龙虾的健康生长。当池底有机物在池水相对缺氧时被搅起后还容易造成泛塘。悬浮有机物表面分布着大量细菌，其中部分是有益环境微生物，部分是病原微生物。所以池塘有机物在池塘中具有双重作用，其存在既有利于提高产量，也可能成为可怕的病原库，导致疾病。因此，正确管理池塘有机物对健康成功养殖小龙虾十分重要。

水中溶解的和悬浮的有机物，通过絮凝作用等途径能聚集成较大颗粒的有机碎屑为饵料鱼和浮游动物提供重要的天然食物。养殖小龙虾时水中有机物含量不能超过 15 毫克/升。维持合理的有机物含量的方法可以通过投放有益微生物，使之及时分解。平时可采用泼洒石灰水、沸石粉等一些絮凝剂使有机物絮凝沉降，降低有机物含量。同时要注意改善池底环境，加速池底有机物氧化或转化成腐殖质等难分解的淤泥物质，避免有机物迅速氧化造成缺氧。在养殖前期建立良好的藻相和菌相，控制好水质指标，根据小龙虾的生活特性，为其提供良好的生活环境，不仅能显著减少疾病的发生，而且能降低饵料系数，提高生长率，降低养殖成本。不同透明度水平下小龙虾可能出现的不良反应及调控方法见表 7-2-8。

表7-2-8 透明度测量结果与调控

测量结果	对小龙虾养殖的不良影响	调控方法
20厘米以下	水体太肥，生物量过大，容易出现缺氧	1. 加注新水 2. 泼洒沸石粉等环境改良剂调节
20~40厘米	肥度适中	
大于40厘米	水体太瘦，生物饵料量少，饵料系数较大	适当追肥

第三节　小龙虾常见疾病防治方法

一、小龙虾疾病的诊断

　　疾病的诊断是治疗的基础，疾病防治要想取得好的效果，最重要的就是对疾病做出快速、准确的诊断，对症下药。如能全面掌握疾病发生的规律，在疾病发生前，通过一些细微的变化或特征及时预测疾病的发生，及早进行预防，便能减少疾病的损失，实现健康高效养殖；如果疾病发生了，诊断不当或诊断错误，不能及时采取正确的处理措施，就会导致病情进一步恶化，造成严重经济损失，所以疾病的正确诊断是实现健康养殖，确保养殖成功的重要手段。

　　● 1. 病毒性疾病的诊断 ●

　　（1）小龙虾白斑综合征。小龙虾容易罹患的病毒性疾病主要是白斑综合征病毒病。研究报道该病主要是由无包涵体的白斑病毒（WSSV）引起的。WSSV是容易感染中国对虾等海水虾类的病毒，在海水对虾养殖中造成过严重的经济损失。一般情况下淡水环境中的虾蟹不携带 WSSV 病毒，对 WSSV 病毒也不敏感，但研究发现小龙虾对 WSSV 却十分易感，将病毒接种到小龙虾体内，其分布、增殖、病理变化及死亡率与对虾基本一致，故曾被用于对虾白斑综合征研究的理想的动物模型。近年来，小龙虾养殖地区暴发了严重疾病，PCR 检查为 WSSV 病毒，电镜观察发现大量病毒粒子，形态和 WSSV 一致，因此确诊为 WSSV 感染。

白斑综合征（WSD）俗称白斑病，是由白斑综合征病毒（WSSV）引起的严重传染性疾病，20 世纪 90 年代以来一直严重威胁着全世界对虾的养殖安全。白斑综合征病毒属线头病毒科白斑病毒属（图 7-3-1、图 7-3-2）。白斑综合征的特点是发病急、死亡率高，死亡速度快。世界动物卫生组织（OIE）、亚太地区水产养殖发展网络中心（NACA）将其列为强制通报的疫病。2008 年被农业部定为一类疫病。

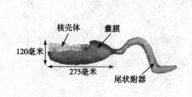

图 7-3-1　WSSV 病原模式图　　图 7-3-2　WSSV 病原电镜图

小龙虾白斑综合征发病季节一般在 3 月底至 7 月。江苏省 2008 年监测到的最早发病塘口为 4 月 16 日，较 2007 年提前近一个月。朱建中等研究表明，接种 WSSV 的螯虾，22～

25℃时，一般于2~7天内死亡；30~32℃时，平均死亡时间
2~6天；15~19℃时，平均2~10天内死亡；8~10℃时，平均
死亡时间3~13天。试验结果显示，较高的温度季节感染强度
较大。

小龙虾白斑综合征的症状主要有以下几点：感染了WSSV
的小龙虾的症状和染病对虾不同，因此不能按照对虾的症状
来诊断。染病虾在整个发病过程中头胸部等外壳上一般不出
现明显的白斑。

①病虾活力低下，附肢无力，无法支撑身体，应激能力
较弱，大多分布于池塘边。

②病虾体色较健康虾灰暗，无光泽，部分虾头胸甲处有
黄白色斑点。

③虾体解剖后可见头胸甲内侧有一层薄膜，疑是蜕壳困
难；胃肠道空而无食或充满水，部分病虾有黑鳃症状。

④部分虾尾部肌肉发红或者呈现白浊样。

⑤死亡过程是先死大规格虾，再死中规格虾，最后小规
格虾也陆续死亡。

⑥解剖后可见患病虾肝胰脏肿大，其颜色较正常虾深，
部分患病虾的肝胰脏有坏死现象，肠道的颜色有明显分节的
现象。

⑦血淋巴不易凝固，头胸甲易剥离。死亡率为30%~50%
（图7-3-3、图7-3-4）。

快速诊断的典型症状是：螯足无力，腹足微动或者不动，
则暂时归为白斑综合征，采用PCR检测的方法能快速确诊。

有些学者进行了有关小龙虾白斑综合征免疫研究。袁军

图7-3-3　病虾头胸甲易剥离　　图7-3-4　头胸甲上有白斑

法等利用原核表达的对虾白斑综合征病毒结构蛋白VP28口服免疫小龙虾，结果表明VP28能有效激起机体的免疫反应。用家蚕-杆状病毒表达系统在蚕蛹体内表达的重组病毒囊膜蛋白rVp28制成的疫苗口服免疫小龙虾，观察了其对白斑综合征病毒人工感染的保护作用。结果表明，重组囊膜蛋白rVp28免疫后，对口服感染具有显著的保护作用，对注射感染有一定的保护作用。Jha等认为用在酵母细胞中表达的病毒囊膜蛋白VP19与VP28重组蛋白制成的疫苗对小龙虾免疫预防白斑综合征是可行的。也有人尝试利用中草药提高小龙虾的免疫力。郝忧等在基础日粮中添加中草药复合添加剂（0.3%大黄+0.3%淫羊藿+0.2%黄芪+0.2%板蓝根）可以促进小龙虾的生长，提高机体的非特异性免疫力以及抵抗白斑病综合征病毒的能力。洪徐鹏等发现，添加0.8%的黄芪多糖可提高小龙虾26.67%的存活率，对提高小龙虾抗WSSV感染有很好的效果。

（2）中肠腺白浊病（中肠腺坏死病）。小龙虾容易罹患中肠腺白浊病，研究表明该病是由杆状病毒所致。感染该病毒并发病的虾有多种症状类型，有的浮游在水面，反应迟钝；有的幼虾头和尾弯向一侧略呈弯弓形；有的头部向上，整个身体几乎与水面垂直；有的来回旋转。用显微镜检查胃肠内无食物，中肠腺、胃和整个消化道都呈白浊状。此病发展迅速，危害严重，自发病之日起 1~2 天就会有 60%~70% 死亡。

该病的确诊可直接观察中肠腺、胃和整个消化道都呈白浊状可基本判断为该病，采用 PCR 检测的方法能快速确诊。

● 2. 细菌性疾病的诊断 ●

（1）褐斑病。褐斑病，有人又将其称为甲壳溃烂病或甲壳溃疡病，是甲壳类动物常见的一种细菌性疾病，能够感染很多种类的甲壳动物，如龙虾、对虾、蟹及淡水螯虾等的幼体和成体。许多人认为该病的病原为假单胞菌、气单胞菌、黏细菌、弧菌或黄杆菌等能分解几丁质的细菌。引起该类细菌感染的原因有几种情况：

①由于捕捞或人为原因造成虾上表皮损伤，导致小龙虾的损伤处被该类具有几丁质分解能力的细菌从伤口处侵入。

②长期的营养不良，导致虾体质减弱，抗病能力下降，也能引起该类细菌感染。

③由其他细菌直接侵入，破坏了小龙虾的外壳，再被几丁质分解细菌侵袭。

④环境中的某些化学物质或药物引起虾体外壳损伤或体质下降，被该类细菌感染。

小龙虾容易感染该病的位置一般在头胸甲、腹部及鳃部。被该类细菌侵袭，轻度感染时只在表皮有颜色较深的溃烂斑点，呈灰白色，边缘溃烂；严重感染时，斑点呈黑褐色，中间凹陷，有较多较大的空洞，菌体可穿过甲壳进入软组织，使病灶粘连，脱壳困难，导致虾的体内感染，直至死亡。

诊断方法：该病可通过肉眼观察，发现虾体表出现灰白色或黑褐色斑点，即可判断为甲壳溃烂病。如溃疡点为灰白色且未穿透甲壳即为轻度感染，需要及时处理，以免病情恶化；如斑点中间凹陷，颜色为黑褐色则为重度感染，需要马上处理，以免出现大规模死亡。

（2）烂鳃病。很多病原感染均可能造成小龙虾出现烂鳃症状，有由丝状细菌感染引起的烂鳃，也有由弧菌和杆状细菌引起。

丝状细菌是一种毛发状白丝菌，通常为毛霉亮发菌和发硫菌等丝状细菌。该类菌可生长在虾的体表、附肢、尾扇等多处，但主要寄生于鳃部。毛霉亮发菌，为革兰阴性菌，呈头发状，不分支，基部略粗，尖端稍细；长度差异较大，从数微米到500微米以上；菌丝一般无色透明，但有时在较老的菌丝内有颗粒状物质。发硫菌的外形和繁殖方法与亮发菌很相似，但在菌丝细胞质内有许多含硫颗粒。

患病个体的体表簇生大量丝状细菌，其中，幼体期主要附着于肢体上，而成体期则主要附着于鳃和附肢刚毛等处。不过，丝状细菌感染宿主后并不侵入宿主组织，也不从宿主体内吸取营养，它主要以宿主为附着基，与宿主之间属于附生或外共栖关系。但是它对宿主可造成较严重的间接危害，如在鳃部大量寄生，可导致单细胞藻类和各种污物黏附，使鳃呈黑色、棕色或绿色，阻塞鳃部的血液流通，严重影响其呼吸功能，从而导致虾体缺氧，出现沉入水底，活力下降，行动缓慢、失常，迟钝，厌食等症状，致使病虾生长缓慢，甚至因呼吸衰竭造成大量死亡；体表附着大量丝状细菌，还可导致虾体因蜕壳困难而死亡。此外，丝状细菌感染幼体后，致使患病幼体活力下降，影响其生长和发育。

诊断方法：若发现病虾鳃部颜色发黑、发绿，有毛发丝状物时，剪取少量鳃丝在清水中涮洗，附着物会大量脱落，即可初步判断为丝状细菌引起的烂鳃病，否则可能是其他病原造成的烂鳃。通过制作鳃丝水浸片，显微镜检查，发现有大量毛发状不分支的透明丝状物即可确诊。

（3）烂尾病或甲壳溃烂病。由于机械捕捞，人为因素，饵料不足引起相互残食的原因导致小龙虾体表受伤，病原可能是黏球菌类细菌和荧光级毛杆菌类细菌，这类细菌能分解几丁质，导致小龙虾溃烂，残缺不全及坏死。

诊断方法：感染初期在病虾尾部肉眼可见有水泡、边缘溃烂、残缺不全及坏死。随着病情的加深，溃烂点逐步向中间伸展，直至整个尾部烂掉。若发现小龙虾尾部溃烂或脱掉，可诊断为小龙虾的烂尾病。

（4）肠炎病。由于螯虾的肠道被嗜水气单胞菌侵害导致。属弧菌科，气单胞菌属，是一种人畜鱼虾都可患病的病原菌。20 世纪 90 年代后，很多报道表明该病菌成为水产类动物的主要致病菌。可引起暴发性肠炎病，并造成大量死亡，给淡水小龙虾产业造成了重大的经济损失。

诊断方法：解剖后病虾肠内无食物、体质较弱，游动无力，肠道变粗、变红，有黄色脓状物，可诊断为小龙虾肠炎病。

（5）水肿病。由于小龙虾好斗的天性或由于饵料不足导致互相残食的原因，致使小龙虾的腹部受伤继而感染嗜水气单胞菌引发的小龙虾头胸肿大，透明状的症状，为水肿病。患病的虾头，胸内水肿，透明状。病虾匍匐池边草丛中，活力下降，摄食率降低，最后在池边浅水滩死亡。

诊断方法：小龙虾的头胸部水肿，呈透明状，解剖体内充满水分，可诊断为水肿病。出现此症状时应及时做好处理。

（6）出血病。出血病是由气单胞菌引起的败血症。体表布满了大小不一的出血斑点，特别是附肢和腹部较为明显，肛门红肿。由气单胞菌引起的虾出血病，此病来势凶猛，发病率高，一旦染上出血病，不久就会死亡。

诊断方法：病虾体表布满了大小不一的出血斑点，特别是附肢和腹部较为明显，肛门红肿的症状基本可判断为出血病。

●**3. 真菌性疾病**●

（1）水霉病。由水霉菌引起，属卵菌纲鞭毛菌亚门，是一种条件致病菌。水霉菌的形状细长如毛发一般，一端生根于虾的肌肉组织，另一端则伸出体外，灰白色，棉絮状如柔软的纤维。水霉菌不仅可以侵入小龙虾的外表而且能进入虾的外骨骼并破坏其角质层，导致小龙虾的抵抗力降低，引发死亡。卵和幼虾极易感染，且抵抗力极低。体表无损伤的健康虾的染病率为20%，体表受伤的虾染病率为60%。

患病的小龙虾伤口处的肌肉组织长满菌丝，组织细胞逐渐坏死。病虾体表附着一种灰白色、棉絮状菌丝，消瘦乏力，活动焦躁，摄食量降低，游动失常，患病的虾常浮出水面或依附水草露出水外，行动缓慢呆滞。一般很少活动，不进入洞穴，严重者死亡。

诊断方法：体表附着灰白色，絮状菌丝，菌丝细长，小龙虾浮出水面或在水草中不动，出现这种状况时，可把病虾在水中摆动，若霉状物脱离较少，可诊断为水霉病。

（2）小龙虾瘟疫病。是由螯虾丝囊霉菌引起的一种真菌病，病原是 *Aphanomyces astaci* 真菌。该病菌是由美国淡水螯虾引入北欧，在欧洲传播开来，淡水螯虾极易感染，死亡率高达100%。感染后，发病时间短，感染到死亡仅需1~2周，且随着温度升高疾病暴发率越大。

被感染小龙虾的体表附着黄褐色的斑点，在附肢及眼柄处有丝状体的真菌，并产生游动孢子感染其他个体，病原在侵入小龙虾体内后，破坏中枢神经，神经系统，导致小龙虾的运动功能损伤，病虾呆滞，活动性减弱或活动不正常，不久即死亡，死亡时多腹部向上，俗称"偷死病"。

诊断方法：小龙虾的附肢、眼柄基部附着真菌的丝状体，体表呈黄褐色斑点，在水中没有活力，初步可诊断为小龙虾瘟疫病。

（3）黑鳃病。由于暴雨或者持续的阴雨天气，水位较浅的池塘底泥不断搅动，导致池水混浊，污染严重，加上光照不足的原因，池水中的霉菌滋生，小龙虾的鳃则会受到霉菌的感染，长满霉丝，阻碍小龙虾的呼吸，补充氧气的功能。染病小龙虾的鳃部由原先的红色逐渐转变成褐色，鳃部逐渐萎缩，失去作用，而后导致死亡。

导致黑鳃病的病原属真菌中的半知菌类（如镰刀菌、丝囊霉菌）。该病是由池塘水质恶化污染，促使镰刀菌大量繁衍寄生在小龙虾鳃丝、体壁、附肢基部或眼球上所致。患病的小龙虾对阳光的感应减弱，失去活力，缓慢的在池底游动，停止摄食，生长缓慢，蜕壳困难，尾部蜷缩，体色发白。患病的成虾常浮出水面或依附水草露出水外，行动缓慢呆滞。

诊断方法：鳃部颜色逐渐变黑，萎缩，腹部蜷曲，僵硬，懒于行动，可诊断为黑鳃病。

●4. 寄生虫引起的疾病●

（1）纤毛虫病。当池中的底质恶化，引起 pH 值的变化，大量污物堆积在池底，池中大量产生纤毛虫（图 7-3-5、图 7-3-6）。主要有累枝虫（图 7-3-7）、聚缩虫（图 7-3-8）、斜管虫、钟形虫（图 7-3-9）、单缩虫等寄生引起。纤毛虫附着在虾体表、附肢、鳃上，大量附着时，会妨碍虾的呼吸、活动、摄食和蜕壳机能，影响生长发育，虾体表沾满了泥脏物，并拖着絮状物，俗称"拖泥病"。

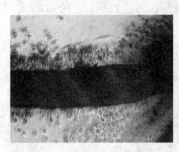

图 7-3-5　鞭毛上寄生大量纤毛虫　　　图 7-3-6　口器刚毛寄生大量纤毛虫

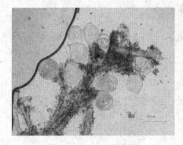

图 7-3-7　累枝虫　　　　　　　　图 7-3-8　聚缩虫

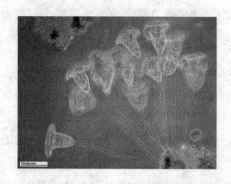

纤毛虫附着在成虾或虾苗的体表、附肢和鳃上,当固着性纤毛虫少量附生于虾体时,症状并不明显,虾也无病变,但当虫体大量附生在虾的鳃上时,鳃呈黑色,影响鳃丝的气体交换,会引起虾体缺氧而窒息死亡。大量附生在体表时,小龙虾呈灰黑色有绒毛状附着,蜕壳受阻,造成死亡。病虾在早晨浮于水面,反应迟钝,不摄食,不蜕壳,生长受阻。纤毛虫病的主要危害是幼体在患病期间虾体表面覆盖一层灰色或绿色絮状物,致使幼体活动力减弱,影响幼体的发育变态。对幼虾危害较严重,成虾多在低温时候大量寄生,影响小龙虾的呼吸,在低溶氧的情况下更易引起螯虾大批死亡。

诊断方法:体表沾满纤毛虫,呈白色絮状,拖有很多杂物,即可诊断为纤毛虫病。

(2)孢子虫病。主要是由微孢子虫所致,报道最多的是单极虫,大多数的孢子都是卵圆形的。现阶段对螯虾微孢子虫的生活史暂不清楚,由于微孢子虫种类不同故有所差异,一般以桡足类和水生昆虫作为宿主。微孢子虫能够感染多种脊椎动物和无脊椎动物，尤以淡水螯虾中常见，被认为是除了螯虾瘟疫最严重的疾病（图7-3-10、图7-3-11）。

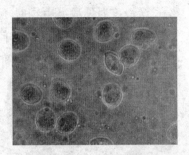

图7-3-10　单极虫　　　　　　图7-3-11　双极虫

一般寄生的位置在血管和消化道的平滑肌或生殖腺中，主要症状是在虾的背部有不透明的白色区。肌肉是微孢子虫的主要靶组织，感染早期，肌肉出现点状白浊，肌肉混浊，嗜睡；而感染晚期，整个肌肉均呈白浊状，俗称"白化虾"。这类单极虫亦能感染心脏、性腺、结缔组织、神经组织以及血淋巴结。

背面可见蓝黑色色素沉淀，虾肌肉松散，发白，出现这种症状时，可诊断为孢子虫病。

● 5. 水质引起的疾病 ●

（1）缺钙。小龙虾在生长期间由于虾苗放养时密度过大，单一饵料的长期投喂，营养不均衡，水体缺乏钙元素导致小龙虾的难以蜕壳而引起的疾病也可因由于长期的阴雨天气，养殖池内缺少阳光，部分养殖户的池塘淤泥过厚使水中的 pH 值长期偏酸性，蜕壳后，虾无法利用钙、磷等元素，最终致使虾的外壳软化。

病虾在其头胸部与腹部交界处出现裂痕，体色偏暗，全身发黑，活力减弱，螯足无力，多数沉入水底，食欲降低，生长缓慢，遇见敌害生物时不会躲避。身体弯曲，有的尾部弯曲或萎缩，有的附肢上刚毛变弯，甚至残缺不全。幼体趋光性较差，蜕壳十分困难（图7-3-12、图7-3-13）。

图7-3-12　小龙虾在水草中蜕壳　　　图7-3-13　小龙虾蜕的壳

（2）缺氧。池水中氧气过低或耗氧动植物过多导致水中氧气消耗过快，小龙虾便会因氧气稀少而引发泛池。出现全池虾向浅水地方或池岸边集结的现象，虾朝一个方向缓慢爬行或游动，遇敌害物或发现危险攻击时，也不逃遁。这是小龙虾即将泛塘的前兆。严重缺氧时，小龙虾在水中到处游动，大量爬到岸边草丛中，活力下降，浮在岸边不动，有的爬上岸，长时间离水则导致死亡。

观察水中的小龙虾的摄食量，摄食量过少或小龙虾的尾部蜷曲或附肢刚毛变形，则需要检查水质。

（3）中毒。淡水小龙虾对化学物质非常敏感，超过一定的浓度即可发生中毒。能引起虾中毒的物质称为毒物，单位为百万分之几（毫克/升）和十亿分之几（微克/升）。

能引起小龙虾中毒的化学物质有很多，从来源看主要是化肥、农药和有毒药物进入虾池；工业污水排放进入虾池；水池中有机物腐烂分解而来等。池中残饵、排泄物、水生植物和动物尸体等腐烂后，微生物分解产生大量氨、硫化氢、亚硝酸盐等有毒物质；工业污水中含有汞、铜、镉、锌、铅、铬等重金属元素、石油和石油制品，以及有毒性的化学成品，都会使虾类中毒，生长缓慢，直至死亡。另外，小龙虾对很多杀虫剂农药特别敏感，如敌百虫、敌杀死、马拉硫磷、对硫磷等，是虾类的高毒性农药，除直接杀伤虾体外，也能使虾感染肝胰腺的病变，引起慢性死亡（图7-3-14~图7-3-17）。

图7-3-14　硫酸锌中毒的小龙虾

图7-3-15　重金属中毒肝胰腺出现颗粒

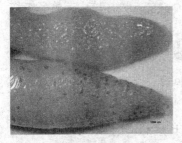

图7-3-16　重金属中毒肝胰腺出现颗粒

图7-3-17　重金属中毒卵细胞坏死

症状主要有两类，一类是慢性发病，呼吸困难，摄食减少，个别发生死亡，随着疫情发展，死亡率增加，这类疾病多数是由池塘内大量有机质腐烂分解引起的中毒；另一类是急性发病，主要因工业污水和有机磷农药等所致，出现大批死亡，尸体上浮或下沉，在清晨池水溶解氧量低时更明显。在尸体剖检时，可见鳃丝组织坏死变黑，但鳃丝表面无纤毛虫、丝状菌等有害生物附生。在显微镜下见不到原虫和细菌、真菌。

（4）青苔过多。青苔又叫青泥苔，是水绵、双星藻、转板藻等几种丝状绿藻的统称。青苔出现多因前期肥水时浮游藻类没有按时生长，而丝状藻类大量繁殖。若不及时处理，它不仅消耗鱼池水中的养料，水中养分被青苔全部消耗，影响浮游生物的繁殖，导致水体清澈见底。当小龙虾爬入青苔类丝状藻中时，往往被乱丝缠住，难以正常爬出，导致小龙虾死亡。尤其是在苗种阶段时损失率较高。如果小龙虾没有被缠绕致死，而是顺利爬出，也会花很长时间，消耗体力。青苔类丝状藻类为绿色植物，在光照充足的环境中光合作用非常强烈，经常可以见到不断有气泡从中冒出，这就是氧气，该环境中溶氧处于超饱和状态。小龙虾长期处在高溶氧状态下极容易发生气泡病，严重的直接致死，病情较轻的会继发感染各种疾病。出现这类状况则说明养殖的池水出现很大问题，这时应该立即处理养殖的水域（图7-3-18~图7-3-21）。

（5）由于水中温度问题产生的疾病。小龙虾属变温动物，最适的生长温度是18~28℃，当水温<15℃或者>30℃的时候，生长率下降，<15℃时，幼体的成活率极低，<4℃时，则会被

图 7-3-18 青苔死亡后上浮

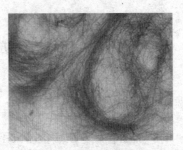

图 7-3-19 青苔苔丝

图 7-3-20 水网藻

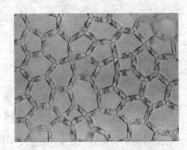

图 7-3-21 水网藻结构图

冻伤或冻死。在高温季节，因池内隐蔽物少，光照过于强烈或水温高于 36℃，或短时间内水温温差超过 4℃ 以上，成虾受惊吓造成虾躯体痉挛，弓腰，尾成钩状。有的病虾躯体僵硬，肌肉坏死或虾仰体不停地弹动。捞出后很长时间内不能恢复正常，虽能短暂划动，但是身体呈弯钩状，无法伸展。小龙虾冻伤时，腹部出现白斑，随着病情的加重白斑也随之变大，最终蔓延到整个身体。冻伤初期呈昏迷状态，躺在浅水层草中；后期，则肢体麻痹、僵直等症状，不久便死亡。

当小龙虾腹部有白斑且越来越大，肌肉坏死，呈白色不透明状，虾的身体蜷曲，成钩状，肢体僵硬，伸展不开，则可断定为由水温而引起的疾病。

二、小龙虾疾病的预防方法

水生动物平时都是隐身于水中或水草中，当有疾病出现时不易察觉，一旦发生疾病后治疗难度较大，因此要注意巡塘，加强管理，疾病控制采用以防为主，防治结合的原则。

●1. 改善水质增强小龙虾抗病能力●

（1）每年在养殖后对池塘进行全面的清淤消毒的工作。首先，把池水排干，对池底的淤泥进行一定的捞除，留10厘米左右即可。再撒上生石灰进行暴晒。这样可以去除底质中的寄生虫、病原、杂物等。

（2）保证池塘水源的清洁卫生。远离工厂、农田取水。从地下抽上来的地下水也不可直接进行养殖，需进行一定的过滤方可进行养殖。养殖前，要先对水进行曝气，避免水中因缺氧而导致小龙虾的死亡。

（3）保持池水清新，无污染及时清除残饵及水中污物，透明度控制在35~40厘米。适时换注新水，一般7天换水一次，高温季节每2~3天换水一次，每次换水量为池水的20%~30%，保持水质，肥、活、爽、嫩，溶氧量5毫克/升以上。定期泼洒生石灰或光合细菌、硝化细菌等生物制剂调节水质，消除水体中的氨氮、亚硝酸盐、硫化氢等有害物质，保持池水 pH 值在7.5~8.5。

（4）在养殖期间，一旦小龙虾死亡过快或过多，要尽快对养殖水体进行改良，严重时则需要全池换水。若发现病虾、死虾则需要尽快清除，避免因为部分虾病而影响全池小龙虾的生长。

● 2. 增强小龙虾抗病能力 ●

（1）投喂复合中草药免疫增强剂提高小龙虾抗病能力。甲壳类动物无特异性免疫系统，以非特异性免疫为主，溶菌酶（LZM）、超氧化物歧化酶（SOD）、铜蓝蛋白（CP）以及过氧化物酶（POD）等是重要的免疫因子，以不同的方式抵御病原体的侵袭。有研究者探索利用中草药提高养殖小龙虾的免疫功能和机体防御能力，从而达到防止疾病的目的。由于中草药饲料添加剂具有补充营养，提高机体的特异性和非特异性免疫力的功能，同时具有抗菌、抑制病毒等方面的作用，故而日益受到海内外畜牧养殖从业者的关注和重视，并成为研究的一个新的增强小龙虾体质的方法。下面介绍几个目前的研究成果，供从业者参考。

唐宁等研究了一种缩短小龙虾蜕壳时间的中草药添加剂。用玄参、忍冬、石斛、牛膝、薏苡仁、黄芪、黄芩、板蓝根按照 4：4：4：4：1：1：1：1 的比例水煮 3 次，合并 3 次药液，浓缩，85℃烘干，粉碎过 80 目筛。按质量比加入 2%的添加剂。能显著缩短脱壳时间，提高脱壳率和成活率，增加软壳虾个体重，降低死亡率，从而达到了提高软壳虾总产量的目的。

许巧情等通过饲喂陈皮、甘草、淫羊藿 3 种中草药的饲料添加剂，诱导克氏原螯虾溶血素和凝集素的产生，提高溶血素和凝集素在血淋巴液中的浓度，从而增强克氏原螯虾的免疫功能。具体做法为将陈皮、甘草、淫羊藿 3 种中草药粉碎过筛后，再用醇提法分别提取其有效成分，将其制备出的浓缩液按质量分数5%的比例添加于基础饲料中制成颗粒药饵投喂小龙虾。

丁建英等介绍了采用金银花、黄芪、茯苓和鱼腥草构成的增强小龙虾抗病能力的饲料添加剂。该添加剂能显著提高小龙虾的血细胞总数，增强溶菌酶、超氧化物歧化酶、酸性磷酸酶和碱性磷酸酶活性而确保健康生长，并且降低死亡率。具体制作方法为：按重量份数称取金银花1份、黄芪0.8~1.2份、茯苓0.6~1.0份和鱼腥草0.7~1.1份，含水率为8%~10%。将原料分开浸泡，冷水与金银花、黄芪、茯苓以及鱼腥草的重量比均为6~（8∶1），浸泡的时间为10~30分钟，再进行分开水煮，水煮的次数为2~4次，在每一次水煮后进行过滤，并且后一次水煮的时间比前一次水煮的时间长0.5~1倍，而第一次水煮的时间为40~60分钟；而后使用50~70目的纱布分开过滤，得到滤液。将滤液进行浓缩，浓缩至所述滤液体积的40%~50%，并且将滤液分开浓缩，得到金银花浓缩液、黄芪浓缩液、茯苓浓缩液和鱼腥草浓缩液。按金银花浓缩液、黄芪浓缩液、茯苓浓缩液和鱼腥草浓缩液的质量比为（0.8~1.2）∶（0.6~1.2）∶（1∶1~1.4）混合。添加剂的使用方法，其是以喷洒方式将小龙虾饲料添加剂均匀地喷洒至饲料的表面，添加剂与饲料的体积重量比为5~10毫升∶100~160克，60~80℃烘干2~4小时，即可使用。

沈美芳等设计了一种抗白斑综合征病毒中草药免疫增强剂。其成分主要大黄、淫羊藿、黄芪和板蓝根是我国传统中药材，具有抗病毒、抗氧化、调节机体体液免疫、激活免疫因子等功效，尤以大黄效果最佳。利用大黄与黄芪的"相使关系"，大黄、淫羊藿和黄芪皆具有调节免疫和抗炎活性，可双向调节免疫应答、炎症反应过程中各种因子的产生，以黄芪补中益气，淫羊藿调节免疫以扶正，板蓝根清热解毒以祛邪，三药合用，共奏扶正祛邪、清热解毒之功。四种药物复配，克服了单一药物的不足之处，得到抗白斑综合征病毒中草药组合物，此免疫增强剂能够直接清除小龙虾体内的自由基，消除自由基对机体组织器官正常功能的负面影响，加快修复被破坏的免疫系统，能提高机体的免疫、抗氧化能力以及抵抗 WSSV 感染能力，促进小龙虾机体生长，提高存活率。免疫增强剂的组分为大黄 $25\%\sim45\%$，淫羊藿 $20\%\sim35\%$，黄芪 $15\%\sim30\%$，板蓝根 $12\%\sim32\%$。组合物各组分先粗粉碎、再经超微粉碎机粉碎，过 120 目的筛网后，在混合机内充分混匀，即制成所述的免疫增强剂。使用时按照饲料重量的 $1\%\sim1.5\%$ 添加到常规饲料中即可。

（2）投喂复合维生素免疫增强剂提高小龙虾抗病能力。王玉凤等设计了添加维生素提高免疫抗病力的免疫增强饲料。维生素 A 添加量为 0.006%，维生素 C 添加量为 0.02%，维生素 E 添加量为 0.04%。维生素 A 可促进新生细胞生长发育、维护骨骼健康的作用，对维持眼和鳃的正常结构及功能很重要，并有助于提高免疫力和抗感染力。维生素 C 又称 L-抗坏血酸，是一种抗氧化剂，保护身体免于自由基的威胁，维生素 C 同时也是一种辅酶，能起到增强免疫的作用。

（3）投喂其他免疫增强剂提高小龙虾抗病能力。每千克虾用 10 克大蒜素拌入饲料中制成药饵投喂，连用 $4\sim6$ 天，可预防细菌性肠炎病。注意在投喂药饵时，投饵量为平时投喂量的 70%左右，以保证药饵每天能吃完。

在小龙虾饲料中添加一定量的壳聚糖有可能促进虾的生长和提高其免疫力，其中适宜添加量为 0.5%~1.5%。

●3. 细化生产操作，减少疾病发生率●

（1）彻底清塘消毒。在小龙虾放养前，要对虾池进行清整与消毒，杀灭敌害生物及有害病原体。排干池水，清除池底淤积，暴晒数天，同时修补池坝，堵塞漏洞。在虾放养前 10 天左右，每亩用 50~80 千克生石灰干法清塘消毒。

（2）严防敌害。在进排水口和池坝上设置过滤网片，严防敌害生物进入。一旦发现虾池中有鲶鱼、黑鱼、鳜鱼、蛙、水蛇、黄鳝、水鼠等敌害生物时，及时采取措施清除。

（3）虾种消毒。虾种从外地运入，往往带有各种病原体。而且在捕捞、运输过程中虾体极易受伤，为病原体侵入提供了机会。因此在放养前，需要虾种浸入 5 毫克/升的高锰酸钾水中 5~10 分钟，进行虾体消毒。

（4）增强饲养管理。按照"四看，四定"的原则，做好投饲技术，增强小龙虾体质，提高自身免疫力，是预防小龙虾的重要措施之一。

（5）加强日常管理工作。在日常管理中，要经常对池塘和渔具进行消毒。平时做到早、晚巡塘，发现异常及时采取措施，做到疾病早发现、早预防、早治疗。

●4. 改善养殖模式提高小龙虾抗病能力●

（1）种植水草。由于小龙虾是杂食性动物，放养前，适当的植入一些水生植物，水草种植面积占全池总面积的 2/3，增加水中的氧气，提供水生动物的生长，成为小龙虾的饵料，并且水草可给小龙虾提供隐蔽、栖息、蜕壳的场所。

（2）投放螺蛳。幼小的螺蛳外壳较为脆弱，富含营养，易被消化吸收。放养前，每亩投放螺蛳200千克，不仅提高小龙虾的摄食率，而且增强体质。

（3）科学混养。实行科学混养模式。可在养小龙虾的池内放入花白鲢等品种的鱼类，共同养殖，以达到更好的养殖效果。

（4）适时的换水与增氧。在水质变差的时候加注新水，以改善水质。当小龙虾出现缺氧的症状时，及时开动增氧机，增加水中的含氧量。

（5）水质调节。使用微生态制剂，降解有机物，净化环境。微生态制剂中的有益菌如枯草芽孢杆菌、硝化细菌等，能发挥氧化、氨化、硝化、反硝化、解硫、硫化、固氮等作用，将动物的排泄物、残存饵料、浮游生物残体、化学药物等迅速分解为二氧化碳、硝酸盐、磷酸盐、硫酸盐等，为单胞藻类生长繁殖提供营养，而单胞藻类的光合作用又为有机物的氧化分解及养殖生物的呼吸提供了溶解氧，构成一个良性的生态循环，维持和营造了良好的水质条件。光合细菌对弧菌等多种致病菌生长具有抑制作用，光合菌群的代谢物质可以被植物直接吸收，还可以成为其他微生物繁殖的养分，如果光合细菌增殖，其他的有益微生物也会增殖。菌体本身含60%以上的蛋白质，还含有参与糖、脂蛋白代谢的重要辅酶维生素H，与呼吸作用有关的辅酶Q，参与蛋白质代谢的多种酶的成分VB，参与碳的转移、促进具有吞噬异物功能的血细胞成熟的叶酸和能消除生物体内自由基起防病效果具有抗氧化和抗病变作用的类胡萝卜素等；细胞壁中含有肽聚糖能刺激肠道的免疫细胞增加局部性抗体，增强巨大吞噬细胞活性，从而增强动物机体的免疫力减少鱼病的发生。每隔15天使用一次光合细菌或EM菌，净化水质。发病率低的月份和蜕壳期间泼洒生石灰15~20千克/亩，增加钙含量和保持水质清新。

三、小龙虾疾病治疗方法

● 1. 病毒病的治疗方法 ●

目前尚无有效的治疗药物来控制疫情，以预防措施为主。小龙虾感染中肠腺坏死病毒和白斑综合征病毒时往往并不会立即致死，很多小龙虾可以在携带病毒的情况下正常生长至商品规格上市，因此通过一系列预防处理措施就能将损失降到最低。具体做法为：

种苗入池前必须先病毒检测有无携带病毒，尽量选用不带病毒的种苗养殖。养殖过程中，采用封闭循环水养殖，防止外在病源的进入，一旦发现病虾、死虾应认真处理好死亡的病虾，在远离养殖塘处掩埋，防止水鸟、蛙类捕食病死虾，以免病毒传播扩散，并用二氧化氯全池泼洒消毒，杀灭水中的病原。

养殖时投喂优质的全价饲料，并在饲料中添加一定的抗病毒添加剂，增强小龙虾的免疫力，防止病情恶化。平时在养殖水体内使用生物制剂，以保持水环境的稳定。

● **2. 细菌性疾病的治疗方法** ●

在养殖过程中如果发生了细菌性疾病可能导致小龙虾死亡或已经出现死亡时要及时采取有效措施进行治疗，以免造成更大的损失。细菌性疾病的一般治疗思路是疾病高发期内服免疫增强剂，增强抗病能力，外用消毒药减少致病菌数量。疾病开始出现后采用"外用消毒药，内服抗菌药物"的方法进行治疗。

（1）常用的外用消毒药。细菌病防治过程中常用的消毒剂种类有：含氯消毒剂主要是指溶于水中能产生次氯酸的一大类卤素类消毒剂，目前常用的含氯消毒剂，主要有次氯酸钠、漂白粉、二氧化氯、氯胺-T、三氯异氰尿酸、二氯异氰尿酸钠、氯溴三聚异氰酸等。该类消毒剂主要通过在水中形成次氯酸作用于菌体蛋白质，破坏其磷酸脱氢酶或与蛋白质发生氧化反应，致使细菌死亡。次氯酸分解形成新生态氧，将菌体蛋白氧化或氯直接作用于菌体蛋白，形成氮-氯复合物，干扰细胞代谢，引起细菌死亡。含氯类消毒剂目前在水产上应用最多，市场巨大，其中二氧化氯更被人们推崇为绿色消毒剂，它高效广谱，对许多病原微生物（如细菌、真菌、病毒、寄生虫）均有杀灭作用。是一般氯制剂杀灭能力的2~6倍，它作用水体后不生成有害物质（卤代有机物），机体不易产生抗药性，无残留，是一种绿色环保消毒剂，随着近年来二氧化氯价格的下降，其生产上的应用越来越普遍。

溴类杀菌消毒剂近年来逐步兴起，已受到人们的普遍欢迎，其典型代表物为溴氯海因、二溴海因和最新研制出的富溴。该系列消毒剂主要通过在水中形成次溴酸，降低微生物的表面张力，破坏有机物保护膜，促进卤素与病原菌蛋白质分子的亲和力，提高杀菌活性。与传统的氯制剂相比，该类消毒剂具有杀菌效力更高、广谱、药效更持久、不易挥发、对金属腐蚀性小等优点。

含碘消毒剂在水产上常用碘、碘伏和聚乙烯酮碘（PVP-I）。碘可氧化病原体胞浆蛋白的活性基团，并能与蛋白质结合，使巯基化合物、肽、蛋白质、酶、脂质等氧化或碘化，从而达到杀菌的目的。该类消毒剂亦为广谱消毒剂，对大部分细菌、真菌和病毒均有不同程度的杀灭作用。

季铵盐类消毒剂有新洁尔灭、洗必泰、度米芬、消毒净、百毒杀等。分子结构中的疏水基团可渗入细菌胞浆膜和蛋白质层，使细菌的通透性发生变化，导致菌体内的酶、辅酶和代谢产物外漏，妨碍细菌的呼吸及糖酵解过程，并使细菌蛋白变性，具有杀菌浓度低，毒性和刺激性低，无腐蚀和漂白作用，水溶性好，性质稳定等优点，其在低浓度下抑菌，高浓度时杀灭大多数细菌繁殖体和部分病素养，但对结核杆菌、绿脓杆菌、芽孢和大部分病毒的杀灭效果较差。

醛类消毒剂主要有戊二醛，能与蛋白质中的氨基酸结合，蛋白质变性，酶失活，对细菌、芽孢、病毒、寄生虫、藻类、真菌均有杀灭作用，其中戊二醛具有广谱、高效、速效、低毒等特点，水产上已逐渐开始使用，戊二醛和苯扎溴铵复合使用效果更加显著。

过氧化物类消毒剂主要有过氧乙酸、过氧化氢、过氧化钙、臭氧等。具有强大的氧化能力，与有机物相遇时放出新生态氧，氧化细菌体内的活性基团。这类消毒剂杀菌能力强，易溶于水，在水中分解产生氧，亦可作为增氧剂，是近年来人们公认的无公害消毒剂。

（2）常用的内服药物。抗微生物类内服药物在水产动物疾病防治、促进生长、补充营养成分等方面发挥了积极作用，尤其是抗生素的应用有效控制了许多水产疾病的发生，促进了水产养殖业的发展。但是，由于抗生素的不断使用容易产生耐药菌株、存在药物残留以及容易破坏水生动物微生态平衡，一方面使得水产养殖疾病越来越难治；另一方面水产品质量安全得不到保证。因此，为了人类的健康和水产养殖业的可持续发展，农业部限定了抗生素在水产养殖中的应用，专门列出了几种抗生素在水产养殖中可以使用。在实际养殖过程中应该尽量少用抗生素，改用其他替代药物或综合防治方法防控疾病，而且在使用过程中严禁使用禁药及全池泼洒用药。

在水产养殖中允许使用的内服抗微生物药物及防治疾病的种类见表7-3-1。各种抗微生物药物的药理作用均不同。

表7-3-1　常用内服渔药及使用方法

序号	种类	药物名称	主要防治对象	用量毫克/（千克体重·天）	使用时间/天
抗生素	四环素类	盐酸多西环素粉	肠炎病、弧菌病等	50~80	6~10
	氨基糖苷类	硫酸新霉素粉（水产用）	烂鳃、黑鳃、败血症、肠胃炎、褐斑、甲壳溃疡、水肿病等	150~210	5~7
	酰胺类	甲砜霉素粉	败血症、肠炎病、甲壳溃疡、烂鳃病等	120	3~4
		氟苯尼考	肠炎、烂鳃、黑鳃、弧菌	100~150	2~3

（续表）

序号	种类	药物名称	主要防治对象	用量毫克/（千克体重·天）	使用时间/天
人工合成抗菌药	喹诺酮类	诺氟沙星粉	烂鳃病、烂尾、水肿病等	200	3~5
		诺氟沙星盐酸小檗碱预混剂	烂鳃病、败血症、链球菌	150	5~7
		乳酸诺氟沙星可溶性粉	烂鳃病、烂尾、水肿病等	150	3~4
		盐酸环丙沙星盐酸小檗碱预混剂	烂鳃、肠炎、体表溃疡	150	3~4
		恩诺沙星	肠炎、烂鳃	320	3
		烟酸诺氟沙星预混剂	烂鳃、肠炎、体表溃疡	200	5
	磺胺类	复方磺胺嘧啶粉	甲壳溃疡、烂鳃、黑鳃、弧菌、肌肉白浊等	150	3
		磺胺间甲氧嘧啶钠粉	肠炎病、牛蛙爱得华氏菌病	150	5
		复方磺胺二甲嘧啶粉	肠炎、出血病、烂鳃等	150	3~5
		复方磺胺甲噁唑粉	肠炎、烂鳃、烂尾病等	200~500	5~10
中草药		大蒜	细菌性肠炎	1 000~3 000	4~6
		大蒜素粉（含大蒜素10%）素	细菌性肠炎	20	4~6
		大黄	细菌性肠炎、烂鳃病	500~1 000	4~6

注：磺胺类药物需与甲氧苄氨嘧啶（TMP）同时使用，并且第一天药量加倍

　　酰胺类又称氯霉素类抗生素，包括氯霉素、甲砜霉素、氟苯尼考等，属于广谱抗生素。氯霉素系从委内瑞拉链球菌培养液中提取获得，是第一次可用人工合成的抗生素，现已禁止使用。氟苯尼考为动物专用抗生素。本类药物不可逆地结合于细菌核糖体 50S 亚基的受体部位，阻断肽酰基转移，抑制肽链延伸，干扰蛋白质合成，而产生抗菌作用。本类药物属于广谱抑菌剂。细菌对本类药物能缓慢产生耐药性，主

要是诱导产生乙酰转移酶，通过质粒传递而获得，某些细菌也能改变细菌细胞膜的通透性，使药物难以进入菌体。氯霉素类不能与免疫增强剂配伍使用。氟苯尼考与盐酸多西环素同用增效。与喹诺酮类、磺胺类同用毒性增强，与红霉素类同用拮抗、抵消，与 B 族维生素同用拮抗、抵消，与 C 族维生素相遇则分解失效。

四环素类的抗菌谱极广，包括革兰氏阳性和阴性菌、立克次体、衣原体、支原体和螺旋体，故常称为广谱抗生素，水产批准和常用的仅盐酸多西环素。四环素类抗生素具有共同的基本母核（氢化骈四苯），仅取代基有所不同。它们是两性物质，可与碱或酸结合成盐，在碱性水溶液中易降解，在酸性水溶液中则较稳定，故临床一般用其盐酸盐。四环素类同类之间配伍使用可以增效。与甲氧苄啶、三黄粉同用可以稳定效果，但应注意不要与含有鞣质（单宁）的中药同用。与维生素 B、维生素 C、红霉素、磺胺类、喹诺酮类不能同用。

氨基糖苷类曾称氨基糖甙类，是由链霉素或小单孢菌产生或经过半合成制得的一类水溶性的碱性抗生素，水产批准使用的为硫酸新霉素。由链霉素菌产生的有链霉素、新霉素、卡那霉素、妥布霉素等，由小单孢菌产生的有庆大霉素、小诺霉素等，半合成品有阿米卡星、奈替米星等。本类药物有以下共同特征：均为有机碱，能与酸形成盐，制剂常用硫酸盐，其水溶性好，性质稳定。属杀菌性抗生素，对需氧革兰氏阴性菌作用强，对厌氧菌无效，对革兰氏阳性菌作用较弱，但金黄色葡萄球菌较敏感。对革兰氏阴性菌和阳性菌存在明显的抗生素后效应。氨基糖苷类的主要作用是抑制细菌蛋白质的合成过程，可使细菌胞膜的通透性增强，使胞内物质外渗导致细菌死亡。本类药物对静止期细菌杀灭作用强，为静止期杀菌药。细菌对本类药物耐药主要通过质粒介导产生的钝化酶引起。细菌可产生多种钝化酶，一种药物能被一种或多种酶所钝化。因此氨基糖苷类的不同品种间存在不完全的交叉耐药性。

喹诺酮类药物是人工合成的具有 4-喹诺酮环基本结构的杀菌性抗菌药物。本类的第一个品种萘啶酸于 1962 年问世。20 世纪 80 年代以来，本类药物发展迅速，已成为兽医临床最常用的一类抗菌药物，在感染性疾病的治疗中发挥了非常重要的作用。喹诺酮类药物按问世先后及抗菌性能分三代。第一代的抗菌活性弱，抗菌谱窄，仅能对革兰氏阴性菌如大肠杆菌、沙门氏菌、变形杆菌等有效，内服吸收差，易产生耐药性，代表性品种有萘啶酸、噁喹酸。第二代的抗菌谱扩大，对大部分革兰氏阴性菌包括绿脓杆菌和部分革兰氏阳性菌具有较强抗菌活性，对支原体也有一定作用，代表性品种为吡哌酸、氟甲喹。第三代是在 4-喹诺酮环的 6-位引入氟原子，在 7-位连以哌嗪基，通常称为氟喹诺酮类药物。第三代的抗菌谱进一步扩大，抗菌活性也进一步提高，对革兰氏阴性菌包括绿脓杆菌，革兰氏阳性菌包括葡萄球菌、链球菌等均有较强活性。

喹诺酮类药物在药理学、毒理学上有以下共同特征：抗菌活性强，其作用机理是作用于细菌的 DNA 螺旋酶，使细菌 DNA 不能形成超螺旋，染色体受损，从而产生杀菌作用。本类第一代、第二代品种仅对革兰氏阴性菌有效，第三代喹诺酮类药物为广谱抗菌剂，对革兰氏阴性菌、革兰氏阳性菌和支原体等均有效。由于本类药物的作用机制不同于其他抗菌药，因而与大多数抗菌药物间无交叉耐药现象，对耐庆大霉素的绿脓杆菌、耐甲氧苯青霉素的金黄色葡萄球菌、耐泰乐菌素的支原体及磺胺药/甲氧苄啶耐药的细菌等均有效。毒性较小，治疗剂量无致畸或致突变作用，临床使用安全。本类药物广泛使用后，耐药问题十分突出，尤其是对大肠杆菌和金黄色葡萄球菌疗效不好。

喹诺酮类几乎不能与常用的其他药物混用，常配伍增效的有诺氟沙星与小檗碱。如与氯霉素类同用则毒性增强，与红霉素类同用降效。与磺胺类同用加重肾的负担，不与含金属离子的药物同用。

磺胺类药物作为一类化学治疗药，已有 70 多年的历史。磺胺类药物有其独特的优点：如抗菌谱广、性质稳定、不易变质、使用方便、可大量生产等。但也存在抗菌作用较弱、不良反应较多、细菌可产生耐药性、用量大、疗程偏长等缺陷。在发现甲氧苄啶和二甲氧苄啶等抗菌增效剂后，把磺胺药和抗菌增效剂联合使用，使抗菌活性大大增强，因此，磺胺类药仍是抗感染治疗中的重要药物之一。磺胺药物都是以对氨基苯磺酰胺为基本结构的衍生物。该结构中以对位游离氨基为抗菌活性所必须的基团。对位氨基氢原子被其他取代基取代的磺胺药，只有在体内水解释放出游离氨基后才有抗菌活性。若以杂环取代磺酰胺基的氢原子，可得到一些重要的磺胺药，如磺胺嘧啶等。这些磺胺类药物具有抗菌作用强、抗菌谱广、毒性小、口服易吸收等优点，为现时主要用于全身性抗感染的磺胺药。

磺胺类药抗菌作用范围广，对许多革兰氏阳性菌和一些革兰氏阴性菌都有抑制作用，甚至对衣原体属和某些原虫都有效，为广谱抑制剂。对磺胺药高度敏感的病原菌有：革兰氏阳性菌的链球菌、肺炎球菌；革兰氏阴性菌的沙门氏菌、大肠杆菌和脑膜炎球菌；中度敏感菌有革兰氏阳性菌的葡萄球菌，产气荚膜杆菌及革兰氏阴性菌的巴氏杆菌、变形杆菌及痢疾杆菌；放线菌及弓形虫也很敏感。磺胺对螺旋体、结核杆菌、立克次氏体、病毒以及除球虫、阿米巴原虫之外的原虫均无效。

●3. 真菌性疾病的治疗方法●

真菌性疾病经常是因为外伤对机体造成了伤害后，真菌乘机而入侵造成感染。因此在防治真菌性疾病时要可以采用如下方法。

（1）在捕捞、搬运中，要仔细小心，避免虾体损伤、黏附淤泥，虾入池前要进行消毒。

（2）放苗前，池塘、养殖用水全部消毒，每亩每米用生石灰75~100千克，溶水后全池泼洒，保证溶氧充足，水质清新。

（3）发病后，每天泼洒漂白粉1次，浓度为1毫克/升，连用3天。

（4）食盐和小苏打配成合剂全池泼洒，每立方米水体用400克食盐加400克小苏打合剂全池泼洒。

（5）每立方米水体，用2克五倍子煎汁，稀释后泼洒全池，可以有效地防止水霉病菌感染。

●4. 寄生虫引起的疾病●

（1）固着类纤毛虫引起的疾病治疗方法。固着类纤毛虫主要有聚缩虫、累枝虫、斜管虫、钟形虫等，这些动物较为低等，是一类原生动物寄生虫。这类寄生虫主要寄生于小龙虾体表，摄食水中的细菌、小型有机物颗粒等。当水质较浓、富含有机物和细菌等东西后容易滋生固着类纤毛虫。防治该来疾病的方法为：彻底清塘，杀灭池中的病原，保持水质的清新，对该病有一定的预防作用。

（2）发病后，若纤毛虫过多，全池泼洒络合铜浓度为1.2克/立方米一次，或每天用0.4毫克/升硫酸铜溶液浸洗病虾5~6小时，或采用全池泼洒纤虫净1.2克/立方米，5天后再用一次，然后全池泼洒工业硫酸锌3~4克/立方米，5天后再泼洒一次，两种药用后全池泼洒0.2~0.3克/立方米二溴海因或二氧化氯1次。

（3）孢子虫病。孢子虫一旦发生，治疗难度相当大，因此要加强前期对池塘的清整。对有孢子虫发病史的池塘，虾苗入池前用生石灰溶水对池塘彻底消毒，用1%~2%的食盐水对虾种浸泡消毒。用0.7毫克/升硫酸铜和硫酸亚铁合剂(5：2)全池泼洒。水深1米每亩水面用苦楝树枝叶25~30千克煮汁全池泼洒。高温季节，3~5天向池中加注新水1次，改善水质，或水深1米每亩用20~30千克生石灰溶液全池泼洒，调节水质。发病期间，用浓度为5~10毫克/升新洁尔灭浸洗病虾，池边水草处重泼。

●5. 水质引起的疾病●

（1）水中营养元素缺乏治疗方法。缺钙每15~20天用25毫克/升生石灰化水全池泼洒，泼洒补钙类产品。每月用过磷酸钙1~2毫克/升化水全池泼洒。拌饵投喂，饵料中拌入

1%~2%蜕壳素、骨粉、蛋壳粉等增加饲料中钙质。

（2）水中有害物质过多治疗方法。检查虾池周围的水源，有无新建排污工厂、农场，池水来源改变情况，有无工业污水、生活污水、稻田污水及生物污水等混入，如有发现立即切断入水口。立即将存活虾转移到已经清池消毒的新池中去，并增加溶氧量，减少损失。发现有中毒迹象后用选用有机酸、螯合剂等解毒药进行解毒。

（3）青苔的防治。养殖早期水草种植数量一定要多。冬季、清明前蟹池种植伊乐藻、小黄藻、扁担草、金鱼藻、轮叶黑藻等沉水植物。种植水草不仅可以为小龙虾提供良好的天然适口饵料及栖息场所，增加溶氧，分解有机物，改善水质，改善小龙虾品质，而且有繁茂的水草池中也不会有青苔生成。使用螯合铜或二氧化氯杀灭青苔。这种方法一般适用于青苔多的塘口。值得注意的是青苔大量死亡腐烂，对底质造成污染之后，应采用换水、调水、改底的方法对水质和底质进行改良。一般采用 EM 菌调水和底质改良剂改底。采用药物杀灭青苔的方法在龙虾蜕壳期慎用。使用 DBNPA（2，2-二溴-3-氮川丙酰胺）杀灭青苔。DBNPA 是当今世界上流行的绿色杀菌灭藻剂。该物质杀藻力强，抗菌谱广，容易降解。具有在环境中快速水解，在低剂量下发挥高效作用的双重优点。使用后基本无残留，对养殖环境无污染，是理想的环保型杀藻产品。此药物的一个明显特点就是杀菌性能好，能有效防止青苔死亡后病菌的大量滋生，减少了药物的投放。使用量为 0.2~0.3 毫克/升扑草净，通过阻断青苔的光合作用使其死亡。扑草净对小龙虾毒性低，在养殖水体易降解。2005

年的国家标准为 35%。对面积小的塘口，最好在青苔生长期进行人工捞除。

第四节 常用药物对小龙虾的安全性

小龙虾因为独特的身体结构和超强的抵抗能力，和其他动物相比抗病能力较强、抗环境污染能力较强，但是小龙虾也有敏感的药物，多年来学者研究了各种环境毒物、农药等对小龙虾的毒性。

一、常用农药及杀虫药对小龙虾的毒性

小龙虾幼虾对不同农药的耐受力相差较大（表 7-4-1、表 7-4-2），徐怡等研究发现从 24 小时半致死浓度（24 小时 LC_{50}）来看敌杀死对克氏原螯虾幼虾 $4.62×10^{-3}$ 毫克/升，索虫亡为 $2.28×10^{-2}$、百草一号为 16.7 毫克/升、敌敌畏为 0.257 毫克/升、卷清为 $4.73×10^{-3}$ 毫克/升、逐灭（池塘水）为 $8.91×10^{-2}$ 毫克/升、逐灭（自来水）为 $2.97×10^{-2}$ 毫克/升、锐劲特为 $8.90×10^{-2}$ 毫克/升、抑虱净为 8.08 毫克/升、草甘膦为 $5.52×10^{3}$ 毫克/升、星科为 0.364 毫克/升；48 小时半致死浓度分别为 $3.07×10^{-3}$ 毫克/升、$1.46×10^{-2}$ 毫克/升、15.8 毫克/升、0.198 毫克/升、$4.33×10^{-3}$ 毫克/升、$3.48×10^{-2}$ 毫克/升、$1.48×10^{-2}$ 毫克/升、$6.01×10^{-2}$ 毫克/升、6.47 毫克/升、$4.06×10^{3}$ 毫克/升、0.199 毫克/升；其安全浓度（SC）分别为 $4.07×0^{-4}$ 毫克/升、$1.80×10^{-3}$ 毫克/升、4.16 毫克/升、$3.72×10^{-2}$ 毫克/升、$1.09×10^{-3}$ 毫克/升、$1.59×10^{-3}$ 毫克/升、$1.10×10^{-3}$ 毫克/升、$8.22×$

10^{-3}毫克/升、1.24 毫克/升、6.59×10^{2}毫克/升、1.78×10^{-2}毫克/升。相比之下，百草一号和草甘膦对小龙虾幼虾的毒性较低，其中草甘膦的毒性最低，可以作为稻虾混养系统病虫害防治的首选，而敌杀死、卷清等对克氏原螯虾幼虾的毒性极高，应尽量避免使用。

丁正峰等采用静水生物测试法研究毒死蜱对小龙虾的急性毒性效应及组织病变情况。24 小时、48 小时和 96 小时半致死浓度分别为 $(28.24\pm2.81) \times 10^{-3}$、$(19.50\pm2.03) \times 10^{-3}$ 和 $(13.13\pm1.70) \times 10^{-3}$毫克/升，安全浓度为 $(2.79\pm0.31) \times 10^{-3}$毫克/升。组织病理观察发现，染毒虾心脏上皮细胞增生，心肌肌束间充满血淋巴细胞。神经细胞肿大，尼氏体溶解消失，细胞由多极形状变为圆形，神经纤维坏死并解体。肝胰腺小管收缩并充血，空泡增加。鳃组织空泡化，表面出现黑色素沉积，被多量血淋巴细胞浸润。肌肉纤维萎缩并溶解，因此在使用毒死蜱时要注意用量和使用时间，不宜连续长期用药。

严维辉等将小龙虾在浓度为 0.002 毫克/升、0.001 毫克/升、0.0005 毫克/升、0.00025 毫克/升的敌杀死溶液浸泡，全部死亡的时间分别为 8 小时、16 小时、24 小时、24 小时。当敌杀死的浓度降至 0.0001 毫克/升时，小龙虾虽焦躁不安，但未引起死亡，16 小时后活动恢复正常。

盛银平等报道了 2%的氯虫苯甲酰胺乳油对各类鱼虾的毒性大小依次为黄颡鱼＞鲢＞黄鳝＞小龙虾＞草鱼＞鳙＞鲤＞鲫。小龙虾在 80 毫克/升以上的氯虫苯甲酰胺乳油中 96 小时内全部死亡。氯虫苯甲酰胺乳油是美国杜邦公司从邻氨基苯甲二酰胺类化合物中研发出来的杀虫剂，商品名为康宽

（Coragen）。其具有广谱、高效、低毒的特点，对危害粮食作物、果树、蔬菜的大部分鳞翅目、鞘翅目害虫具有快速、长效、广谱的防治作用，对有益动物如鸟类、蜜蜂、青蛙等低毒，但对小龙虾有一定毒性。

潘建林等采用室内试验研究方法，研究了五氯酚钠（PCP-Na）对2种规格小龙虾的急性毒性，体重在 1.2~2.3 克（平均体重为 1.38 克）左右的小虾的 24 小时半致死浓度为 80 毫克/千克，48 小时半致死浓度为 67.5 毫克/千克，安全浓度为 14.46 毫克/千克；体重在 20.7~39.8 克（平均体重为 29.5 克）左右的大虾的 24 小时半致死浓度为 750 毫克/千克，48 小时半致死浓度为 500 毫克/千克，安全浓度为 100 毫克/千克。

选用 0.264 毫克/升敌百虫慢性胁迫，研究小龙虾肝胰腺 T-SOD、CAT、ACP、AKP 及肌肉 Na^+、K^+-ATPase、TChE 的活性变化，发现敌百虫对小龙虾各免疫因子均有影响，12 天后各免疫因子活性均难以恢复至对照水平，所以敌百虫对小龙虾毒性作用较为持久，生产中使用要谨慎。

黄婷等研究了氯氰菊酯和吡虫啉对克氏原螯虾的急性毒性作用，96 小时的半致死浓度为 0.063 毫克/升和 10.980 毫克/升，安全浓度（SC）为 0.006 毫克/升和 1.095 毫克/升。小龙虾对氯氰菊酯的敏感性明显高于吡虫啉。亚致死浓度下随着氯氰菊酯胁迫浓度的升高，小龙虾耗氧率和排氨率均呈现下降趋势；随着吡虫啉胁迫浓度的升高，克氏原螯虾耗氧率表现为先升高后下降，浓度为 2.2 毫克/升为一个升降拐点，其排氨率则始终表现为下降。为了解溴氰菊酯对小龙虾的毒性及致毒机理，魏华等采用 24 小时换水式生物试验研究了溴氰菊酯浸泡 96 小时内小龙虾，肝胰腺超氧化物歧化酶（SOD）、过氧化氢酶（CAT）活力和丙二醛（MDA）的含量等氧化胁迫相关指标的变化。在整个暴露过程中，溴氰菊酯各个处理组都引起了氧化胁迫相关指标的变化，溴氰菊酯对小龙虾毒性极强，在 48 小时内可以通过氧化损伤途径对机体产生毒性作用。鉴于对溴氰菊酯的高度敏感特点，小龙虾也可以被用作水环境中菊酯类农药污染有效的指示生物。

表 7-4-1　农药对小龙虾的毒性作用

药物	虾阶段	24 小时	48 小时	96 小时	安全浓度
敌杀死	幼虾	4.62×10^{-3}	3.07×10^{-3}		4.07×0^{-4}
索虫亡	幼虾	2.28×10^{-2}	1.46×10^{-2}		1.80×10^{-3}
百草一号	幼虾	16.7	15.8		4.16
敌敌畏	幼虾	0.257	0.198		3.72×10^{-2}
卷清	幼虾	4.73×10^{-3}	4.33×10^{-3}		1.09×10^{-3}
逐灭（池塘水）	幼虾	8.91×10^{-2}	3.48×10^{-2}		1.59×10^{-2}
逐灭（自来水）	幼虾	2.97×10^{-2}	1.48×10^{-2}		1.10×10^{-2}
锐劲特	幼虾	8.90×10^{-2}	6.01×10^{-2}		8.22×10^{-3}
抑虱净	幼虾	8.08	6.47		1.24
草甘膦	幼虾	5.52×10^{3}	4.06×10^{3}		6.59×10^{2}
星科	幼虾	0.364	0.199		1.78×10^{-2}
敌杀死	虾苗	0.0005			
毒死蜱	虾苗	28.24×10^{-3}	19.50×10^{-3}	13.1×10^{-3}	2.79×10^{-3}
敌百虫	成虾		2.78		0.264
克虫威	成虾		0.31×10^{-3}		0.024×10^{-3}
敌杀死	成虾		0.19×10^{-3}		0.043×10^{-3}
氯虫苯甲酰胺	成虾			80	75.2
氯氰菊酯	成虾			0.063	0.006

（续表）

药物	虾阶段	24 小时	48 小时	96 小时	安全浓度
吡虫啉	成虾			10.980	1.095
战尽		1 毫克/升 1 小时无出现死亡			
宁南霉素		4 毫克/升 1 小时无出现死亡			
噻虫啉		0.16 毫克/升 1 小时无出现死亡，活动能力差			
毒死蜱		1.6 毫克/升施药后，虾烦躁不安，丧失活力，15 分钟内全部死亡			

表 7-4-2　养殖小龙虾稻田使用农药安全试验（常先苗）

农药名称	使用浓度/亩	用药方法	对水稻的作用	对小龙虾的毒性
5%啶虫脒	10~20 克	喷雾	主治飞虱、叶蝉	无毒、安全
100 亿生物 BT	150 毫升	喷雾	主治稻纵卷叶螟	无毒、安全
20%三环唑	100 克	喷雾	主治稻瘟病	中毒、安全
50%多菌灵	75 克	喷雾	主治水稻纹枯病、恶苗病、穗瘟	无毒、安全
80%杀虫单	35~40 克	喷雾	主治二化螟、三化螟	中毒、安全
10%氯氰菊酯	30~50 克	喷雾	主治卷叶螟、稻飞虱子	高毒、致死

二、常用消毒剂对小龙虾的毒性

谭树华采用换水式渔药毒性试验方法，研究了溴氯海因、三氯异氰脲酸、高锰酸钾、二氧化氯对小龙虾成虾的急性毒性作用。24 小时的半致死浓度分别为 35.76、155.88、45.58、565.00 毫克/升；48 小时的半致死浓度分别为 20.28、94.76、27.54、313.31 毫克/升；96 小时的半致死浓度分别为 12.54、71.49、12.89、175.91 毫克/升，安全浓度分别为 1.96、10.51、2.65、28.95 毫克/升。小龙虾对几种水产药物的敏感性依次为：溴氯海因>高锰酸钾>三氯异氰脲酸>二氧化氯。其中二氧化氯、三氯异氰尿酸和溴氯海因可安全使用；高锰酸钾可用于成虾的泼洒消毒，药浴时浓度须低于常规用量，应根据虾规格大小调整使用浓度。小龙虾对二氧化氯的耐受性最强，其次是三氯异氰脲酸，而对溴氯海因、敌百虫、克虫威和敌杀死的安全浓度要低得多，生产中需谨慎使用。

赵朝阳采用静水生物毒性试验法测定了高锰酸钾、生石灰和食盐对小龙虾幼虾的急性毒性作用发现高锰酸钾、生石灰和食盐对小龙虾幼虾 24 小时的半致死浓度分别为 9.45 毫克/升，95.12 毫克/升和 13.66 克/升；48 小时的半致死浓度分别为 5.09 毫克/升，62.46 毫克/升和 10.83 克/升；96 小时的半致死浓度分别为 4.01 毫克/升，47.57 毫克/升和 8.95 克/升。高锰酸钾、生石灰和食盐对小龙虾幼虾的安全浓度分别为 0.44 毫克/升，8.08 毫克/升和 2.04 克/升。对几种药物的敏感浓度为高锰酸钾>>食盐>生石灰，对此几种药物具有较高的耐受性。

刘青以常温静水方法进行了苯扎溴铵、新型代森类杀菌剂乙撑双二硫代（-敌菌磷）氨基甲酸铵对小龙虾的急性毒性的 24、48、96 小时半致死浓度分别为 19.40 毫克/升、14.40 毫克/升、13.35 毫克/升和 114.32 毫克/升、83.80 毫克/升、67.56 毫克/升，安全浓度分别为 1.34 毫克/升和 6.76 毫克/升。这两种药物对小龙虾反应逐步迟缓，无激烈的抵御反应，缩尾，侧卧于水中，仰卧于水中，不能自行翻身，仅附肢微弱摆动，最终死亡。新代森类药物的半致死浓度约是苯扎溴铵制剂的 5 倍，以此来看，新代森类药物的安全性较好，建议在生产实践中结合实际杀虫效果合理使用。

三、重金属对小龙虾的毒性

赵朝阳等研究了硫酸铜、高锰酸钾对小龙虾幼虾的急性毒性表明，24 小时的半致死浓度分别为 12.81 毫克/升，9.45 毫克/升；48 小时的半致死浓度分别为 7.93 毫克/升，5.09 毫克/升；96 小时的半致死浓度分别为 5.68 毫克/升，4.01 毫克/升，安全浓度分别为 0.91 毫克/升，0.44 毫克/升。谭树华采用采用换水式渔药毒性试验方法，研究了高锰酸钾、硫酸铜对小龙虾成虾的急性毒性作用，24 小时的半致死浓度分别为 45.58 毫克/升、132.45 毫克/升；48 小时的半致死浓度分别为 27.54 毫克/升、75.25 毫克/升；96 小时的半致死浓度分别为 12.89 毫克/升、37.07 毫克/升安全浓度分别为 2.65 毫克/升、12.82 毫克/升。

镉 Cr^{6+} 对小龙虾 24 小时、48 小时、72 小时、96 小时的半致死浓度分别为 335.48 毫克/升、165.23 毫克/升、117.51 毫克/升、92.52 毫克/升，安全浓度为 9.25 毫克/升。汞 Hg^{2+} 对小龙虾 24 小时、48 小时、72 小时、96 小时的半致死浓度分别为 1.85 毫克/升、0.65 毫克/升、0.35 毫克/升、0.08 毫克/升，安全浓度为 0.008 毫克/升。汞 Hg^{2+} 对小龙虾的毒性大于镉 Cr^{6+}。其安全浓度分别为相应渔业水质标准的 92.5 倍和 16 倍，表明小龙虾具有强的耐镉 Cr^{6+} 和汞 Hg^{2+} 污染的能力。

铬 Cd^{2+} 对小龙虾成虾 24 小时、48 小时、72 小时、96 小时的半致死浓度分别为 1 197.09毫克/升、142.06 毫克/升、90.85 毫克/升和 82.64 毫克/升，安全浓度为 0.6 毫克/升。

Cd^{2+}对小龙虾的毒性为高毒性，十二环基磺酸钠 SDS 和铬Cd^{2+}对同时作用于小龙虾时毒性增强。铬 Cd^{2+} 对小龙虾幼虾（体重 0.0142～0.0308 克）24 小时、48 小时、72 小时的半致死浓度分别为 5.315 毫克/升、1.371 毫克/升和 0.414 毫克/升，安全浓度为 0.027 毫克/升为相应渔业水质标准 5.5 倍。

王建国等研究发现硫酸锌对小龙虾幼虾 24 小时、48 小时、72 小时、96 小时的半致死浓度分别为 84.48 毫克/升、16.50 毫克/升、4.78 毫克/升、2.60 毫克/升，安全浓度为 0.26 毫克/升。对小虾 24 小时、48 小时、72 小时、96 小时的半致死浓度分别为 947.37 毫克/升、455.54 毫克/升、296.68 毫克/升和 226.41 毫克/升，安全浓度为 22.64 毫克/升。对成虾 24 小时、48 小时、72 小时、96 小时的半致死浓度分别为 2769.3 毫克/升、118.21 毫克/升、441.94 毫克/升和 277.04 毫克/升，安全浓度为 27.70 毫克/升。硫酸锌暴露初期虾的小触角弹动加快，烦躁多动，不停的向后急速弹动或在容器底部不停爬动，部分虾沿充气管向外爬，企图逃走，浓度越大不适反应越强烈。2 小时左右，水体出现混浊，濒死的虾全身附着一层白色物质，其中口器、鳃及四肢处聚集大量絮状物质，呈白色或黄色。

宋维彦等采用静水生物法、充气和恒温法研究了 5 种重金属离子对小龙虾的急性毒性作用，发现重金属离子的毒性顺序由大到小依次为：汞 Hg^{2+}、铬 Cd^{2+}、铜 Cu^{2+}、铅 Pb^{2+} 和锌 Zn^{2+}。根据毒性分级标准，5 种重金属离子对克氏原螯虾均为高毒物，其安全质量浓度依次为：0.0143 毫克/升、0.0322 毫克/升、0.0401 毫克/升、0.1995 毫克/升和 0.2795 毫克/升。

第八章 小龙虾养殖实例

第一节 小龙虾池塘养殖典型案例

一、小龙虾精养典型案例

池塘单养是指只在池塘中养殖淡水小龙虾，不放或作为调节水质少量放养鱼的模式。淮安市楚州区水产技术推广站与泾口镇水产养殖场合作，开展了小龙虾池塘主养技术试验，取得了良好的效果，现将试验的情况介绍如下。

● 1. 池塘条件 ●

塘口1个、面积4亩，长方形、东西向（长89米、宽30米），底质为壤土，池坡土质较硬，水源充足，水质无污染，进排水方便。冬季对池塘进行整形改造，清除过多淤泥，保证池底平坦，池深2米，坡比1：2.5。池塘四周利用60目的聚乙烯网片建设双层防逃网，网高为3米，内层网设在水中、距离池边1米，外层网设在池坡上沿。并配备了微孔增氧设施。

● 2. 药物清塘 ●

于3月5日池塘进水20厘米，每亩用茶籽饼25千克、加40千克生石灰一起泼洒，进行清塘消毒，杀灭病菌、鱼卵等。

● 3. 水草种植 ●

3月20日在池中栽植伊乐藻，方法是将伊乐藻切成10~15厘米长的小段，每3~5段为一束进行扦插，扦插深度3~5厘米，按照东西向人工栽植四行，移栽面积占池塘面积的1/2。

● 4. 投放螺蛳 ●

3月底投放活螺蛳120千克，用于繁殖小螺蛳，为小龙虾提供天然饵料（刚出生的小螺蛳外壳脆，营养丰富，容易被小龙虾摄食）。

● 5. 种苗放养 ●

选购从本地藕田捕捞出来的龙虾苗种，规格整齐、活力强、附肢齐全、无病无伤。于4月20日开始放养，每天放养30~50千克幼虾，至27日放养结束，共放养规格为150~180只/千克的虾苗330千克；为解决池中野杂鱼争食、争氧、争空间问题，5月22日放养规格为5~7厘米的鳜鱼100尾，利用鳜鱼捕食野杂鱼，将低值鱼转化为优质鱼；为了控制水质，6月15日又套养花、白鲢夏花5千克共3 000余尾。

● 6. 饲料投喂 ●

以配合饲料为主，辅以精、青饲料，按照"四定、四看"投饵原则进行科学投饵。4月20日开始以配合饲料为主投喂（鱼用配合饲料，粗蛋白30%左右），每天7~8千克，于5月15日开始投喂麸皮和菜籽饼，从5月20日开始每天加投喂野杂鱼5千克左右。一般每天投喂2次，投饵时间分别在7：00~9：00、13：00~14：00，每天投饵量可占体重的5%

左右，并根据天气、水温、水质及小龙虾摄食量等情况有所增减。连续阴雨天气或水色浓度高适当少喂，天气晴好时适当多投喂；大批虾蜕壳时少喂，蜕壳后多投喂；虾发病季节少投喂，生长正常时多喂。发现过夜有剩余饵料，减少投饵量。全年共投喂配合饲料1 950千克，菜籽饼1 500千克，麸皮1 500千克，野杂鱼280千克。

● 7. 水质调节 ●

养殖水位根据水温变化而定，掌握"春浅夏满"的原则，春季水深保持0.6~0.8米，有利于水草和螺蛳的生长；夏季水温较高时，水深控制在1~1.2米，有利于小龙虾安全度过高温。经常冲水，保持水质"肥、活、嫩、爽"，春季7天加换水1次，高温季节每3天换1次水，每次加换水深15~20厘米，并每天开启微孔增氧机械2次，即清晨4：00~5：00开2小时、中午12：00开启3小时。每15天泼洒一次生石灰水，用量为1米水深每亩10千克，使池水pH值保持在7.5~8.5，促进小龙虾蜕壳生长。

● 8. 水草管理 ●

保持水草覆盖率60%~70%，水草不足及时补充。在6月底时，塘中伊乐藻被小龙虾摄食完，开始从外河中捞取浮萍投放池中，每周1次。

● 9. 病害防治 ●

从5月30日开始，每隔20天用一次二氧化氯进行预防，同时配以恩诺沙星拌饵料内服2~3天。全年进行药物预防5次。

● 10. 日常管理 ●

每天坚持早中晚巡塘，及时捞除水中残草、残饵，观察水质、水温变化及龙虾的摄食、活动情况，特别是在雨天勤查进排水口，注意检查防逃设施，一旦破损抓紧修补，驱赶、捕杀水鸟、水蛇、水老鼠、青蛙等敌害。实行轮捕上市，对达到上市规格的龙虾进行捕大留小、及时出售。

● 11. 养殖结果 ●

（1）产量。从 5 月 23 日开始对龙虾进行捕大留小销售，年底干塘水产品全部上市，龙虾 1 465 千克、鳜鱼 36 千克、花白鲢鱼种 78 千克，亩产小龙虾 366.3 千克。

（2）产值。小龙虾平均价格 20 元/千克，产值 29 300 元；鳜鱼平均价格 40 元/千克，产值 1 440 元；花白鲢鱼种平均价格 4 元/千克，产值 312 元。合计 31 052 元，亩产值 7 763 元。

（3）成本。总成本 18 740 元，亩成本 4 685 元。其中：虾苗 330 千克、价格 14 元/千克、计 4 620 元；水草 360 元；饲料 12 390 元，其中配合饲料 1 950 千克、3.2 元/千克、计 6 240 元，菜籽饼 1 500 千克、2 元/千克、计 3 000 元，麸皮 1 500 千克、1.5 元/千克、计 2 250 元，野杂鱼 280 千克、3 元/千克、计 840 元，螺蛳 120 千克、0.5 元/千克、计 60 元；药物 250 元；水电 620 元；其他 500 元。

（4）利润。总产值 31 052 元，总成本 18 740 元，总利润 12 312 元，亩利润 3 078 元。投入与产出比 1 : 1.66。

● 12. 小结与讨论 ●

（1）对池塘进行全面改造，清除了过多淤泥，并在池中栽种了水草，为龙虾养殖提供了适宜的条件，水草覆盖面积应保持在50%以上，高温时要达到70%，水草少了要立即移栽，水草过多，覆盖面积过大，要及时用刀具割除，并移出池外；塘口配备了微孔增氧设施，解决了池塘底部缺氧问题，促进了龙虾快速生长。

（2）设置双层防逃网，内层网设在水中、距离池边1米处，防止龙虾到池坡打洞而影响生长。

（3）养殖前期控制较低水位，有利于水温快速增高，促进龙虾摄食生长；高温季节加深水位，防止水温过高，避免形成"老头虾"。

二、池塘主养小龙虾单茬、双茬对比试验

2010年1月起，在姜堰市溱湖龙虾养殖专业合作社实施了池塘主养小龙虾单茬、双茬对比试验，现将本次池塘主养小龙虾单茬、双茬对比试验情况介绍如下。

● 1. 池塘条件 ●

池塘选择在靠近沟口，水源充足、水质良好、无污染且进排水方便、池底平坦的场所，试验一茬池塘4口，面积分别为8亩、10亩、8.5亩、7亩；试验二茬池塘3口，面积分别为10亩、6亩和9亩。池塘水深0.8~1.5米，pH值7.2，弱碱性。塘埂用钙塑板沿池塘塘埂四周埋入土内10~15厘米夯实、压紧，在拐角处做成弧形作为防逃设施。

● 2. 放养前准备 ●

（1）清整消毒。试验前将池塘的水排干，清除池底过多

的淤泥，淤泥深 15~20 厘米，经冻晒 7~10 天，2 月 22 日注入 40~50 厘米新水，并每亩投放生石灰 150 千克，化水全池泼洒进行消毒，清塘期间用 60 目网片拦住进排水口，以防野杂鱼进入池塘。

（2）科学培肥水质。按 400~500 千克/亩的用量施足粪肥，培养饵料生物，为鱼、虾下塘提供适口的鲜活饵料。

（3）合理移栽水草。为给龙虾营造良好的水体生态养殖环境，提供适宜于栖息、蜕壳的场所，3 月 10 日移植了轮叶黑藻、伊乐藻，栽种面积占虾池面积的 2/5 左右。

● 3. 苗种放养 ●

（1）鱼种放养。3 月 16 日放养规格为 0.4 千克/尾左右的鲢鱼、规格为 0.5 千克/尾左右的鳙鱼，后又于 5 月 29 日放养规格为 5 厘米/尾左右的鳜鱼，鱼种放养前均用 4% 的食盐水浸洗 10 分钟。

（2）虾种放养。4 月 20 日选择放养了体质健壮、附肢齐全、无病无伤、规格较为一致的龙虾，放养前将小龙虾种用 3% 的食盐水浸洗 10 分钟，杀灭寄生虫和致病菌（表 8-1-1）。

表 8-1-1　苗种放养情况表（蒋元芳等）

塘号	面积/亩	养殖方法	小龙虾			鲢鳙鱼			鳜鱼		
			规格/厘米	数量/万尾	重量/千克	规格/尾/千克	数量/尾	重量/千克	规格/厘米	数量/尾	重量/千克
1	8	一茬	3~5	7.4	184	2	200	100	5	80	1
2	10	一茬	3~5	14.7	367.5	2	250	125	5	100	1.5
3	8.5	一茬	3~5	16.8	420.5	2	213	106	5	85	1.3
4		一茬	3~5	21.0	525.0	2	175	88	5	70	1

（续表）

塘号	面积/亩	养殖方法	小龙虾 规格/厘米	数量/万尾	重量/千克	鲢鳙鱼 规格/尾/千克	数量/尾	重量/千克	鳜鱼 规格/厘米	数量/尾	重量/千克
5	10	一茬	3~5	9.2	230	2	250	125	5	100	1.5
		二茬	5~6	6	200	2	250	125	5	100	1.5
6	6	一茬	3~5	8.82	220.5	2	150	75	5	60	0.9
		二茬	5~6	3.6	120	2	150	75	5	60	0.9
7	9	一茬	3~5	17.8	445.5	2	225	112.5	5	90	1.4
		二茬	5~6	5.4	180	2	225	112.5	5	90	1.4

注：一茬、放养时间 4 月 20 日，二茬放养时间 6 月 20 日

●4. 饲养管理●

（1）饵料投喂。优先培植和投放天然饵料：一是在投放基肥的基础上，苗种放养后应适时根据水质的肥度确定追肥的时间和用量，为苗种提供优质天然饵料；二是适时投放螺蛳，先在 4 月 8 日每亩投喂螺蛳 300 千克，后又在 7 月 13 日每亩投喂螺蛳 150 千克，为小龙虾提供优质天然饵料。

选投优质人工饲料：

①正确选择饲料的品种和用量。在养殖前期投喂新鲜小杂鱼或冻海鱼，用量一般控制在虾体重的 4%，颗粒投喂料主要是南通巴大饲料。

②坚持科学投喂。一是及早投喂，水温达到 10℃ 以上时即开始投喂；二是根据小龙虾的生活习性和摄食特点，上下午的投喂量比应控制在 2：3 较为适宜；三是根据天气变化、鱼虾活动情况、摄食等情况灵活调控；四是坚持"四定"投饲，并按定质、定量、定位、定时的"四定"方法投喂，每

天投喂 2 次，上午投喂量占 40%、傍晚投喂量占 60%，日投喂量按养殖品种体重的 3%~6% 计算，同时根据天气、水质及摄食情况适当增减。以求喂足喂匀，避免相互争食。水温在 24~28℃摄食量大时，适当增加饲料投喂量，以 2 小时内吃完为度，8 月中、下旬饲料投喂量逐渐减少，饲料投到 9 月初。

（2）水质调控。调控水的肥度，使水的透明度始终保持在 30~40 厘米；经常用水质改良剂、微生物制剂调控水质；4~6 月每 10~15 天加注新水一次，保持水深 0.6~1 米，7~8 月份高温季节每 7 天左右换水一次；使水质保持"肥、活、嫩、爽"，池塘水深达到 1~1.2 米。

（3）鱼病防治。贯彻"以防为主、防重于治"的方针，在整个试验过程中，坚持用生物制剂调控水质，在 5—8 月每月坚持泼洒一次二氧化氯，养殖全过程未发生严重疾病。

（4）日常管理。一是坚持巡塘检查，发现异常及时采取措施；二是加强栖息蜕壳场所管理，使虾池中始终保持有较多的水生植物，大批虾蜕壳时严禁干扰，蜕壳后立即增喂优质适口饲料，力避相互残杀；三是加强水环境的监护，清除池边杂草和捞取水中杂物；四是做好防逃防盗工作；五是按时将试验的生产内容记录在《生产日志》上，包括天气、水温、投饲、水草管理、注水、起捕上市等各项数据。

● 5. 试验结果 ●

（1）产量。2010 年 6 月 20 日至 9 月 20 日起捕，1 号池塘捕获小龙虾 2 168 千克，规格为 43 克/只；2 号池塘捕获小龙虾 3 270 千克，规格为 36.7 克/只；3 号池塘捕获小龙虾 3 188.5 千克，规格为 31.7 克/只；4 号池塘捕获小龙虾 3 038

千克，规格为25.6克/只；5号池塘捕获小龙虾第一茬1 615千克，规格为32.6克/只，第二茬2 090千克，规格为37克；6号池塘捕获小龙虾第一茬1 116千克，规格为31.2克/只，第二茬1 392千克，规格为34克；7号池塘捕获小龙虾第一茬1 314千克，规格为30.8克/只，第二茬3 144千克，规格为28.6克（表8-1-2）。

表8-1-2　收获情况表（蒋元芳等）　　　　单位：千克

塘号	面积/亩	亩产	总产	小龙虾			鲢鳙鱼			鳜鱼		
				规格/克	亩产	总产	规格	亩产	总产	规格	亩产	总产
1	8	332.8	2 662	43	271	2 168	2	56	448	0.58	5.8	46
2	10	385.5	3 855	36.7	327	3 270	2.12	53	530	0.55	5.5	55
3	8.5	432.3	3 675	31.7	375	3 188.5	2.08	52	442	0.53	5.3	45
4	7	488.1	3 417	25.6	434	3 038	1.96	49	343	0.51	5.1	35.7
5	10	430.6	4 306	32.6 / 37	161.5 / 209	3 705	2.16	54	540	0.61	6.1	61
6	6	474.7	2 848	31.2 / 34	186 / 232	2 508	2.04	51	306	0.57	5.7	34.2
7	9	515.4	4 639	30.8 / 28.6	146 / 316	4 158	1.92	48	432	0.54	5.4	48.6

（2）产值及效益。1号池塘总产值70 202元，总利润34 826元，亩效益4 353.2元；2号池塘总产值91 130元，总利润39 650元，亩效益3 965元；3号池塘总产值68 818元，总利润19 025元，亩效益2 238.2元；4号池塘总产值52 566元，总利润7 059元，亩效益1 008.4元；5号池塘总产值96 264元，总利润37 484元，亩效益3 748.4元；6号池塘总

产值98 898元，总利润21 023元，亩效益3 503.8元；7号池塘总产值76 964元，总利润16 691元，亩效益1 854元(表8-1-3)。

表8-1-3　二茬养殖效益情况表（蒋元芳等）　　单位：元

塘号	面积/亩	总产值	其中			总成本	其中						总利润	亩利润
			虾	鲢鳙	鳜鱼		苗种	饲料	能源	药物	折旧	其他		
1	8	70 202	65 040	3 584	1 578	44 220	5 136	21 680	960	800	6 400	400	34 826	4 353.2
2	10	91 130	85 020	4 240	1 870	51 480	9 720	31 060	1 200	1 000	8 000	500	39 650	3 965
3	8.5	68 818	63 750	3 536	1 532	58 580	10 863	29 835	1 020	850		425	19 025	2 238.2
4	7	52 566	48 608	2 744	1 214	45 507	13 230	24 787	840	700	5 600	350	7 059	1 008.4
5	10	96 264	89 870	4 320	2 074	58 780	11 220 20 060	16 800	1 200	1 000	8 000	504	37 484	3 748.4
6	6	98 898	93 818	2 448	2 632	38 316	8 172 12 696	11 028	720	600	4 800	300	21 023	3 503.8
7	9	76 964	71 856	3 456	1 652	60 273	15 822 23 202	11 619	1 080	900	7 200	450	16 691	1 854

●6. 小结与讨论●

效益测算未计算人工工资和池塘折旧。

池塘主养小龙虾双茬池塘产量高于单茬池塘，但收获规格小于单茬池塘，销售价格偏低，导致亩效益不及单茬池塘，可能与养殖周期有关。池塘亩投放量高于一定密度，产量高但收获规格小，销售价格低，导致亩效益不高。根据试验测试亩投放密度最好不要超过1万尾。为给龙虾营造良好的水体生态养殖环境，提供适宜于栖息、蜕壳的场所，保证全年水草生长，水草移植采取了多层网箱分隔栽植，由里到外根据生长情况去除网箱。从 6 月初起捕到 9 月 10 日，成虾已起捕了 80%，江苏省南京市发生了龙虾的 "哈夫" 病，因为发病晚，龙虾养殖只受了一点点影响。

三、小龙虾、沙塘鳢养殖典型案例

2012 年 1 月起，在姜堰市溱湖龙虾养殖专业合作社实施了小龙虾池中套放沙塘鳢的高效养殖试验，试验池塘 2 个，总面积 100 亩。试验池塘全部安装了微孔增氧，3 月底水草移植全部到位，5 月上旬完成小龙虾幼虾放养。现将本次试验情况介绍如下：

● 1. 池塘条件 ●

池塘选择在靠近沟口，水源充足、水质良好、无污染且进排水方便、池底平坦的场所，试验塘口均为 50 亩。池塘水深 1.0~1.8 米，pH 值 7.5，弱碱性。塘埂用钙塑板沿池塘塘埂四周埋入土内 10~15 厘米夯实、压紧，在拐角处做成弧形作为防逃设施，同时在池塘四周浅水处加一道拦网。

● 2. 放养前准备 ●

(1) 清整消毒。试验前将池塘的水排干，清除池底过多的淤泥，淤泥深 15~20 厘米，经冻晒 7~10 天，2 月 6 日注入 40~50 厘米新水，并每亩投放生石灰 150 千克，化水全池泼洒进行消毒，清塘期间用 60 目网片拦住进排水口，以防野杂鱼进入池塘。

(2) 科学培肥水质。按 400~500 千克/亩的用量施足粪肥，培养饵料生物，为幼虾下塘提供适口的鲜活饵料。

（3）合理移栽水草。为给小龙虾营造良好的水体生态养殖环境，以及提供适宜于栖息、蜕壳的场所，3 月 18 日移植了轮叶黑藻、伊乐藻，栽种面积占虾池面积的 2/5 左右。

● 3. 苗种放养 ●

2 月 23 日每池放养了规格为 150～160 只/千克体质健壮、附肢齐全的扣蟹 8 000 只。3 月 14 日每池放养了规格为 8～10 尾/千克的花白鲢（1∶4）2 000 尾。5 月 3 日每池放养了 300～360 尾/千克体质健壮、附肢齐全、无病无伤、活动力强的幼虾 1 000 千克，且同一池塘放养规格一致，一次性放足。放养前，先将幼虾装进塑料盆内，往盆里慢慢添加少量池水至盆内水温与池水温度接近，再按盆内水量加入 3%～4% 的食盐水浸浴消毒 10 分钟，然后将幼虾沿池边缓缓放入池中。放养时注意避免暴晒；5 月 8 日每池放养了规格为 2 厘米左右/尾的沙塘鳢苗 50 000 尾，鱼种下池前可用 5 毫克/升的高锰酸钾溶液药浴 5 分钟左右。投放时要小心地从池边不离水面放鱼入池，对于活力弱、死伤残的鱼种应及时捞起。

● 4. 饲养管理 ●

（1）饵料投喂。优先培植和投放天然饵料：一是在投放基肥的基础上，苗种放养后应适时根据水质的肥度确定追肥的时间和用量，为苗种提供优质天然饵料；二是适时投放螺蛳，先在 4 月 2 日每亩投喂螺蛳 300 千克，后又在 7 月 18 日每亩投喂螺蛳 150 千克，为小龙虾提供优质天然饵料。

（2）选投优质人工饲料。

①正确选择饲料的品种和用量。在养殖前期投喂新鲜小

杂鱼或冻海鱼，用量一般控制在虾体重的4%，试验塘口选择有一定规模、技术力量雄厚、售后服务到位、信誉度好、养殖效果佳的饲料厂家生产的专用配合饲料，主要是南通巴大饲料，保持饲料蛋白质含量在26%左右。

②坚持科学投喂。一是及早投喂，水温达到10℃以上时即开始投喂；二是根据小龙虾的生活习性和摄食特点，上下午的投喂量比控制在2∶3较为适宜；三是根据天气变化、鱼虾活动情况、摄食等情况灵活调控；四是坚持"四定"投饲，并按定质、定量、定位、定时的"四定"方法投喂，日投饲量为虾体重的4%～10%，根据季节、天气、水质、虾的生理状况而调整。6—8月水温适宜，是虾体生长旺期，一般每天投喂2～3次，时间在9∶00—10∶00和日落前后或夜间，日投饲量为虾体重的5%～8%；其余季节每天可投喂1次，于日落前后进行，或根据摄食情况于次日上午补喂一次，日投饲量为虾体重的1%～3%。饲料投喂需注意天气晴好时多投，高温闷热、连续阴雨天或水质过浓则少投；大批虾蜕壳时少投，蜕壳后多投，以求喂足喂匀，在饵料不足的情况，小龙虾有相互残食的现象，避免相互争食；五是小龙虾的摄食强度在适温范围内随水温的升高而增强，水温低于8℃时摄食明显减少，但在水温降至4℃时，小龙虾仍能少量进食；水温超过35℃时，其摄食量出现明显下降。水温在24～28℃摄食量大时，适当增加饲料投喂量，以2小时内吃完为度，8月下旬饲料投喂量逐渐减少，饲料投到10月底结束。

③水质调控养殖期间，应适时施肥。一般在幼虾投放5～7天后。可施发酵的畜禽粪50～60千克/亩。6月下旬至8月

中旬主施有机肥，施肥次数和数量以适当的水色和透明度为准，水色呈豆绿色或茶褐色为好，调控水的肥度，使水的透明度始终保持在 30~40 厘米；水质不宜过肥，否则容易缺氧浮头，经常用水质改良剂、微生物制剂调控水质；5—6 月每10~15 天加注新水一次，保持水深 0.6~1 米，7—8 月高温季节每 7 天左右换水一次，使水质保持"肥、活、嫩、爽"，池塘水深达到 1~1.2 米。

④病害防治始终贯彻"以防为主、防重于治"的方针，在整个试验过程中，坚持用生物制剂调控水质，在 5—8 月泼洒两次二氧化氯，8 月上旬使用一次纤毛净防治纤毛虫，养殖全过程未发生严重疾病。

（3）日常管理一是坚持巡塘检查，每天巡池，发现异常情况及时采取措施；二是调控水质。保持虾池溶氧量在 5 毫克/升以上，pH 值 7~8.5，透明度 40 厘米左右。每 15~20 天换一次水，每次换水 1/3，保持水位稳定，不能忽高忽低；三是加强栖息蜕壳场所管理，使虾池中始终保持有较多的水生植物，大批虾蜕壳时严禁干扰，蜕壳后立即增喂优质适口饲料，力避相互残杀，加强水环境的监护，清除池边杂草和捞取水中杂物；四是做好防逃防盗工作，汛期加强检查，严防逃虾；五是按时将试验的生产内容记录在《生产日志》上，包括天气、水温、投饲、水草管理、注水、起捕上市等各项数据。

●5. 试验结果●

（1）捕捞情况。小龙虾起捕时间 2012 年 7 月 17 日至 9月 10 日，河蟹起捕时间 2012 年 9 月 15 日至 12 月 18 日，沙塘鳢起捕时间 2013 年 2 月 22 日至 3 月 2 日。1 号池塘捕获小龙虾 9 760 千克,规格为 51 克/只;河蟹 842 千克,规格为 165 克/只;沙塘鳢 2 410 千克,规格为 56 克/尾。2 号池塘捕获小龙虾 9 400 千克,规格为 48.2 克/只;河蟹 830 千克,规格为 158 克/只;沙塘鳢 2 244 千克,规格为 51 克/尾(表 8-1-4)。

表 8-1-4　苗种放养捕捞情况表（蒋元芳等）　单位：千克

塘号	面积/亩	亩产	总产	小龙虾 亩产	小龙虾 总产	河蟹 亩产	河蟹 总产	沙塘鳢 亩产	沙塘鳢 总产	鳜鱼 亩产	鳜鱼 总产
1	50	312.2	15 612	195.2	9 760	16.8	842	48.2	2 410	52	2 600
2	50	298.9	14 944	188	9 400	16.6	830	44.9	2 244	49.4	2 470

（2）产值及效益。1 号池塘总产值 649 320 元,总利润 422 820元,亩效益 8 456.4元;2 号池塘总产值 620 140 元,总利润 395 240 元,亩效益 7 904.8元（表 8-1-5）。

表 8-1-5　苗种放养收益情况表（蒋元芳等）　单位：元

塘号	面积/亩	总产值	总成本	苗种	饲料	能源	药物	折旧	其他	总利润	亩利润
1	50	649 320	226 500	65 000	91 000	7 000	7 400	50 000	6 100	422 820	8 456.4
2	50	620 140	224 900	65 000	89 800	6 600	7 100	50 000	6 400	395 240	7 904.8

● 6. 小结与讨论 ●

（1）试验表明,通过投放螺蛳,种植水草,搭配沙塘鳢、花白鲢与小龙虾的套养,这种模式可以更好地充分利用鱼塘的立体空间,使鱼塘利用率有了明显的提高,更好地实现了生态养殖。

（2）沙塘鳢生活于池塘近岸多水草、瓦砾、泥沙的底层。游泳力弱。冬季潜伏在水层较深处越冬，以虾、小鱼为主要食物。注意控制好底质环境、进排水的管理，平时要巡塘，注换新水，定期用生石灰、漂白粉、二氧化氯等药物进行水体消毒。

（3）根据试验测试表明：沙塘鳢对溶氧要求较高，溶氧应在4.5毫克/升左右，同时注意防止沙塘鳢浮头，避免发生泛塘。

（4）沙塘鳢属小型底栖肉食性鱼类，其食物大多为小杂鱼和经济价值低的虾，池塘套养能够明显减少野杂鱼虾引起的浑水现象、消除残饵对水体的影响，提高经济效益，同时对小龙虾的品质、产量和规格的提高也有一定的促进作用，有助于增加池塘综合效益。

（5）根据试验结果分析，小龙虾池中套放沙塘鳢，池塘亩产值12 694.6元，亩效益8 180.6元，其中沙塘鳢的亩产值3 723.2元。

第二节　小龙虾、河蟹混养模式典型案例

一、小龙虾与河蟹混养实例

小龙虾养殖自2009年被列为江苏省渔业科技入户的主推品种以来，在江苏省内形成了前所未有的养殖热潮，涌现了大量生产效益良好的养殖场和养殖户，有的家庭养殖场的养

殖面积虽小，却不乏亮点。江苏省金坛市指前镇家庭养殖场主丁某，在 45 亩养殖池塘中进行了小龙虾池套养河蟹的生态高效养殖，共出售商品小龙虾 9 307 千克，实现产值 20.75 万元，销售商品蟹 2 756 千克，实现产值 19.68 万元，在去除养殖成本的基础上，共获得效益 23.06 万元，亩效益达到 5 124 元。现将其主要养殖方法介绍如下。

●1. 池塘条件●

池塘呈东西向，池底平整，有效水深 1.5 米，坡比 1：2.5。池塘土质为壤土，防逃设施完备，注排水方便，并配备了微孔管道增氧设施。水源充沛，水质清新无污染。

●2. 准备工作●

（1）清塘消毒。1 月初，排干池水后，清除过多淤泥（留淤 10 厘米），并冻晒 10 天，以氧化底层有机物。再每亩用生石灰 200 千克对水化浆后全池泼洒，彻底消毒、除野、杀灭有害病原菌。

（2）水草栽种。1 月下旬（生石灰消毒 15 天后），将伊乐藻切成长度 15～20 厘米的小段，呈条带型、东西向均匀插种于池底，条带宽 1 米，间隔 10 米，条带间隔内撒种段长 30 厘米的黄丝草。3 月下旬，每亩撒播 1.4 千克轮叶黑藻芽孢和 0.17 千克面条草籽。6 月上旬，在水草间隙处，补种一次轮叶黑藻和伊乐藻。

●3. 苗种放养●

3 月中旬，放养规格为 2 400 只/千克体质健壮、无病无伤的小龙虾苗种 15 千克/亩；4 月中旬，套养附肢齐全、活动敏捷、规格在 135 只/千克左右的自育蟹种 700 只/亩。

●4. 养殖管理●

（1）水草管护。5 月上旬，池塘中伊乐藻长势好，为防止高温败草，对伊乐藻进行了割茬处理，即割除水草上部，使伊乐藻保持在水下 20~30 厘米。割茬后，在伊乐藻间的空余部分补种轮叶黑藻，保证了高温季节水草的覆盖率达 70% 以上。

（2）水质调控。2 月下旬至 4 月，施用生物有机肥 3 次，每次用量均为 25 千克/亩，以促进水草生长。4 月初，每亩投放活体螺蛳 500 千克，滤食池底残余饵料，防止水质败坏，保持水体较高的透明度，并给小龙虾和河蟹提供优质鲜活饵料。7—9 月，结合水质、水温变化情况，平均每周一次，用底质改良剂 2 千克/亩或用 EM 原露 500 毫升/亩，对水全池泼洒，泼洒时开启微孔管道增氧设施。同时，严格控制池塘水位，春季在 40~50 厘米，5—6 月 60~80 厘米，7—8 月 100~120 厘米，9 月以后控制在 100 厘米左右。

（3）自控增氧。为保证池塘溶氧的充足，7 月，在微孔管道增氧设施上配备了一个增氧自控器。增氧自控器可实时监测池塘溶氧状况，将其增氧区间设定为 4~5 毫克/升，低于 4 毫克/升时即自行启动增氧机，高于 5 毫克/升时自动关闭增氧机，使池塘溶氧始终保持在 5 毫克/升左右，有效维持了水质的稳定，促进了小龙虾和河蟹的生长。

（4）饵料投喂。3—6 月，是小龙虾快速生长的季节，在此阶段足量投喂饵料，可促进商品虾的长成，平均每天投喂蛋白含量在36%的颗粒饲料80千克和南瓜、蚕豆、玉米等小龙虾、河蟹均喜食的青饲料10千克左右。7月以后，进入着重强化培育河蟹阶段，此时小龙虾密度较低，饵料以野杂鱼和颗粒料为主，交替使用，平均每天投喂野杂鱼160千克或蛋白含量在30%~32%的颗粒饲料140千克。投喂时坚持全池撒投，并结合投喂当日的天气、河蟹和小龙虾的活动摄食情况调整投喂量。

（5）病害防治。5月11日，用纤虫净200克/亩兑水全池泼洒，3天后，连续投喂含2%中草药和1‰痢菌净的药饵4天。7月12日，梅雨期结束后，每亩用1%的碘制剂全池泼洒消毒。由于实施以预防为主的病害防治措施，养殖期间未有病虫害发生。

●5. 适时销售●

（1）小龙虾捕捞。利用小龙虾不能仰角攀爬的习性，将普通地笼的半面笼梢用30厘米宽度的硬质塑料板沿笼梢口贴网绞好。捕捞时地笼开口放置，有塑料板的半面在下靠近水面，进入地笼的河蟹可沿上半部分的网状笼梢自行爬出，小龙虾则留在地笼内，实现选择性套捕小龙虾，既免除了分拣小龙虾和河蟹的麻烦，又避免了损伤的发生。4月下旬即用此种自制地笼套捕小龙虾，8月中旬捕捞结束。

（2）河蟹捕捞。11月初，结合市场行情，用地笼逐步套捕河蟹上市，12月5日彻底干塘捕捉河蟹。

（3）暂养。小龙虾在5个月左右的上市期中，价格波动频繁，用网箱对规格大、体质健壮的小龙虾进行短期暂养，适时销售；11月，每次降温前套捕河蟹暂养，降温后河蟹因不易套捕而价格上涨时，即行上市。通过对商品虾、蟹有计划地暂养，有效提高了养殖效益。

二、小龙虾、河蟹及中华鳖混养模式实例

在铜山县利国镇水产养殖场试验示范基地一口池塘进行了中华鳖、河蟹与克氏螯虾的高效混养试验，现将实验情况总结如下：

●1. 材料和方法●

（1）池塘条件。池塘面积 10 亩，呈长方形东西向，水深 1.5 米，池塘坡比为 1∶3，池底平坦，淤泥 10 厘米。池塘位于微山湖畔，水源丰富，水质优良。池塘进排水口成对角线设置，且排水口低于进水口，设于池塘底部。进排水口用 60~100 目的隔网，以防野杂鱼进入池塘。在背风向阳处设置 15 个晒场，每个 5 平方米，供中华鳖晒背。池塘四周用钙塑板设成 0.5 米高的防逃设施。

（2）池塘消毒。池塘清整在冬季进行，抽干池水，冻晒一个多月。3 月 2 日，每亩用生石灰 150 千克化浆全池泼洒。清塘第三天亩施发酵腐熟的有机肥 450 千克，随即翻耙均匀。

（3）水草的种植。3 月 6 日，池塘进水 10 厘米后，开始对轮叶黑藻和伊乐藻进行种植，全池以轮叶黑藻为主，伊乐藻为辅。轮叶黑藻的覆盖率保持在 50%，伊乐藻的覆盖率控制在 20%。6 月下旬，清除伊乐藻，防止其腐烂败坏水质。

（4）设置河蟹暂养区。在池塘中用围拦围成圆形或方形的区域，网上贴有防逃膜，面积占全池水面的 20%。设置河

蟹暂养区，一方面保证全池水草的生长，另一方面有利于蟹种的集中强化培育。

（5）螺蛳移植。在4月6日，每亩投放活螺蛳250千克，在7月20日，每亩补放400千克。

（6）苗种放养。小龙虾放养：3月18日，从当地养虾厂购进虾种，规格为120~140只/千克，放养量为20千克/亩。放养前用高锰酸钾10毫克/升浸洗消毒10分钟。

河蟹放养：3月20日，投放当地培育的优质扣蟹，蟹种要求体质好、肢体健全、活动敏捷、无病害。规格为100~120只/千克，每亩放养500只。放养前蟹种用10毫克/升的高锰酸钾浸泡10分钟消毒。扣蟹先放到暂养区集中强化培育，5月20日放进大塘。

中华鳖放养：6月收购150~200克/只的野生中华鳖，每亩投放150只，鳖种以地笼捕捞的为主，要求四肢腋窝处无白点或白斑、无伤残、反应敏捷，雌雄比例为4∶1，以防甲鱼相互残杀。放养前用高锰酸钾10毫克/升浸泡10分钟消毒。

5月25日每亩放养花鲢6尾，规格为5尾/千克，白鲢15尾，规格为5尾/千克。

（7）饲养管理。河蟹和小龙虾的投喂：饲养全程投喂河蟹全价配合饲料，3~5月，多投喂新鲜的小杂鱼、畜禽内脏，日投饵量大约是虾、蟹体重的8%~10%。6月以后，投小杂鱼、畜禽内脏要适度减少，日投饵量大约是虾、蟹体重的3%~5%。一天投喂两次，8：00时一次，投喂量为全天的30%，17：00时一次，投喂量为全天的70%。以投饵后

1~2 小时内吃完为宜。具体投喂时应定时、定点、定质、定量、看季节、看天气、看水质、看虾、蟹的摄食情况确定投饵量。

中华鳖投喂：中华鳖的饲料选用优质甲鱼全价配合饲料，饲料在食台上投喂。食台用玻璃钢瓦搭建，一半在水上，一半在水下，与水平面的夹角为 30°，饵料放在距水面 5~10 厘米的瓦上，并在食台上方搭遮荫棚，棚长出食台 50 厘米，防止饲料被日晒雨淋，每亩建 5 个食台。鳖入池的当天不投饵，从第二天起把新鲜的小杂鱼切成细条状，用铁丝串好挂在食台边缘离水面 5~10 厘米处，鳖一般 2~3 天开始摄食。摄食后逐渐将串有小杂鱼的铁丝提高位置，直到使鳖养成在食台上摄食的习惯，以后每天在投喂的饵料中逐渐减少小杂鱼的量，增加配合饲料的量，直至取消小杂鱼，使鳖养成吃配合饲料的习惯，驯化工作结束后，每天投喂配合饲料 2 次，9：00时投喂一次，投喂量为全天的 1/3，18：00 时投喂一次，投喂量为全天的 2/3，每天按鳖体重的 2%~4%投喂，一般以在 90 分钟内吃完为宜。

(8) 水质管理。3~5 月，水位控制在 0.5~0.6 米，6~8 月稳定在 1.3~1.5 米，9~10 月保持在 1~1.2 米。池塘应经常冲水、换水，一般每半月换水一次，换水量每次不小于水体的 1/3，生长旺季每周换水一次，每次不少于水体的 1/4。每 15 天用 35 千克/亩的生石灰化浆全池泼洒，每半个月泼洒光合细菌一次。

(9) 病害防治。养殖过程中每月用氟苯尼考制成药饵投喂一次，含量为每千克饲料加 1 克，内服 3 天，定期用二氧化氯或聚维酮碘全池泼洒消毒。4月底至5月初,用硫酸锌复配药杀纤毛虫一次,7月和9月再杀灭纤毛虫一次。

(10)捕捞。从6月开始用地笼捕捞龙虾上市,河蟹、中华鳖在12月上市。

● 2. 养殖结果 ●

(1)产量。本次试验,虾成活率80%,平均亩产70千克,平均规格为33克/只。河蟹成活率80%,平均亩产64千克,平均规格为160克/只。中华鳖成活率95%,平均规格560克/只,平均亩产79.8千克。

(2)效益。小龙虾亩产值1 540元;河蟹亩产值5 120元;中华鳖亩产值9 570元,其他鱼亩产值120元,合计亩产值16 356元,去除养殖成本亩利润9 020元。

● 3. 分析与总结 ●

小龙虾的放养量不宜过高,使其亩产量控制在75千克以下,否则易形成优势种群,影响河蟹的正常生长。因放养的是野生鳖,所以其成活率较高,生长速度较快,其颜色和口感与天然鳖相近。

三、小龙虾、河蟹、鳜鱼生态混养模式

小龙虾、河蟹、鳜鱼生态立体养殖模式,能充分利用水体空间和饵料资源,提高水体养殖产量,增加了养殖效益。现将具体技术介绍如下。

● 1. 池塘条件 ●

小龙虾、河蟹、鳜鱼生态立体养殖，池塘面积 30~50 亩，水源充足，水质清新无污染。池塘东西向，光照充足，水深保持 1.8~2.2 米，池埂宽、不渗漏，每个池塘有独立的进排水系统，每 10 亩水面配投饵机、增氧机各一台。池塘交通、电力配套，生态环境良好。

● 2. 放养前的准备 ●

（1）池塘消毒。冬季抽干池水，暴晒池塘，清除过多的淤泥和杂物，保持淤泥深 10~15 厘米。苗种放养前 10 天注水 10 厘米，每亩用生石灰 150 千克化浆后全池泼洒，彻底清塘。2~3 天后注水，注水时要严格过滤，以防敌害生物和野杂鱼进入池内。水注到 1 米时，每亩施发酵好的有机肥 150 千克，培育浮游生物。

（2）移栽水草。俗话说"蟹（虾）大小，看水草"，水草是小龙虾及河蟹栖息、避敌蜕壳的场所，能净化水质，防暑降温，又是小龙虾、河蟹的好饵料。水草以伊乐藻、水花生、苦草等为主，覆盖率稳定在 60% 以上，分布均匀。种植水草可以充分利用水体，利于小龙虾、河蟹、鳜鱼立体分布。

（3）投放螺蛳。每年清明节前，亩投放经消毒后的螺蛳 200~300 千克，螺蛳是小龙虾、河蟹的优质饵料，可改良底质，提高小龙虾、河蟹品质和水体自净能力。

● 3. 苗种放养 ●

（1）小龙虾。规格每千克 40~60 尾，每亩投放 10~15 千克，虾苗放养在 3—4 月，投放时间宜选择在早晚或阴天进行，虾苗离水时间不超过 2 小时。药物诱捕及来路不明的虾苗不要投放。苗种要求品种纯正，体质健壮，规格均匀，体表光滑，附肢完整、无损伤，无寄生虫，同一池口要一次放足。

（2）蟹种。规格为每千克 160~200 只，每亩投放 250~350 只，要求品种纯正，体质健壮，规格均匀，经 3% 食盐水消毒后入池。

（3）鳜鱼。投放经强化培育规格达 5 厘米以上的鳜鱼苗，每亩投放 12~16 尾，品种为大眼鳜，放养时间为 5 月中旬。

●4. 饵料投喂●

（1）小龙虾、河蟹。小龙虾、河蟹为杂食性，且生性贪食。饵料投喂要坚持"两头精、中间青"荤素搭配和四看四定的投饵原则。养殖前期以动物性和小龙虾、河蟹专用颗粒饵料投喂为主，高温季节以小麦、玉米、水草等植物性饵料投喂为主，一般每天投喂 2 次，其中以下午投喂为主，占全天投喂量的 70%，上午投入深水区，下午投入浅水区，日投饵量为存池小龙虾、河蟹量的 4%~6%。

（2）饲料。颗粒饲料要求无霉变、无污染、无毒性，不得添加国家禁用的添加剂和抗生素。青饲料要柔嫩、新鲜、适口，经消毒后投喂，青饲料应专设固定的食台，食台附近每周消毒 1 次，及时捞除残渣余饵，以免腐烂变质，污染水体。

（3）鳜鱼。主要利用鱼池中的低值鱼类，不专门投饵。可事先在池中投放部分怀卵的鲫鱼和抱仔青虾，让其在池中自然繁殖，作为鳜鱼补充饵料。

●5. 日常管理●

（1）水质管理。春季水位保持在 0.6~1 米，浅水有利于水草生长、螺蛳繁殖和幼虾、幼蟹脱壳生长。6 月以后注入新水，使水位保持在 1 米左右，高温季节水位保持在 1.5 米以上。常注入新水，有利于促进小龙虾、河蟹、鳜鱼摄食和加速生长，注水时尽可能先排掉部分老水，再注入新水。定期泼洒生石灰，一般每半个月每亩泼洒生石灰 20 千克，天气炎热、阴雨天，适时开启增氧机，使池水保持肥、活、爽，以加速小龙虾、河蟹、鳜鱼生长，达到高产、稳产。提倡使用生物制剂，调节水质，使池水保持肥、活、爽。水草不足要及时移栽，水草过密，可每隔 10~15 米用刀割一条宽 3~5 米通道，以确保鱼池有足够的受光面。

（2）定时巡塘。要坚持早、中、晚 3 次巡塘，定期捞除池中残饵杂物，发现问题及时处理，遇有异常天气，须增加巡塘次数。对苗种放养、投饵、注水、用药等情况，做好详细记录。小龙虾、河蟹对化学药品较敏感，养殖过程中要严防水质受工业污染和农药污染。

（3）病害防治。要坚持以防为主，防重与治的方针。一方面选用优质苗种、合理混养、科学投饵，提高小龙虾、河蟹、鳜鱼自身抗病能力，另一方面加强水体消毒、种草布螺和使用生物制剂调节水质，为小龙虾、河蟹、鳜鱼生长营造良好的生态环境。尽量使用生物渔药和生物制品防病治病，提倡使用中草药。

（4）适时捕捞。小龙虾放养 2 个月后，鳜鱼放养 3 个月后，可将规格达 50 克以上小龙虾，尾重达 500 克的鳜鱼，起捕上市。让小规格小龙虾、鳜鱼生长，提高池塘净产量。河蟹一般在 10 月开始捕捞。

第三节　小龙虾、水稻混养模式典型案例

一、稻田养殖小龙虾模式试验

● 1. 试验地概况 ●

江苏省地处长三角地区，地理位置与小龙虾原产地纬度相近，十分适宜小龙虾的生活、生长。试验地设在江苏省泗阳县高渡镇高集村曾咀自然村的龙虾养殖场。试验池为 2 块稻田，面积分别为 54 亩和 50 亩，稻田四周田埂的坡比为 1：3，沿田四周挖宽 5 米、深 1.2 米的环沟，田中间挖宽 1 米、深 1 米的"井"字形深沟，将每块稻田分成 10 个小块，四角各挖 1 个深 1.5 米、面积 3 平方米的鱼溜。田埂四周有丰富的水草和旱草，埂上栽有高大的树木，进排水方便，每块田均有独立的进排水口，田与田之间互不相通，均有完善的防逃设施。池中有伊绿藻、金鱼藻、马来眼子菜、菹草、大叶萍、小浮萍、芦苇、香蒲等大量的水生植物。

● 2. 养殖操作 ●

先放干池水，后用生石灰消毒，清理杂草，再栽种水稻（杂交稻），种植并移栽水草，1 周后放养小龙虾苗种，开始养殖。

（1）苗种放养。放养的小龙虾苗种购于当地，规格为

120~180 只/千克,短时间内运至池边后,经反复浸泡,待虾体充分吸水后分散放养,总放养量 7 800 千克,平均放养量为 75 千克/亩;同时放养规格为 8~10 厘米的鳜鱼苗种 625 尾,平均放养量为 6 尾/亩。

(2)饲料投喂。投喂的饲料品种有小麦、玉米、麸皮、小杂鱼、全价颗粒料等。每日投喂 2 次,6:00—7:00 喂日投料量的 30%,17:00—18:00 喂日投料量的 70%,采取定点食台投喂,每次喂量以 2 小时内吃完为准,并根据水温、天气、水质、摄食等情况及时进行调整。在投喂商品料的同时,注重水草的投喂,力保池中水草量丰富。

(3)生产管理。

①坚持巡池:每日坚持多次巡池,检查防逃设施,发现破损要及时修补;发现逃逸,要及时找出原因;观察虾的活动、摄食和生长情况;及时清除残饵,发现病虾要立即隔离、准确诊断和及时治疗。

②水质控制:定期加、换水,每隔 10~15 天加换水 1 次,每次 20 厘米左右,遇特殊情况应及时加、换水。定期对水质进行监测,包括水温、透明度、pH 值、溶氧、氨氮、总氮(TN)、COD、总磷(TP)等。

③敌害防治:小龙虾养殖过程中主要敌害有鸟类及老鼠,对鸟类采取人工驱赶,对老鼠采用药物灭杀。

④疾病预防:每 20 天用 1 次二氧化氯对水体进行 1 次消毒;每 20 天投喂 1 次药饵,每次连续投喂 5 天药物饵料均为自产。为了防止农药对小龙虾的危害,整个养殖过程中未对水稻进行病虫害防治。

⑤捕捞上市：发现有达到商品规格的虾时即可捕捞，一般连续捕捞 10 天后停捕 1 周，捕捞工具为地笼。为了扩大再生产（第二年养殖面积扩大到 300 亩），要留足亲本，捕捞工作在 10 月初即结束，11 月初放干池水捕捞鳜鱼。

● 3. 养殖结果与分析 ●

（1）成本。该试验共投喂饲料 18 970 千克，其中小麦 12 800千克、玉米 8 700 千克、麸皮 6 500 千克、颗粒料 8 900千克、小杂草 2 950 千克，成本总计 187 200 元（此外，投喂活螺蛳 400 千克及大量水草，未列入成本）。

（2）收入。销售小龙虾 25 300 千克，按 20 元/千克计，产值 506 600元；销售鳜鱼 238 千克，按 40 元/千克计，产值为 9 520元；收获水稻 42 950 千克，按 1.6 元/千克计，产值68 720元，收入总计 584 840 元。

（3）养殖效益。试验面积总共 104 亩，总利润为(584 840～187 200)元＝397 640 元，平均利润为 3 823 元/亩。小龙虾产量达 200 千克/亩以上、水稻产量 400 千克/亩以上，养殖效益十分显著。

二、利用稻田闲季养殖小龙虾

稻田收割后至翌年播种这段闲置时间，在稻田中放养小龙虾，经越冬及来年几个月的养殖，5—6 月，在水稻插秧前起捕所放养小龙虾。该种、养连作模式不仅可以充分利用稻田资源，而且间隔种、养连作模式还可有效减少龙虾及水稻病害的发生、改良生态环境，具有良好的经济、生态效益。

本例是在上海崇明县庙镇利用冬闲田开展的养殖方式，将相关技术总结如下。

● 1. 放养前的准备 ●

（1）稻田选址。稻田要求场地开阔，水质良好、水量充足、无污染、保水能力较强、排灌方便、不受洪水淹没，进、排水及周边交通方便；面积少则几亩，多则几十亩或上百亩都可。

（2）深挖环沟、加固田埂。水稻收割后，沿田埂内侧 1 米处深挖环沟，沟面宽约 2 米、深约 1 米，坡比为 1∶2.5，所挖土壤用于四周田埂的加宽、加高、加固；池塘面积较大者，在田中开挖"十""井"字形环沟，沟宽度及深度略小于四周环沟，以不影响机器插秧和机器收割为原则。田埂四周用水泥瓦、石棉瓦或塑料薄膜做成 50 厘米高的防逃墙。进、排水分开，独立设置，按照高灌低排的格局，保证灌得进、排得出，进、排水口要用网或栅栏围住，防止龙虾外逃和敌害进入。

（3）消毒。稻田改造后，进水 10~15 厘米（淹过稻茬），利用生石灰或漂白粉（有效氯为 30%）全田泼洒消毒，每亩用量分别为 75~100 千克和 20~30 千克。

（4）种植水草、营造栖息环境。消毒 7~10 天后，在环沟和田间种植水草，根据水草生活习性，以伊乐藻为主，搭配种植轮叶黑藻、金鱼藻、苦草及黄丝草等，水草覆盖面积以 40%~50% 为宜，以零星、分散为好；种好后亩施磷肥 10~15 千克或腐熟畜禽粪肥 300~400 千克，既促进水草生长，又可培育浮游动、植物，构建链式生态营养层次。同时，在环沟及稻田内架设网片，或设置竹筒、塑料筒等，营造良好的栖息环境，为小龙虾提供栖息、蜕壳、隐蔽场所，减少其打洞。

●2. 苗种放养●

（1）苗种选择。挑选规格一致，体质健壮，附肢齐全，无病无伤，生命力强的虾作为放养虾种；虾种如果是人工培育的、可直接放养，如果是野生虾种、应经过一段时间驯养后再放养，以免相互争斗残杀。

（2）苗种放养。一般在 11 月或翌年 2—3 月放养。以放养当年不符合上市规格虾为主，规格为 100~200 只/千克，亩放养 30~40 千克，一次放足。经过几个月养殖，到 5—6 月起捕上市，商品虾只重可达 40~50 克。放养选择晴天上午进行，虾种放养前用 3%~5% 食盐水洗浴 10 分钟，或用溴氯海因或二溴海因等药物浸浴 15~20 分钟，以杀灭寄生虫和致病菌。从外地购进的虾种，因离水时间较长，放养前应略作处理。即将虾种在水内浸泡 1 分钟，提起搁置 2~3 分钟，再浸泡 1 分钟，如此反复 2~3 次，让虾种体表和鳃腔吸足水分后再放养，以提高成活率。

●3. 科学管理●

（1）水质调节。适时注换新水，保持田中水质良好。在冬季低温时，可提高稻田水位，以利龙虾安全越冬；到 3 月水温逐渐升高时，视水质及龙虾摄食、活动情况，灵活添换新水；此外，定期以生石灰全田泼洒，调节水质，促进虾生长和蜕壳。

（2）饵料投喂。小龙虾对饵料要求不高，杂食性，偏喜动物性饵料，食量大，贪食。可采用植物性饲料与动物性饲料搭配使用。投喂的植物性饲料有：玉米、小麦、大豆、山芋、南瓜等，动物性饲料为家禽内脏、猪血、鱼鳃、鱼肠、鸡肠、小杂鱼等。所投饵料要新鲜，杜绝投喂腐烂变质饵料。冬季每3~5天投喂1次，日投喂量为在田虾体重的2%~3%。从翌年3月中下旬开始，逐步增加投喂量，一般占虾总体重的6%~7%，每天8：00、16：00各喂一次，上午投喂量占全天的1/3，沿池边遍洒投喂。

（3）疾病防治。利用稻田闲季放养龙虾病害发生率较低。为预防起见，可定期用生石灰或氯制剂消毒水体；此外，勤捞水面残草、水中残饵，以防败坏水质。投喂的下脚料应用强氯精、溴氯海因等消毒后投喂，避免将外源性病原、病菌带入田内。

（4）做好防逃工作。小龙虾在饲料不足和雷暴雨天气易上埂逃逸，田埂除要装薄膜等防逃设施外，还需经常观察是否有漏洞，发现问题，及时解决。

（5）适时起捕至5—6月，根据市场需求情况和虾体规格，采用利用稻田闲季养殖小龙虾技术虾笼、地笼网起捕，轮捕陆续上市。也可用抄网在虾沟中来回抄捕，最后在稻田插秧前排干田水，将虾全部捕获。捕捞不尽的，可留在环沟内，下半年水稻收获完毕后留作种虾。

●4. 效益分析●

种、养面积80亩，亩产水稻410千克、亩产龙虾160千克，亩产值达3 860元，亩利润2 110元。效益较单种水稻提高 221.67%，较水稻和其他农作物连作提高 85%以上。

三、有机水稻小龙虾养殖

小龙虾是一种经济价值很高的虾类，目前，国内养殖前景广阔。在稻田中养殖小龙虾把原有种植业与养殖业有机结合起来，充分利用人工营造的生态系统，使其发挥各自的作用。小龙虾能清除稻田中的杂草，吃掉害虫，排泄物及残饵供水稻生长利用，而水稻又为小龙虾生长提供丰富的天然饵料和良好的栖息环境，互惠互利。在实践中每亩收获优质大米 180 千克、大规格小龙虾 150 千克，均纯收入 4 000 元/亩以上，值得推广。现将小龙虾稻田高效生态养殖技术简述如下。

● 1. 稻田的选择与改造 ●

（1）稻田选择。稻田要求进排水自由，不受旱灾、洪灾影响，土壤肥沃、保水性能好，阳光充足，水源充足，水质清新无污染，理化指标符合渔业水质标准。稻田面积 6 亩以上。

（2）稻田改造。在稻田四周建主埂，主埂要求顶宽 2 米以上，高 1~1.5 米，坡比为（1:2）~（1:3）。对于面积较大的稻田，要将其分成面积为 3 亩左右单位田块。为保证有足够的地方供小龙虾掘穴栖息，同时也方便进排水，可在田块中间构筑池埂，所筑池埂，仅一端与主埂相连，便与养殖过程中管理工作的开展。在距主埂和池埂内侧 1 米左右处沿埂周围挖一条宽 4~7 米、深 1.2 米的环形虾沟，虾沟从进水端与出水端有一定的倾斜，这样，池塘进水时整个池水沿虾沟方向流动，水体交换效果好，也便于开展干池收虾工作。经过改造后的稻田池埂、虾沟、水稻种植区面积比一般为1：2：7。进排水口安排在稻田相对两角的主埂上，进排水口要设拦虾网，避免逃虾。

●2. 养殖前准备工作●

（1）搭建防逃设施。养殖期间为了有效防止小龙虾逃逸，在主埂上还要搭建防逃设施。防逃设施一般选用较厚的加强塑料薄膜，首先在主埂内侧距埂斜面0.5米处挖一条深20厘米左右的沟，再将加强塑料薄膜的一端埋入沟内，用土压紧夯实，最后用竹箬或小木棍将加强塑料薄膜垂直支撑起来并固定好，保证塑料薄膜高出埂面40~50厘米。

（2）虾沟消毒。消毒时虾沟内留水0.2米左右，对于新建池塘宜选用生石灰消毒，杀灭水体中的野杂鱼和病原菌，减少养殖期间病害的发生。若池塘中有亲虾采用巴豆或茶籽饼消毒，杀死水体中的野杂鱼。

（3）施肥。每亩水体施经过充分发酵的猪粪、鸡粪等有机肥400千克。

（4）种草、投螺。在虾沟内种植一些水草，如伊乐藻、苦草和水花生等，水草要占水面的1/3以上。早春每亩投放50千克螺蛳，起到净化水质的作用。

●3. 苗种投放●

根据苗种规格不同，投放时间和数量存在一定差异。投放规格为140只/千克左右虾苗，每亩可投放45千克左右，投放时间安排到每年3月中旬至4月中旬，或为每年11月上旬至12月中旬。如改苗种投放为种虾投放，投放时间一般选在每年8月初，每亩投放20千克体重大于30克的亲虾，雌雄比为3∶1，亲虾自然繁殖苗种可达到池塘第2年养殖所需苗种数量。

● 4. 水稻种植 ●

种植的水稻宜选生长期较长、茎硬不倒伏、耐肥抗病强、产量高的品种。采取大垄双行技术栽种，即每2行为一组，组内行间距20厘米，组间距40厘米。栽秧时间一般在6月下旬，栽秧时先要逐渐降低水位至水稻种植区刚被池水覆盖，这时小龙虾大多迁移到虾沟水草丛中隐蔽起来，有效防止秧苗在没生根时被虾摄食。

● 5. 饲养管理 ●

（1）投饵虾苗。投放后按照"四定"（定时、定位、定量、定质）、"四看"（看季节、看天气、看水温、看生长）的技术规范进行投喂。适合的饵料品种有豆粕、菜饼、麦面和野杂鱼、螺蛳，条件允许时可以投喂优质的小龙虾配合饲料，每天按存塘虾总重量的2%~6%投喂，初春、深秋低温季节每天17∶00投喂一次，夏季等养殖高温季节每天8∶00、17∶00各投喂一次，分别按全天投喂量的30%、70%投喂，饵料投掷于浅滩和水稻种植区上，秧苗刚种植时水稻种植区上不投喂。

（2）水位和水质的控制。秧苗种植初期，池水宜浅。随着小龙虾和水稻不断生长，尽可能提高池水，只要水深不影响到水稻生长、抽穗、扬花即可。水稻收割后加满池水。在控制水位的同时还要观察水质的变化，做好水质的调控工作。根据天气和水质，定期换水，每次换 1/5，尤其在高温季节，换水更加重要，间隔 15~20 天每亩用 3~7 千克生石灰化水泼洒，在水体清瘦时施经发酵的粪肥肥水，水质过肥时用 EM 菌、光合细菌等生物制剂改良水质。

（3）小龙虾疾病预防在小龙虾稻田生态养殖模式中，要做好小龙虾疾病的预防工作，在调控好水质的同时，还要定期在饵料中添加三黄粉等中草药来增强小龙虾抗病害能力，养殖高温季节在饵料中添加肝胆利康散等中草药制剂保肝护胆，减少消化系统疾病发生。

（4）水稻管理由于水稻间距较大，水稻种植早期田间稗草等野杂草较多，要定期组织人员清除。随着水稻生长、分蘖，种植后期只要池塘水位的控制得当，小龙虾能有效清除杂草和水稻虫害，水稻病虫害很少发生。水稻种植期间，根据水稻的长势可以适时补充发酵过的粪肥。

（5）捕捞稻田养殖小龙虾一般采用地笼网捕捞，捕捞季节把地笼放到池塘边上或水草生长茂盛的区域，里面放进腥味较浓的野杂鱼等饵料作诱饵，傍晚小龙虾来寻食时，寻味钻进笼内觅食，第二天将笼内小龙虾倒出，取大留小。经过笼捕后，大多数小龙虾已被捕出，剩下的小龙虾可以干池捕捞，排干池塘的水，小龙虾便富集到虾沟底，人工手拣即可。

● 6. 小结 ●

小龙虾稻田生态养殖模式中，小龙虾养殖与水稻种植二者有机结合成一个整体，一方面小龙虾在为水稻清除杂草、虫害，有效防止水稻病害发生，同时小龙虾的代谢产物及残饵作为肥料供给了水稻，有效促使了水稻的生长。另一方面水稻为小龙虾提供了绝佳的栖息、生长环境，同时水稻及时利用了小龙虾的代谢产物及残饵，净化了水质，起到了预防小龙虾疾病的发生，为小龙虾高产提供了基本保障。小龙虾稻田生态养殖模式中，小龙虾在饵料投喂、疾病防控等养殖过程中，由于养殖环境好，小龙虾抗应激能力强，养殖过程中基本不使用抗生素等药物来防治疾病。同时，小龙虾为水稻清除敌害并提供肥料，在水稻生长期无须施用化肥、农药，因此，收获的小龙虾和大米绿色无污染，充分满足了消费者对消费品质量的要求。小龙虾稻田生态养殖模式具有投资少、风险低、收益高等特点。小龙虾稻田生态养殖模式与传统的稻田种稻的种植模式相比，小龙虾稻田养殖减少了农药、化肥的投入，不但降低了水稻种植成本，而且生产出来的大米无农药残留、口感好、市场价格高，效益显著。小龙虾稻田生态养殖模式与小龙虾池塘养殖模式相比，不仅大大降低了小龙虾疾病防治、水质调控等管理工作成本，而且多了出了水稻收入，因此养殖效益更高。小龙虾稻田生态养殖实践中每亩可收获有机大米 180 千克、优质小龙虾 150 千克，亩均纯收入 4 000 多元，生产中值得推广。

四、稻田微孔增氧养殖小龙虾试验示范

随着市场需求的加大，天然产量的减少，小龙虾近几年来价格一直不错，养殖前景也越来越好。在江苏省科技入户

项目中，金湖县重点推进稻田养殖小龙虾。稻田养小龙虾是利用稻田的浅水环境，辅以人为措施，既种稻又养虾，以废补缺、化害为利、互利助长，以提高稻田单位面积效益的一种生产形式。在金湖县前锋镇淮胜村利用60个1亩稻田开展微孔增氧养殖小龙虾实验，取得了亩产小龙虾139.6千克，稻谷465.4千克，利润达2 402.8元/亩。现将其情况介绍如下。

● 1. 稻田的选择 ●

稻田应选择靠近水源、水量充足、周围没有污染源的田块。稻田以壤土为好。稻田周围没有高大树木。桥涵闸站配套，同时要达到"三通"。

● 2. 田间工程建设 ●

稻田田间工程建设包括田埂加宽、加高、加固，进排水口设置过滤、防逃设施，环形沟、田间沟的开挖，建人造洞穴，安置遮荫棚等工程。沿稻田田埂内侧四周开挖环形养虾沟，沟宽3~5米，深0.8米，坡比为1：2.5，同时在田中间开挖"十""井"字形田间沟，田间沟宽1米，深0.6米，环形沟和田间沟面积约占稻田面积20%左右。利用开挖环形沟墾田间沟挖出的泥土加固、加高、加宽田埂，平整田面，田埂加固时每加一层泥土都要进行夯实，以防以后雷阵雨、暴风雨时田埂坍塌。如有条件最好用塑料薄膜覆盖田埂内坡，以防虾打洞逃逸。

● 3. 设置增氧设备 ●

微孔增氧设备由增养机、主管道、砂头管和砂头组成。

在稻田四周设置直径 4 厘米的大管道，在田间沟设置直径 1
厘米的小管道并与罗茨鼓风机连接好，功率配置为 0.1 千瓦/
亩。增氧机固定在铁架上，远离稻田放置，开机时以不影响
小龙虾活动为宜。在生产季节，增氧机一般阴雨天 24 小时开
机，晴天下半夜开机 6 小时（24∶00~次日 6∶00），具体开
机时间和长短还要根据小龙虾的存塘量、健康情况和水质等
因素综合考虑。

● 4. 水草种植 ●

环形沟及田间沟内栽植轮叶黑藻、伊乐藻、苦草等水生
植物。但要控制水草的面积，一般水草占环形沟面积的
40%~50%、田间沟面积的 20%左右，以零星分布为好，不要
聚集在一起，这样有利于虾沟内水流畅通无阻塞。

● 5. 苗种放养 ●

采取秋放的形式。秋季放养以 3 厘米左右的种虾为主，
放养时间在 10 月中旬。每平方米养虾沟放 20~25 尾。特别注
意的是在保证苗种质量的基础上还要做到苗种规格要一致，
附肢齐全，体质健壮，活动敏捷，同时要一次放足。苗种的
放养时间一般都在晴天早晨，在放养前最好用 3%~5%的盐水
浸洗 10 分钟以达到消毒的目的。

● 6. 饲料投喂 ●

饲料选择小龙虾适口的饲料，如螺蛳和优质杂鱼，同时
可选用优质全价配合饲料，投饲量根据放养虾种的数量、重
量和所投饲饵的种类制定年投饵总量。根据当地的气候条件，
水温变化，按照年投饵量制订月投饵计划。3~8 月是小龙虾

快速生长期，这几个月的投饵量占全年的 50%~60%。进入高温期小龙虾生长滞缓，此期投饵量占 6%~8%。9 月中下旬至 11 月底是小龙虾育肥期，投饵量应为全年的 30%。越冬时也应视天气适当投饵。投饵方法上坚持"四定""四看"。四定即定时、定质、定量、定位。四看即看季节、看水色、看天气、看虾吃食、活动情况，根据情况确定投饵量。

● 7. 田间管理 ●

（1）晒田。稻谷晒田宜轻烤，不能完全将田水排干。水位降低到田面露出即可，而且时间不宜过长。

（2）施肥。原则是"重施基肥，轻施追肥；重施农家肥，巧施化肥；少量多次，分片多次"。稻田基肥要施足，占 70% 以上，应以施腐熟的有机农家肥为主，在插秧前一次施入耕作层内，达到肥力持久长效的目的。注意不要在虾进塘前的 10~15 天内再施化肥。

（3）施药。原则上能不用药时坚决不用，需要用药时则选用高效低毒的无公害农药和生物制剂。施农药时要注意严格把握农药安全使用浓度，确保小龙虾的安全，并要求喷药于水稻叶面，尽量不喷入水中，而且最好分区用药。分区用药的含义是将稻田分成若干个小区，每天只对其中一个小区用药。一般将稻田分成两个小区，交替轮换用药，在对稻田的一个小区用药时，小龙虾可自行进入另一个小区，避免药物毒害。水稻施用药物，应严禁使用含菊酯类的杀虫剂，以免对小龙虾造成危害。喷雾水剂宜在晴天露水干后或下午进行，因稻叶下午干燥，大部分药液吸附在水稻上。同时，施药前田间加水 20 厘米，喷药后及时换水。

●8. 水质调节●

（1）调"新"，即注换新水　放种虾半个月后隔10天降水10厘米，至低水位，让种虾打洞越冬。3—4月，每10~15天加1次水，每次加水10厘米至正常水位。7—9月高温季节，每周换水1~2次，每次换水1/3。10月后每5~10天换1次，每次换水1/4~1/3。换水要先排除部分老水，再加注新水。换水时，水位要保持相对稳定。换水时间通常宜选在11：00，待河水水温与稻田水温基本接近时再进行换水。

（2）调"优"，即调节溶氧，将溶氧浓度控制在4.5~5.0毫克/升。适时开启增氧设施，在高温季节每2小时开1次，每次20分钟，其他时间每4小时开启1次，每次20分钟。

●9. 结果及效益分析●

试验共投入157 383.0元，其中种苗28 005.0元，饲料（含肥料）55 800.0元，管道设施32 480.0元，承包款13 000.0元，人员工资12 000.0元，其他（含水电费、药费）16 098.0元，见表8-3-1。5月底捕捞上市，捕大留小方法，用地笼来捕，直至整个养殖周期结束。小龙虾收入201 024.0元，稻谷收入100 526.0元，产值共计301 550元（见表8-3-2）。利润144 167.0元，亩利润2 402.8元。

表8-3-1　生产投入　　　　　　　　单位：元

项目	种苗	饲料（含肥料）	管道设施	田租	人员工资	水电、药费	合计
金额	28 005	55 800	32 480	13 000	12 000	16 098	157 383

表 8-3-2　生产投入

品种	重量/千克	亩产/千克	单价/元	金额/元
小龙虾	8 376	139.6	24	201 024
稻谷	27 924	465.4	3.6	100 526
合计				301 550

● **10. 小结与体会** ●

　　稻田养殖小龙虾可以合理利用水体空间，把种植业和养殖业有机结合起来，进行立体化生产，能更好地保持农田生态系统物质和能量的循环使用，既可增加收入，又可维护良好的水域生态环境，减少污染和疾病的发生，降低生产成本，每亩可增加收入 600~800 元。这种养殖模式值得推广。采用微孔增氧设施，在增加水体溶氧的同时，增加了龙虾的产量、规格及品质，具有一本万利的功效。微孔增氧适宜在水产养殖中大力推广应用，包括精养池塘。

第四节　小龙虾与其他经济作物混养模式典型案例

一、茭白、小龙虾生态共作技术

　　茭白田为小龙虾提供生长水域空间、遮阳环境以及杂草、水生昆虫和有机碎屑等天然饵料生物；小龙虾为茭白田除草、驱虫、耕田、增肥等，实现了茭白与小龙虾互惠互利，提高了单位农田经济效益，提升了茭白、小龙虾产品质量。

●1. 田块选择●

田块要求靠近水源，水量充沛，水质清新无污染，面积以 5~10 亩为宜，底质为壤土，保水、保肥性好，田埂宽厚，田面平整，周围开阔，无高大建筑物和树木，桥涵闸站配套，通水、通电、通路。

●2. 田间工程●

沿着田埂四周开挖环沟，沟宽 3~4 米、深为 0.6~0.8 米，坡比（1：2）~（1：2.5），环沟面积占田块面积的 15%~20%，面积超过 10 亩的田块，需要增挖"+"或"#"形田间沟，做到环沟与田间沟相通。开挖虾沟的泥土用于加固加高田埂，每加一层泥土都要夯实，并在种植茭白田面四周垒起高 3~5 厘米的小埂，有利于茭白苗的移栽与活棵。进水口设在田埂上，排水口与环沟底部平齐，进排水口宽度相等，进排水口设置在田块的一条对角线上，进水口用 60~80 目/平方厘米的双层筛绢网布兜住，排水口设置 20~40 目/平方厘米的铁丝网或铁栅栏，呈"U"形设置，凸面向外。在田埂上设置防逃墙，防逃墙材料可选用质地牢固、表面光滑的玻璃、水泥板、石棉瓦、塑料薄膜等，防逃墙底端入土 10~15 厘米，顶端高出埂面 40~50 厘米，并稍向田内倾斜。

●3. 茭白栽植●

（1）茭白品种选择。茭白要选择分蘖力强、孕茭率高、抗逆性好、肉茎肥嫩、味道鲜美的品种。如浙茭 2 号、浙茭 991 号，地方品种如无锡中介茭、广益茭、苏州小腊台、纤子茭等。

（2）整地与定植。4月中旬，进行茭白田整地与茭白苗移栽。整地要求做到田平、泥烂、肥足。翻耕前在田面撒施基肥，按照田面的面积计算，每亩施腐熟的有机肥1 000~1 500千克或饼肥100千克，再利用旋耕机旋耕、耙平，旋耕深度17~20厘米，保持田面水深3~5厘米。田地整平后，选在傍晚或阴天，随挖苗、随分株、随定植，先剪去叶尖，保留株高25~30厘米，采用宽行窄株种植方法，行距1~1.2米、株距0.5~0.8米，亩栽1 000~1 200穴，每穴栽苗1~2株。

●4. 虾苗放养●

（1）放养前的准备工作。在虾苗投放前15~20天，清除虾沟杂物、杂草，注水5~10厘米，使用块状生石灰消毒，按照环沟面积计算，亩用量75~100千克，在环沟内均匀泼洒，杀灭黄鳝、泥鳅、青蛙、水蛇等敌害生物及部分病原微生物。消毒后7天，注水至40~50厘米，在虾沟四周堆置腐熟的有机肥，一次性施足，按照虾沟面积计算，亩施用量500~800千克，培育天然生物饵料。施肥后第2天进行水草移植，其中伊乐藻、轮叶黑藻切成20~30厘米长，沿沟边浅水处栽插；在离埂1~1.5米处移栽水花生、水葫芦，并以竹棍与细绳固定；水草的面积占环沟总面积的20%~30%，水草零星设置，保持水流畅通，水草移栽前需用10毫克/升的漂白粉（有效氯30%）浸泡10分钟，以防止带入鱼卵、蛙卵及病原体。养殖中后期，若水草疯长，及时割除，高温季节及时清除过多的伊乐藻，防止水草死亡，败坏水质。

（2）虾苗放养。每年4月底5月初，水草返青后将水位加至 60~80 厘米，选择晴天的早晨或阴天的中午进行虾苗投放，虾苗来源最好是自选优良亲本自繁自育的虾苗。野外收集、脱水时间长的虾苗大多受伤严重，放养后死亡率大，不宜选用，经过虾贩周转或过分挤压、长途运输的虾苗坚决弃用。筛选的虾苗要求健康活泼、附肢完整、无病无伤、体长3~5 厘米。投放时小心谨慎，轻拿轻放，尽量避免挤压，经过短途运输的虾苗，需用本塘水均匀泼洒虾体，间隔4~5 分钟，泼洒 1 次，连续 3~4 次，让其适应 15~20 分钟后，缓缓而均匀地倒在环沟的斜坡上面，让虾苗自己爬入水中，栖息于水草下面，同时剔除留在斜坡上的死虾、弱虾。每亩放养量 8 000~10 000尾。

● 5. 饲料投喂 ●

虾苗投放后，先在环沟中强化培育 7~10 天，当虾苗基本适应茭白田生态环境时，打开茭白种植平面四周小埂缺口，加水让环沟水位与茭白田水位平齐，虾苗可以自由出入茭白田面觅食杂草、茭白无效分蘖、水生昆虫等天然生物饵料。养殖过程中需要适量投喂人工饲料，补充天然饵料不足。饲料可选用鱼粉、豆粕、麸皮、米糠、面粉等粉状饲料，也可选用菜饼、芝麻饼、大麦、小麦、玉米、蚕豆、南瓜、冬瓜、土豆、空心菜、浮萍、低值小杂鱼、河蚌肉、螺蛳、蚯蚓、蝇蛆、畜禽内脏等。根据当地饲料资源选择适宜的动植物饲料种类，一般粉状饲料混匀后捏成团状，大麦、小麦、玉米、蚕豆、土豆等用水浸泡 1 天或煮至半熟，以手可掐断为宜，动物性饲料煮熟或盐水消毒后切成块状。饲料投喂按照"两头精、中间粗"的原则，养殖前期（5~6 月）与后期（9~10

月），植物性与动物性饲料按照 50∶50 配比，日投饲率为
3%~4%，养殖中期（7—8 月）温度较高，植物性与动物性
饲料按照 70∶30 配比，日投饲率为 2%~3%，沿环沟四周浅
水处定点投喂，每隔 5 米设置一个 1~2 平方米的食台；具体
日投饲量可视天气、摄食状况及水质情况酌情增减，如遇到
闷热、低压、阴雨等恶劣天气，可少喂或停喂；第二天若摄
食不完则适当减量，反之则适当加量；水质恶化则减少投喂
量，同时调节水质。有条件的养殖户夏季在茭白田四周设置
频振式杀虫灯，诱杀蚊虫落入水中，供克氏原螯虾摄食。

●**6. 田间管理**●

（1）适时追肥。追肥以有机肥为主、化肥为辅，茭白栽
植后 7~10 天施一次"提苗追肥"，亩施腐熟的有机肥 500 千
克左右，促进茭白幼苗生长；在分蘖前期施第二次追肥，亩
施有机肥 1 000 千克，促进茭苗分蘖生长；在分蘖盛期，如植
株长势较弱，施第三次追肥，亩追施尿素 5~10 千克，称为调
节肥，如植株长势旺盛，可免施；第四次追肥在孕茭始期，
约有 20%的植株孕茭时，每亩施腐熟的有机肥 1 500~2 000 千
克，称为催茭肥，促进孕茭和茭茎膨大生长、增加产量。追
肥时坚持"少量多次"原则，化肥忌用克氏原螯虾敏感的氨
水与碳酸氢铵，施化肥时可先排浅田水，让虾集中到环沟之
中，使化肥迅速沉积于底层田泥中，以便田泥和茭白吸收，
随即加深水位至正常水位。施肥应避开克氏原螯虾大量脱
壳期。

（2）水浆管理。茭白水位调节应采用"前浅、中深、后
浅"的调控原则。萌芽至分蘖前期，保持 3~5 厘米浅水，以

利提高地温，促进发根和有效分蘖；分蘖后期水位逐渐加深到10~15厘米，以抑制无效分蘖；气温超过35℃时，应适当深灌降温，定期换水，防止土壤缺氧引起烂根。进入孕茭期，水位应加深到15~18厘米。秋茭采收后期，应降低田间水位，以利采收。进入休眠期和越冬期，茭田应保持2~4厘米的浅水或湿润状态。

（3）剥黄叶、补苗。种株定植后约半月，原来的老叶渐渐枯死，这时要及时去黄衣、老叶、病叶，剪去晒干部分，以增加通风透光，减少病虫害，有利于分蘖苗生长。剥叶时发现死株，要及时补上缺苗，确保全苗，黄叶埋入田内或带出田外烧毁。

（4）调水与水位调控。茭白田水位较浅，水质变化快，尤其盛夏季节，应定期换新鲜水，保持水质清新，溶氧充足，换水宜在10：00—11：00进行，边灌边排，保持水位、水温相对稳定。4—6月，每隔15~20天换一次水，每次换水20%~30%；7—9月，高温季节每隔5~7天换一次水，每次换水30%~40%；高温季节每隔15~20天在虾沟中泼洒一次生石灰，按照虾沟面积计算，亩用量5~10千克；10月，逐渐降低水位，诱导克氏原螯虾入穴越冬、繁殖，至10月底11月初，保持环沟水位40厘米，整个冬季保持此水位，滋养虾穴与茭田。

（5）病虫害防治。生产上，茭白主要发生的病害有锈病、稻瘟病、纹枯病、胡麻叶斑病、小菌核病、大螟、二化螟、蚜虫和叶蝉等。其中细菌性病害均因高温高湿引起，主要采用生态预防的方法：一是消除菌源，如栽培无病品种、越冬时烧茭墩，消除病株病叶，换田等；二是增施底肥和磷钾肥，中后期少施氮肥等；三是合理密植，前期浅灌，中期适当搁田等；四是把握在发病早期防治。虫害主要采取生物预防方法，如通过克氏原螯虾摄食部分害虫，冬季齐地面割除枯黄茎叶集中烧毁，消灭越冬幼虫等。若需要进行药物防治时，需要选择高效、低毒的农药，严格把握农药的安全浓度，避免使用含有机磷、菊酯类型的杀虫剂，一般在早晨露水大时喷散粉剂农药，下午茭白叶干燥时喷施水剂农药，喷药时田面加水至 20 厘米左右，选用孔径 0.7 毫米的喷头，将药液喷在植株中上部，避免药液落入水中产生药害，严禁雨前施药。因喷药浓度过高产生药害时，立即灌"跑马水"，稀释药液浓度，缓解药害。

●7. 捕捞与采收●

当年 7 月初，克氏原螯虾经过两个月的精心饲养，开始使用大眼虾笼捕捞，捕大留小，每隔 1~2 周集中捕捞 4~5 次，至 9 月中下旬结束，亩产商品虾 100~150 千克。当年 10~11 月，当基部孕茭部分明显膨大，叶鞘一侧因肉质茎的膨大而被挤开，露出 0.5~1 厘米，可以进行秋茭采摘，每隔 4~5 天采收一次，亩产 800~1 000千克；翌年 5~6 月，进行夏茭白采收，间隔 2~3 天采摘一次，亩产 1 200千克左右。采收时不能损伤其他的植株，因为就整个田间的茭白群体而言，其生长、孕茭、采收是同时进行的，如果这时植株受到损伤，所结的茭白较小。采收下来的茭白只剥去外部叶鞘，留下 30 厘米左右长的内部叶鞘，可以保持茭白肉 5~7 天不变质，有利于短期贮藏或运销外地。

● **8. 经济效益分析** ●

茭-虾生态共作技术模式，在1年的生产周期内精心栽培与饲养，每亩可产商品虾100~150千克、茭白2 000~2 200千克，按照商品虾16元/千克、茭白2.4元/千克，每亩产值达6 400~7 500元，每亩扣除虾苗费600~700元、优质茭白苗费400~450元、饲料费800~1 000元、肥料费1 000元、塘租费400元、人工费500元、水电费200元等，合计支出成本3 900~4 250元，亩可获利润2 400~3 600元。该模式直接经济效益是传统"一油一稻"耕作方式的2~3倍。

二、藕田套养小龙虾实用技术与效益分析

在藕田中套养小龙虾，藕田中的水草可作为小龙虾的天然饵料，既起到了为藕田生态除草的作用，又提高了藕田的利用率，龙虾的排泄物还为藕田增加了有机肥料，实现良性循环，属于种植和养殖互相利用，互相补充的创新模式，有条件的养殖户不妨一试。

● **1. 藕田选择与田间工程建设** ●

（1）养虾藕田的选择。套养小龙虾的藕田，要求水源充足、排灌方便和抗洪、抗旱能力较强。藕田土壤的pH值呈中性至微碱性，并且阳光充足，光照时间长，有利于浮游生物繁殖，尤其以背风向阳的为好。为确保莲藕和小龙虾产品达到无公害要求，养殖场地必须远离工、农业及生活污染源，环境符合GB/T 18407.4、外源水质符合NY 5051标准。

（2）加固加高田埂。为防止小龙虾掘洞时将田埂打穿，引发田埂崩塌；在汛期大雨后易发生漫田逃虾，因此需加高、加宽和夯实池埂。加固的田埂应高出水面 40~50 厘米，田埂基部加宽至 80~100 厘米。田埂四周用窗纱网片或钙塑板建防逃墙，高出埂面 70~80 厘米，每隔 1.5 米用木桩或竹杆支撑固定，网片上部内则缝上宽度 30 厘米左右的农用薄膜，形成"倒挂须"，防止小龙虾攀爬、打洞外逃。

（3）开挖虾沟、虾坑。冬末或初春，在藕田中开挖虾沟和虾坑，给小龙虾创造一个良好的生活环境和便于集中捕虾。虾坑深 50 厘米，面积 3~5 平方米，虾坑与虾坑之间开挖深为 50~60 厘米，宽为 30~40 厘米的虾沟。虾沟可呈"十"或"井"字形。一般小田挖成"十"字形，大田挖成"井"字形。整个池中的虾沟与虾坑要相连通。一般每亩藕田开挖一个虾坑。藕田的进水口与排水口要呈对角排列，进、排水口与虾沟、虾坑相通连接。

● **2. 藕田准备与虾苗种放养** ●

（1）藕田施肥消毒。饲养小龙虾的藕田，应以基肥为主，最好施有机肥。使用基肥时每亩施用有机肥 150~200 千克；也可以根据情况加施化肥。基肥要施入藕田耕作层内，一次施足，减少日后施追肥的数量和次数。在放养虾苗前 10~15 天，要对藕田虾沟和虾坑进行消毒。每亩藕田用生石灰 100~150 千克，化水泼洒。

（2）虾种放养。小龙虾在藕田中饲养，放养方式类似于稻田养虾，但因藕田中常年有水，因此放养量比稻田饲养时的放养量要大。放养方式有两种：一种是放入亲虾让其自行繁殖，亲虾直接从养殖池塘或天然水域捕捞的成虾中挑选，时间一般在 8 月底至 10 月中旬。每亩放养规格为每千克 20~30 只的小龙虾 20 千克左右，雌雄比例为（2：1）~（3：1）。另一种是春季放养幼虾，每亩放规格为每千克 250~600 尾的小龙虾幼虾 2.5 万~4.5 万尾。放养时要进行虾体消毒，可以用浓度为 30%左右的食盐溶液浸浴虾种 3~5 分钟。

● 3. 日常饲养与藕田管理 ●

（1）小龙虾饲料投喂。小龙虾的饲料有米糠、豆饼、麸皮、杂鱼、螺蚌肉、蚕蛹、蚯蚓、屠宰场下脚料或配合饲料等。投饲量以藕田中天然饵料的多少与小龙虾的放养密度而定。在投喂饲料的整个季节，遵守"早开食，开头少，中间多，后期少"的原则。6~9 月水温适宜，是小龙虾生长旺期，一般每天投喂 2~3 次，时间在 9：00~10：00 和日落前后或夜间，日投饲量为虾体重的 5%~8%，其余季节每天可投喂 1 次，于日落前后进行，日投饲量为虾体重的 1%~3%。饵料应投在靠近虾沟虾塘、水位较浅和小龙虾集中的区段，以利其摄食和检查吃食情况。

（2）藕田施肥。在兼顾小龙虾安全的前提下，进行藕田合理施肥。养虾藕田应以基肥（占 70%）为主，追肥以有机肥为主，使用化肥时，每亩控制用碳酸氢铵 10 千克、过磷酸钙 10 千克以内。使用肥料时要注意气温低时多施，气温高时少施。为防止施肥对小龙虾的生长造成影响，可采取半边先施、半边后施的方法交替进行。

（3）病害防治。坚持"预防为主，治疗为辅"的原则。莲藕主要病害有腐败病、叶枯病、叶斑病等；主要虫害有莲缢管蚜、潜叶摇蚊、斜纹夜蛾等。可用生物防治和选用对口无公害农药，进行综合防治。小龙虾生长期间每隔 15~20 天使用 1 次生石灰泼洒消毒，每次每亩 10~15 千克，在饲料中添加一定量的大蒜素、复合维生素等药物，一般可控制不发生病害。

（4）捕捞。小龙虾捕捞主要采用地笼网捕捉，可常年捕捞，捕大留小，主要捕捞期为 4~9 月。如果每次的捕捞量非常少时，可停止捕捞。

●4. 养殖实例效益分析●

江苏省盐都区大纵湖示范户徐竹海在 58 亩藕田实施套养小龙虾模式，获得纯效益 9 万多元，比周边养殖户亩增收 700 多元。其产出、成本和效益分析如下：每亩藕产量 1 700 千克，单价 1.8 元/千克，产值 3 060 元；小龙虾产量 65 千克，单价 13 元/千克，产值 840 元，总产值 3 900 元。每亩成本包括：藕田租金 400 元，藕种 600 元，虾种 320 元，耕作费 60 元，工资（栽藕、挖藕、除草、管理等）500 元，饲料 200 元，肥料 120 元，药物 30 元，水电费 60 元，其他 100 元。合计支出 2 390 元，每亩纯效益为 1 510 元。上述效益是指第一年种藕养虾，第二年可节省藕种、虾种（第二年留下种藕和虾种）成本，又可节省耕作、整田、种藕等用工，亩纯效益可达 2 000 元以上。

参考文献

曹子绚，王文君，程聪颖．2016. 潜江小龙虾深加工产业集群演化的若干分析 [J]. 中国商论（24）：148-149.

何琦瑶，汪开毓，刘韬，等．2018. 湖北省潜江地区克氏原螯虾白斑综合征 PCR 诊断及组织病理学观察 [J]. 水产学报，42（01）：131-140.

何志刚，王冬武，李金龙，等．2017. 克氏原螯虾蛋白营养研究进展 [J]. 湖南饲料（04）：21-23.

何志刚，王冬武，杨品红，等．2017. 农药对稻田养殖克氏原螯虾毒性影响研究进展 [J]. 湖南饲料（03）：41-45.

胡盼盼，任晓虎，何玲，等．2018. 中国小龙虾相关哈夫病的研究进展 [J]. 中国食品卫生杂志，30（01）：113-119.

胡秀凤，金根东，奚业文，等．2018. 稻田小龙虾养殖与水稻栽培模式搭配技术研究 [J]. 现代农业科技（6）：211-212.

姜海洲，唐玉华．2018. 小龙虾养殖池塘不良水质调优措施 [J]. 水产养殖，39（03）：51-52.

刘襄河，孔江红．2017. 襄阳市克氏原螯虾养殖产业 SWOT 分析及对策研究 [J]. 天津农业科学，23

（05）：42-45，57.

刘智峰.2017.“莲藕+小龙虾”循环种养模式一年收入 80 万 [N]. 山东科技报（003）.

马洪青 . 2016. 低洼荡田克氏原螯虾套养鳜鱼生态健康养殖技术 [J]. 渔业致富指南（17）：34-36.

马洪青 . 2017. 河蟹、小龙虾与沙塘鳢池塘生态高效混养新模式技术试验 [J]. 科学养鱼（11）：29-30.

彭刚，陈大鹏，黄鸿兵，等 . 2017. 日本沼虾对克氏原螯虾幼虾胁迫试验 [J]. 江苏农业科学，45（21）：190-192.

钱华，丁恒平 . 2018. 小龙虾池套养沙塘鳢高产试验 [J]. 科学养鱼（02）：28-29.

秦勇，舒娜娜，孙美群，等 . 2018. 2018 年小龙虾产业形势分析浅谈 [J]. 当代水产，43（01）：91.

王山，胡南，严维辉 . 2017. 水蕹菜两种收割式栽培在克氏原螯虾养殖中的增产效果 [J]. 水产养殖，38（06）：22-24.

王永杰，陈红莲，程云生 . 2017. 克氏原螯虾白斑综合征的病因分析与防治措施 [J]. 科学养鱼（10）：62-63.

肖放，刘忠松，郭云峰，等 . 2017. 中国小龙虾产业发展报告（2017）[J]. 中国水产（07）：8-17.

肖英平，吴志强，黄婷，等 . 2007. 克氏原螯虾卵巢相关研究综述 [J]. 科技经济市场（10）：160-161.

徐进，魏开金，徐滨，等 . 2017. 克氏原螯虾对高温应激的生理学响应 [J]. 淡水渔业，47（06）：9-13.

徐荣华 . 2017. 小龙虾做成大产业 [N]. 中国信息报 (6) .

杨智景, 顾海龙, 冯亚明 . 2017. 荷藕——小龙虾种养结合模式 [J]. 长江蔬菜 (18) : 116-117.

于振海, 朱永安, 郑玉珍, 等 . 2017. 氯虫苯甲酰胺对克氏原螯虾的急性毒性试验 [J]. 水产科技情报, 44 (05) : 286-288.

赵成民, 聂勤学 . 2017. 人工精养与自然生存小龙虾肌肉品质差异的初步研究 [J]. 当代水产, 42 (08) : 94-95.

赵永锋, 宋迁红 . 2017. 我国小龙虾养殖概况及前沿技术介绍 [J]. 科学养鱼 (11) : 13-16.

朱爱琴 . 2016. 小龙虾和河蟹高效生态双主养技术 [J]. 科学养鱼 (11) : 28.